加速器超快电子探针技术及其应用

Technologies and Applications of Accelerator-based Ultrafast Electron Probe

向　导 编著

内容提要

本书为"十三五"国家重点图书出版规划项目"核能与核技术出版工程·先进粒子加速器系列"之一。主要内容包括超快科学及相关技术基本概念，激光、X光和电子的性质及参数对比，千伏特超快电子衍射技术及典型应用，加速器中产生、测量及操控超快电子束的技术，兆伏特超快电子衍射及应用，兆伏特超快电子透镜及应用等。本书可供加速器专业师生及从事基于加速器的超快科学研究(如自由电子激光、同步辐射、电镜、超快电子衍射等)人员阅读参考。

图书在版编目(CIP)数据

加速器超快电子探针技术及其应用/向导编著. —
上海：上海交通大学出版社，2020
核能与核技术出版工程. 先进粒子加速器系列
ISBN 978-7-313-23724-8

Ⅰ. ①加… Ⅱ. ①向… Ⅲ. ①加速器-电子探针
Ⅳ. ①TL503

中国版本图书馆CIP数据核字(2020)第166548号

加速器超快电子探针技术及其应用
JIASUQI CHAO KUAI DIANZI TAN ZHEN JISHU JI QI YINGYONG

编　　著：向　导
出版发行：上海交通大学出版社
地　　址：上海市番禺路951号
邮政编码：200030
电　　话：021-64071208
印　　制：苏州市越洋印刷有限公司
经　　销：全国新华书店
开　　本：710mm×1000mm　1/16
印　　张：18
字　　数：299千字
版　　次：2020年12月第1版
印　　次：2020年12月第1次印刷
书　　号：ISBN 978-7-313-23724-8
定　　价：158.00元

核能与核技术出版工程

丛书编委会

先进粒子加速器系列

编　委　会

总　　序

1896 年法国物理学家贝可勒尔对天然放射性现象的发现，标志着原子核物理学的开始，直接导致了居里夫妇镭的发现，为后来核科学的发展开辟了道路。1942 年人类历史上第一个核反应堆在芝加哥的建成被认为是原子核科学技术应用的开端，至今已经历了 70 多年的发展历程。核技术应用包括军用与民用两个方面，其中民用核技术又分为民用动力核技术（核电）与民用非动力核技术（即核技术在理、工、农、医方面的应用）。在核技术应用发展史上发生的两次核爆炸与三次重大核电站事故，成为人们长期挥之不去的阴影。然而全球能源匮乏以及生态环境恶化问题日益严峻，迫切需要开发新能源，调整能源结构。核能作为清洁、高效、安全的绿色能源，还具有储量最丰富、高能量密集度、低碳无污染等优点，受到了各国政府的极大重视。发展安全核能已成为当前各国解决能源不足和应对气候变化的重要战略。我国《国家中长期科学和技术发展规划纲要（2006—2020 年）》明确指出“大力发展核能技术，形成核电系统技术自主开发能力”，并设立国家科技重大专项“大型先进压水堆及高温气冷堆核电站专项”，把“钍基熔盐堆”核能系统列为国家首项科技先导项目，投资 25 亿元，已在中国科学院上海应用物理研究所启动，以创建具有自主知识产权的中国核电技术品牌。

从世界范围来看，核能应用范围正不断扩大。据国际原子能机构最新数据显示：截至 2018 年 8 月，核能发电量美国排名第一，中国排名第四；不过在核能发电的占比方面，截至 2017 年 12 月，法国占比约为 71.6%，排名第一，中国仅约 3.9%，排名几乎最后。但是中国在建、拟建的反应堆数比任何国家都多，相比而言，未来中国核电有很大的发展空间。截至 2018 年 8 月，中国投入商业运行的核电机组共 42 台，总装机容量约为 3 833 万千瓦。值此核电发展的历史机遇期，中国应大力推广自主开发的第三代以及第四代的“快堆”“高温气冷堆”“钍基熔盐堆”核电技术，努力使中国核电走出去，带动中国由核电大国向核电强国跨越。

随着先进核技术的应用发展，核能将成为逐步代替化石能源的重要能源。受控核聚变技术有望从实验室走向实用，为人类提供取之不尽的干净能源；威力巨大的核爆炸将为工程建设、改造环境和开发资源服务；核动力将在交通运输及星际航行等方面发挥更大的作用。核技术几乎在国民经济的所有领域得到应用。原子核结构的揭示，核能、核技术的开发利用，是20世纪人类征服自然的重大突破，具有划时代的意义。然而，日本大海啸导致的福岛核电站危机，使得发展安全级别更高的核能系统更加急迫，核能技术与核安全成为先进核电技术产业化追求的核心目标，在国家核心利益中的地位愈加显著。

在21世纪的尖端科学中，核科学技术作为战略性高科技，已成为标志国家经济发展实力和国防力量的关键学科之一。通过学科间的交叉、融合，核科学技术已形成了多个分支学科并得到了广泛应用，诸如核物理与原子物理、核天体物理、核反应堆工程技术、加速器工程技术、辐射工艺与辐射加工、同步辐射技术、放射化学、放射性同位素及示踪技术、辐射生物等，以及核技术在农学、医学、环境、国防安全等领域的应用。随着核科学技术的稳步发展，我国已经形成了较为完整的核工业体系。核科学技术已走进各行各业，为人类造福。

无论是科学研究方面，还是产业化进程方面，我国的核能与核技术研究与应用都积累了丰富的成果和宝贵的经验，应该系统整理、总结一下。另外，在大力发展核电的新时期，也急需一套系统而实用的、汇集前沿成果的技术丛书作指导。在此鼓舞下，上海交通大学出版社联合上海市核学会，召集了国内核领域的权威专家组成高水平编委会，经过多次策划、研讨，召开编委会商讨大纲、遴选书目，最终编写了这套“核能与核技术出版工程”丛书。本丛书的出版旨在培养核科技人才；推动核科学研究和学科发展；为核技术应用提供决策参考和智力支持；为核科学研究与交流搭建一个学术平台，鼓励创新与科学精神的传承。

本丛书的编委及作者都是活跃在核科学前沿领域的优秀学者，如核反应堆工程及核安全专家王大中院士、核武器专家胡思得院士、实验核物理专家沈文庆院士、核动力专家于俊崇院士、核材料专家周邦新院士、核电设备专家潘健生院士，还有“国家杰出青年”科学家、“973”项目首席科学家、“国家千人计划”特聘教授等一批有影响力的科研工作者。他们都来自各大高校及研究单位，如清华大学、复旦大学、上海交通大学、浙江大学、上海大学、中国科学院上海应用物理研究所、中国科学院近代物理研究所、中国原子能科学研究院、中国核动力研究设计院、中国工程物理研究院、上海核工程研究设计院、上海市辐射环境监督站等。本丛书是他们最新研究成果的荟萃，其中多项研究成果获国家级或省部级大奖，代表了国内甚至国际先进水平。丛书涵盖军用核技术、民用动力核技术、民用非动力核技术及其在理、工、农、医方面的应用。内容系统而全面且极具实用性与指导性，例如，《应用核物理》就阐述了当今国内外核物理研究与应用的全貌，有助于读者对核物理的应用领域及实验技术有全面的了解；其他图书也都力求做到了这一点，极具可读性。

由于良好的立意和高品质的学术成果，本丛书第一期于 2013 年成功入选“十二五”国家重点图书出版规划项目，同时也得到上海市新闻出版局的高度肯定，入选了“上海高校服务国家重大战略出版工程”。第一期（12 本）已于 2016 年初全部出版，在业内引起了良好反响，国际著名出版集团 Elsevier 对本丛书很感兴趣，在 2016 年 5 月的美国书展上，就“核能与核技术出版工程（英文版）”与上海交通大学出版社签订了版权输出框架协议。丛书第二期于 2016 年初成功入选了“十三五”国家重点图书出版规划项目。

在丛书出版的过程中，我们本着追求卓越的精神，力争把丛书从内容到形式做到最好。希望这套丛书的出版能为我国大力发展核能技术提供上游的思想、理论、方法，能为核科技人才的培养与科创中心建设贡献一份力量，能成为不断汇集核能与核技术科研成果的平台，推动我国核科学事业不断向前发展。

2018 年 8 月

序

粒子加速器作为国之重器，在科技兴国、创新发展中起着重要作用，已成为人类科技进步和社会经济发展不可或缺的装备。粒子加速器的发展始于人类对原子核的探究。从诞生至今，粒子加速器帮助人类探索物质世界并揭示了一个又一个自然奥秘，因而也被誉为科学发现之引擎，据统计，它对 25 项诺贝尔物理学奖的工作做出了直接贡献，基于储存环加速器的同步辐射光源还直接支持了 5 项诺贝尔化学奖的实验工作。不仅如此，粒子加速器还与人类社会发展及大众生活息息相关，因在核分析、辐照、无损检测、放疗和放射性药物等方面优势突出，使其在医疗健康、环境与能源等领域得以广泛应用并发挥着不可替代的重要作用。

1919 年，英国科学家 E. 卢瑟福(E. Rutherford)用天然放射性元素放射出来的 α 粒子轰击氮核，打出了质子，实现了人类历史上第一个人工核反应。这一发现使人们认识到，利用高能量粒子束轰击原子核可以研究原子核的内部结构。随着核物理与粒子物理研究的深入，天然的粒子源已不能满足研究对粒子种类、能量、束流强度等提出的要求，研制人造高能粒子源——粒子加速器成为支撑进一步研究物质结构的重大前沿需求。20 世纪 30 年代初，为将带电粒子加速到高能量，静电加速器、回旋加速器、倍压加速器等应运而生。其中，美国科学家 J. D. 考克饶夫(J. D. Cockcroft)和爱尔兰科学家 E. T. S. 瓦耳顿(E. T. S. Walton)成功建造了世界上第一台直流高压加速器；美国科学家 R. J. 范德格拉夫(R. J. van de Graaff)发明了采用另一种原理产生高压的静电加速器；在瑞典科学家 G. 伊辛(G. Ising)和德国科学家 R. 维德罗(R. Wideröe)分别独立发明漂移管上加高频电压的直线加速器之后，美国科学家 E. O. 劳伦斯(E. O. Lawrence)研制成功世界上第一台回旋加速器，并用它产生了人工放射性同位素和稳定同位素，因此获得 1939 年的诺贝尔物理学奖。

1945 年，美国科学家 E. M. 麦克米伦（E. M. McMillan）和苏联科学家 V. I. 韦克斯勒（V. I. Veksler）分别独立发现了自动稳相原理；1950 年代初期，美国工程师 N. C. 克里斯托菲洛斯（N. C. Christofilos）与美国科学家 E. D. 库兰特（E. D. Courant）、M. S. 利文斯顿（M. S. Livingston）和 H. S. 施奈德（H. S. Schneider）发现了强聚焦原理。这两个重要原理的发现奠定了现代高能加速器的物理基础。另外，第二次世界大战中发展起来的雷达技术又推动了射频加速的跨越发展。自此，基于高压、射频、磁感应电场加速的各种类型粒子加速器开始蓬勃发展，从直线加速器、环形加速器，到粒子对撞机，成为人类观测微观世界的重要工具，极大地提高了认识世界和改造世界的能力。人类利用电子加速器产生的同步辐射研究物质的内部结构和动态过程，特别是解析原子分子的结构和工作机制，打开了了解微观世界的一扇窗户。

人类利用粒子加速器发现了绝大部分新的超铀元素，合成了上千种新的人工放射性核素，发现了重子、介子、轻子和各种共振态粒子在内的几百种粒子。2012 年 7 月，利用欧洲核子研究中心 27 公里周长的大型强子对撞机，物理学家发现了希格斯玻色子——“上帝粒子”，让 40 多年前的基本粒子预言成为现实，又一次展示了粒子加速器在科学研究中的超强力量。比利时物理学家 F. 恩格勒特（F. Englert）和英国物理学家 P. W. 希格斯（P. W. Higgs）因预言希格斯玻色子的存在而被授予 2013 年度的诺贝尔物理学奖。

随着粒子加速器的发展，其应用范围不断扩展，除了应用于物理、化学及生物等领域的基础科学研究外，还广泛应用在工农业生产、医疗卫生、环境保护、材料科学、生命科学、国防等各个领域，如辐照电缆、辐射消毒灭菌、高分子材料辐射改性、食品辐照保鲜、辐射育种、生产放射性药物、肿瘤放射治疗与影像诊断等。目前，全球仅作为放疗应用的医用直线加速器就有近 2 万台。

粒子加速器的研制及应用属于典型的高新科技，受到世界各发达国家的高度重视并将其放在国家战略的高度予以优先支持。粒子加速器的研制能力也是衡量一个国家综合科技实力的重要标志。我国的粒子加速器事业起步于 20 世纪 50 年代，经过 60 多年的发展，我国的粒子加速器研究与应用水平已步入国际先进行列。我国各类研究型及应用型加速器不断发展，多个加速器大科学装置和应用平台相继建成，如兰州重离子加速器、北京正负电子对撞机、合肥光源（第二代光源）、北京放射性核束设施、上海光源（第三代光源）、大连相干光源、中国散裂中子源等；还有大量应用型的粒子加速器，包括医用电子直线加速器、质子治疗加速器和碳离子治疗加速器，工业辐照和探伤加速器、集装箱检测加速器等在过去几十年中从无到有、快速发展。另外，我国基于激光等离子体尾场的新原理加速器也取得了令人瞩目的进展，向加速器的小型化目标迈出了重要一步。我国基于加速器的超快电子衍射与超快电镜装置发展迅猛，在刚刚兴起的兆伏特能级超快电子衍射与超快电子透镜相关技术及应用方面不断向前沿冲击。

近年来，面向科学、医学和工业应用的重大需求，我国粒子加速器的研究和装置及平台研制呈现出强劲的发展态势，正在建设中的有上海软 X 射线自由电子激光用户装置、上海硬 X 射线自由电子激光装置、北京高能光源（第四代光源）、重离子加速器实验装置、北京拍瓦激光加速器装置、兰州碳离子治疗加速器装置、上海和北京及合肥质子治疗加速器装置；此外，在预研关键技术阶段的和提出研制计划的各种加速器装置和平台还有十多个。面对这一发展需求，我国在技术研发和设备制造能力等方面还有待提高，亟需进一步加强技术积累和人才队伍培养。

粒子加速器的持续发展、技术突破、人才培养、国际交流都需要学术积累与文化传承。为此，上海交通大学出版社与上海市核学会及国内多家单位的加速器专家与学者沟通、研讨，策划了这套学术丛书——“先进粒子加速器系列”。这套丛书主要面向我国研制、运行和使用粒子加速器的科研人员及研究生，介绍一部分典型粒子加速器的基本原理和关键技术以及发展动态，助力我国粒子加速器的科研创新、技术进步与产业应用。为保证丛书的高品质，我们遴选了长期从事粒子加速器研究和装置研制的科技骨干组成编委会，他们来自中国科学院上海高等研究院、中国科学院上海应用物理研究所、中国科学院近代物理研究所、中国科学院高能物理研究所、中国原子能科学研究院、清华大学、上海交通大学等单位。编委会选取代表性工作作为丛书内容的框架，并召开多次编写会议，讨论大纲内容、样章编写与统稿细节等，旨在打磨一套有实用价值的粒子加速器丛书，为广大科技工作者和产业从业者服务，为决策提供技术支持。

科技前行的路上要善于撷英拾萃。“先进粒子加速器系列”力求将我国加速器领域积累的一部分学术精要集中出版，从而凝聚一批我国加速器领域的优秀专家，形成一个互动交流平台，共同为我国加速器与核科技事业的发展提供文献、贡献智慧，成为助推我国粒子加速器这个“大国重器”迈向新高度的“加速器”，为使我国真正成为加速器研制与核科学技术应用的强国尽一份绵薄之力。

赵振堂

2020 年 6 月

前　言

人类对物质世界的探索是沿着对越来越高的空间分辨率和越来越高的时间分辨率的追求而展开的，在这个探索的过程中，最重要的努力方向之一便是发展更高空间分辨率和更高时间分辨率的仪器。这些新仪器带来的分辨率的提升往往会带来科学研究中新的发现，并推动人类的知识水平向前发展。例如，望远镜的发明让人类看得更远，有力地打破了长期以来居于统治地位的“地心说”，实现了天文学的根本变革，改变了人类对自然、对自身的看法；显微镜的发明将人类的探索深入到微观世界，将分子、原子、纳米器件等展现在了人们眼前；激光的发明则使得研究更快的过程成为可能，为“超快”和“超小”的融合搭建了桥梁，使得人类能在原子尺度研究超快的动力学过程。

加速器是用人工方法将带电粒子加速到高能量的装置。过去几十年里，加速器在科学研究中发挥着不可替代的作用，推动着人类对物质世界的探索向前发展。加速器过去主要为各类研究提供大科学装置，如用于粒子物理研究的高能对撞机，为材料、化学、能源、生命科学提供 X 光源（同步辐射和自由电子激光）及中子源（散裂中子源）等。近年来，利用加速器产生的脉冲电子直接用于超快科学研究成为国际上的研究热点之一。

基于加速器的兆伏特能量超快电子探针与 X 光相比更容易获得，与千伏特低能电子相比具有更低的空间电荷力，同时由于电子对样品的损伤远小于 X 光，且具有更短的波长可获得更大的倒易空间，因此已广泛用于超快和超小领域的科学研究，是 X 光自由电子激光大科学装置的有益补充。

基于加速器的兆伏特能量级超快电子衍射和超快电子透镜相关技术及应用方面的研究是国际上近十年来刚刚开展的前沿方向，与自由电子激光类似，均是利用加速器产生的高品质超短电子束开展超快科学的研究。我国在此领域处于国际领先的水平。上海交通大学课题组正在承担此方面的国家重大科研仪器设备研制项目，将研制世界最高水平的基于加速器的超快电子衍射与超快电镜装置。本书将结合课题组近年来的工作对该研究领域进行系统介绍，包含大量课题组对该研究方向的最新理解和新原理、新概念，希望能为同行研究提供有益的参考。

由于编者水平所限，书中存在的不足敬请读者批评指正。

目　录

第 1 章
超快科学及相关技术

物质世界最本质的过程发生在飞秒量级的时间尺度和纳米量级的空间尺度。物质科学、能源科学、生命科学、材料科学等已经从 19 世纪的“观察科学”过渡到 20 世纪的“理解科学”，并正在向 21 世纪的“控制科学”发展。当前科学研究最具挑战性的主要科学问题之一，就是要在多维度、多尺度上对复杂物质体系的结构和动力学过程进行观测和表征，从而阐明其最基本的微观机理并实现对其功能的操控，为目前物理、化学、生物、材料、能源等多个学科提供科学基础。

1.1 基本的时间空间尺度及其对应的过程

人眼的空间分辨能力约为 100 μm，与头发的直径相当，因此过去几千年里人类凭借肉眼仅能看到比头发丝粗的物体。借助光学显微镜，人类可以看见微米级别的细胞和细菌。由于衍射效应，光学显微镜的空间分辨率约为用于成像的光波长的二分之一，即约为 200 nm。利用波长更短的 X 光或电子，借助电子显微镜等仪器人类可以看到 0.1 nm 级别的原子。目前利用球差校正电子显微镜，人们在直接成像中获得了 48 pm（$1\ \text{pm}=10^{-12}\ \text{m}=0.01\ \text{Å}$）的空间分辨率[1]；利用电子的衍射成像（无透镜成像），理论上可以避免成像透镜的色差和球差效应，有望获得趋于电子束波长的分辨率，目前实验室利用该方法已获得了 39 pm 的空间分辨率[2]。常见的物体空间尺度及观察该尺度的物体所需的常用仪器如图 1-1 所示[3]。

人眼的时间分辨能力约为 0.1 s，尽管借助望远镜和电子显微镜等工具，人类对静态的三维物质世界已不再陌生，但是对于变化时间短于 0.1 s 的过程，由于人眼无法跟踪，因此掌握的信息非常有限。比如蛋白质的运动在纳秒

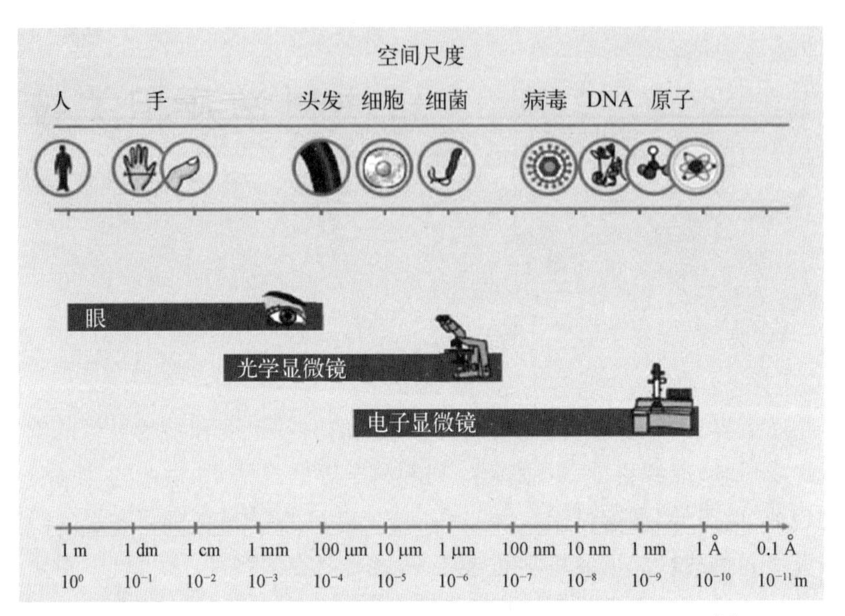

图 1-1　从人眼至电子显微镜所能观察到的物体的空间尺度[3]

量级;分子的振动一般在皮秒至飞秒量级;化学键的形成和断裂及化学反应中间产物的时间尺度也在皮秒至飞秒量级。图 1-2 中罗列了激光与固体相互作用后典型过程的时间尺度,包括飞秒量级的光子吸收,皮秒量级的电子-声子耦合,纳秒量级的烧蚀,以及熔化过后微秒量级的重新凝固等。

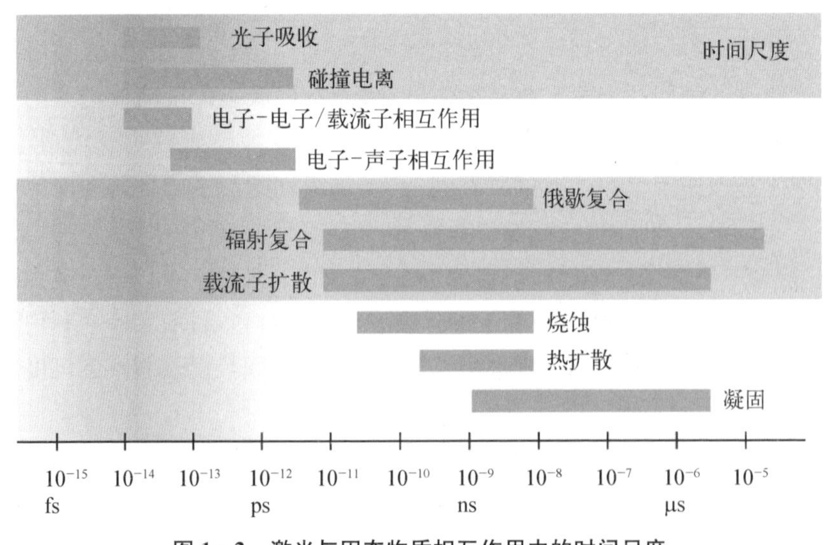

图 1-2　激光与固态物质相互作用中的时间尺度

物体运动的快慢及各种过程的时间尺度主要由惯性决定，即越小的物体运动越快，比如低原子序数（如氢、碳、氧）的分子的振动和动力学过程一般快于高原子序数（如溴、碘等）；原子尺度的化学反应过程远快于微米尺度的细胞分裂等。因此一般来说，空间分辨率和时间分辨率是相互关联的，高的空间分辨率要求与之匹配高的时间分辨率，而原子尺度的超快动力学过程则是目前最具挑战的科学问题之一。

1.2　泵浦-探测技术

当我们对某一运动过程进行成像时，往往要求使用的探测器的时间分辨率高于运动的周期，否则就无法区分物体在其周期内的运动。在很长一段时期内，人们受限于眼睛的时间分辨能力，对于很多快速变化的过程都难以进行精确观测。人类第一次突破人眼极限得益于相机和快门的发明。在 19 世纪，英国摄影师 E. Muybridge 将多架相机放置在美国加州斯坦福大学附近的赛道上拍摄了奔跑的赛马的相片，利用机械快门实现了约 1 ms 的相机曝光时间，成功拍摄了马奔跑过程中马蹄腾空的图像并确定了马奔跑时四条腿会同时离地的事实（见图 1 - 3）。

图 1 - 3　快门为 1 ms 的相机拍摄的马奔跑过程[4]

同时期的普通相机快门时间约为 30 ms，考虑到马奔跑时的速度约为 50 km/h，则马蹄在 30 ms 内运动距离超过 40 cm，因此 30 ms 曝光时间得到的马蹄的图像会“糊掉”，无法清晰分辨马奔跑时四条腿是否同时离地。利用 1 ms 的机械快门，则马蹄在 1 ms 内运动距离仅为 1. 3 cm，因此可以得到马奔跑过程中马蹄的清晰图像。在那之后高速摄影技术获得了极大的发展，然而受限于机械快门的开关速度，依赖曝光时间的摄影技术难以突破微秒的时间分辨率。

20 世纪初，电信号频闪技术的发展使得人们摆脱了对于机械快门的依赖，并突破了微秒的时间分辨率。频闪技术利用短脉冲电信号产生同样脉冲的光信号来定格运动画面。在频闪技术里，待拍摄的物体一直位于黑暗中，探测器一直处于收集光信号的状态（不需要快门），只有当光照到待拍摄的物体时，物体将光反射到探测器，此时探测器方能获得物体的像，因此其“有效快门开闭时间”等同于光信号的脉冲宽度。由于不再依赖机械快门且电信号可做到微秒到纳秒的上升沿，因此基于气态放电等原理产生的光信号可达到纳秒的脉宽，频闪技术成功地将时间分辨率推进到纳秒量级。

图 1-4 为利用频闪技术拍摄的子弹穿过柠檬的照片。子弹的速度约为 1 000 m/s，为了看清子弹的空间分布，一般需要 1 cm 的空间分辨率，则拍摄时间需小于 10 μs 才能确保照片不“糊掉”。频闪技术中使用的闪光灯产生的白光脉冲时间约为 1 μs，远小于子弹飞行的特征时间，故可以成功拍摄子弹穿过柠檬的照片。

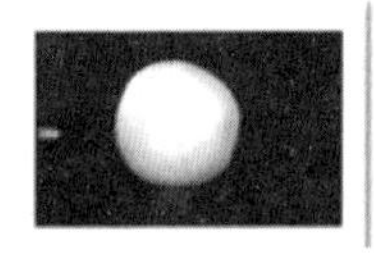
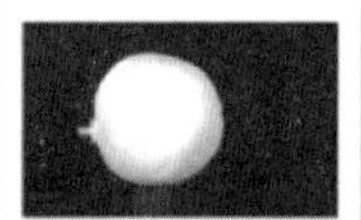
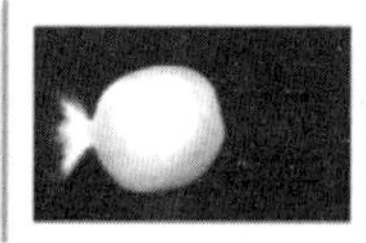
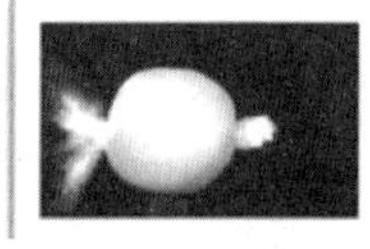
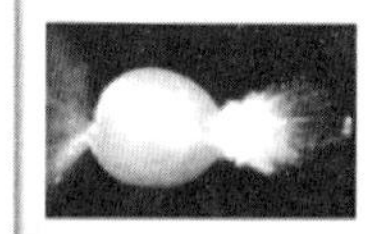

图 1-4　基于频闪技术拍摄的子弹穿过柠檬的过程[4]

现代科学研究希望探测原子分子尺度的微观结构变化过程，该过程需要皮秒-飞秒的时间分辨率，超快成像技术需要一次大的突破，泵浦-探测（pump-probe）技术因此应运而生。

泵浦-探测技术原理如图 1-5 所示，首先利用泵浦脉冲照射样品以激发样品的动力学过程；随后利用探测脉冲测量样品在某个延时的状态；进一步改变泵浦脉冲和探测脉冲的延时以测量样品在泵浦脉冲激发动力学过程后不同延时的状态；最后把不同延时测量的样品状态合成起来，便得到了样品在泵浦脉冲激发下的动力学全过程。一般泵浦脉冲与探测脉冲同源，即来自同一个激光系统，二者在时间上严格同步。泵浦脉冲一般为激光，探测脉冲可以是激光，也可以是电子束或 X 光等，但是一般情况下不管探测脉冲具体是哪一类粒子，其均需要由激光产生，以便维持泵浦脉冲与探测脉冲的时间同步性。泵浦

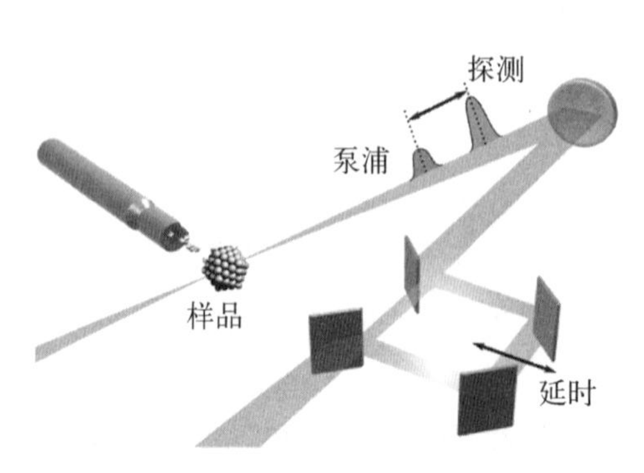

图 1-5　泵浦-探测技术原理示意图

脉冲和探测脉冲一般通过激光分束器产生，二者的延时可利用高精度平移台通过改变光程实现。

泵浦-探测技术与频闪技术非常类似，如图 1-6 所示，没有泵浦脉冲时样品一直处于平衡态，类似于频闪技术中的待拍照物体一直处于黑暗中。泵浦脉冲照射到样品上时(t_0，称为时间零点)激发样品的瞬态过程，该过程随后会慢慢衰减至平衡态。探测脉冲的作用与频闪技术里的白光脉冲类似，其作用是在瞬态过程激发起来后拍摄瞬态过程在某个时间 t_1 的状态，其有效曝光时间等同于探测脉冲的脉宽。由于一次只能拍摄一个时刻的瞬态分布，故需要不断重复泵浦-探测的过程并改变泵浦和探测脉冲的延时。由于每次泵浦时，样品的状态都已恢复到平衡态，且泵浦脉冲与探测脉冲有严格的同步关系，因此该技术可以获得高的时间分辨率以便对皮秒-飞秒的超快动力学过程进行研究。需要指出的是，泵浦-探测实验中下一个泵浦脉冲到达时样品需要恢复到最初状态，这就要求泵浦脉冲的时间间隔须远大于样品的恢复时间。此外，样品将激光施加的热量耗散掉也需要一定的时间，故当激光强度较高时，泵浦-探测实验的重复频率一般不高于兆赫兹。

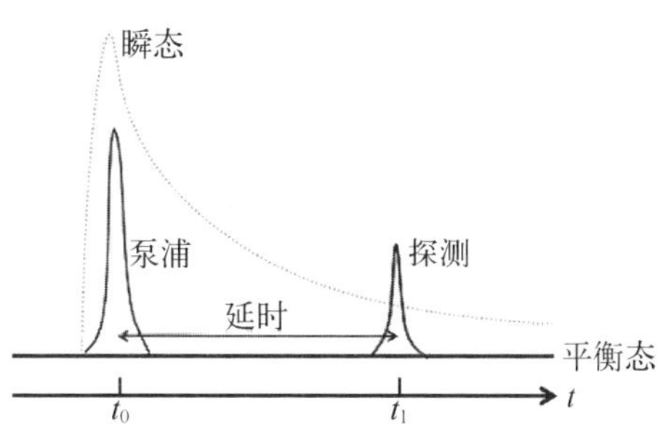

图 1-6　泵浦-探测技术激发并测量瞬态超快过程

泵浦-探测技术的时间分辨率取决于泵浦脉冲的脉宽、探测脉冲的脉宽以及泵浦脉冲和探测脉冲的延时时间抖动。得益于飞秒激光技术的发展，泵浦-探测技术是目前时间分辨率最高的技术，广泛用于皮秒-飞秒尺度的超快过程研究。取决于研究对象，一般泵浦脉冲为飞秒激光，而广泛使用的探测脉冲包括激光、X 光和电子束。

1.3　激光探针

将激光一分为二，一路用做泵浦脉冲，另一路用做探测脉冲是最直接的泵浦-探测技术。此外，激光相比超短 X 光脉冲和超短电子脉冲也更容易获得和操控，因此在早期的泵浦-探测技术中占据了最重要的地位。由于激光的波长在数百纳米，直接用于衍射或成像时的空间分辨率难以达到原子尺度，故主要通过超快光谱(ultrafast spectroscopy)的方法对超快过程进行研究。美国加州理工学院的 A. Zewail 教授因为利用超快光谱研究化学反应动力学而获得了 1999 年的诺贝尔化学奖。

1.3.1 超快荧光光谱

激光与原子分子相互作用会将其激发到更高的能级,而当能级回落时,释放出的能量就形成了荧光。超快光谱利用分子在激光作用下会发出荧光的特性,再加上时间分辨率,就有了超快荧光光谱。光谱的应用离不开分子势能曲线,图 1-7 是 NaI 分子势能曲线图[5],图片中横坐标为原子间距离,纵坐标为势能面。最下面为分子处于基态 V_0 时的能量曲线,分子一般在最低点附近振荡;泵浦光与分子相互作用将把分子激发到中间态 V_1。

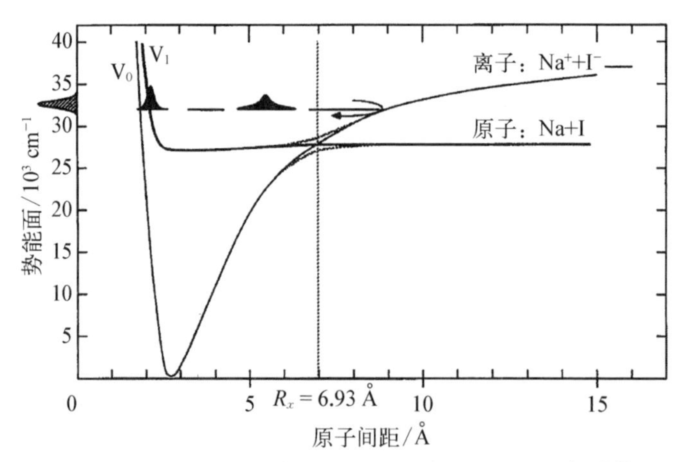

图 1-7 NaI 分子势能曲线与激光泵浦后过程示意图[5]

从图 1-7 可以看出,激光激发后的分子一开始并不处于势能曲线的最低点,因此在 V_1 态上分子波包会沿势能曲线开始运动。原子间距起初变大,在经过 R_x 时,部分分子由共价键势能转到离子键势能线上,可以看到离子键的势能面随距离增大而变大,因此会反射波包,离子键和共价键势能曲线共同形成了一个势阱,从而让波包在其中形成振荡。但是也有部分分子不会转移到离子键势能曲线上,而会继续沿共价键曲线移动,最终分解成为碘原子和钠原子。由于每次振荡都会有一部分分子被分解,最终碘化钠都会分解为原子,因此在振荡中的分子处在整个光化学反应的中间态。

以上是泵浦光作用后分子的动力学机制,超快荧光光谱中探测光分为两种：共振光探测和非共振光探测。共振光探测是指探测光频率与分子分解后的碎片能形成共振的光，当碎片出现时，探测光就会被碎片吸收，光致荧光也随之出现。非共振光探测是指探测光与碎片不共振，但是可以被中间态吸收的光，由于中间态上每个位置能够吸收的波长不同，因此某一个波长的非共振探测光只能在特定的位置被吸收。

如图 1-8 所示，曲线 a 为共振光探测结果，探测的是分解后碎片的信号。由于分解是在每次振荡到 R_x 点时发生的，而在周期中的其他位置分子不会分解，因此碎片数量呈台阶状上升，信号也反映了此特点。曲线 b 为非共振光探测结果，它可以被振荡过程中的某一点吸收并发出荧光，而其他位置均无法吸收这一特定波长的光，因此信号也具有很明显的周期性。同时由于每个周期都会分解一部分，因此信号峰值逐渐下降。

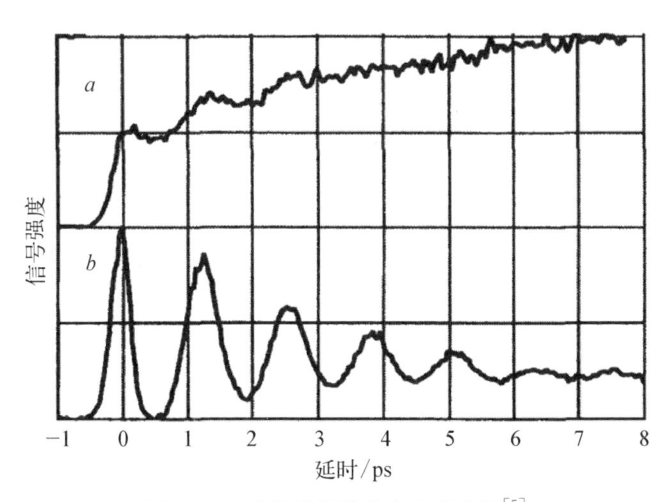

图 1-8　碘化钠超快荧光光谱结果[5]

1.3.2　超快抑制光谱

超快抑制光谱的泵浦-探测方法与超快荧光光谱有所不同，泵浦光激发分子后，分子此时所处的态就可以发出荧光（超快荧光光谱中是用探测光激发后才有荧光）。如图 1-9(a)所示，泵浦光使得分子从|a>态变为|b>态，|b>态上的分子可以发出荧光回落到|a>态，此时探测光的作用是阻止荧光的产生，它会把分子激发到更高的态|c>上，而这个态不能发出荧光，因此特定波段的荧光就消失了，最终得到一个由较高的值跌落的图像。

以水杨酸甲酯为例，在激光的激发下，这种物质可以到达激发态上，在激发态上它可能发出 330 nm 的荧光，也可以吸收探测光到达更高的能级，从而不再出现荧光。如图 1－9(b)所示，泵浦光的加入会导致信号的下跌，但是随着泵浦-探测光时间延时的变长，信号会逐渐恢复一部分，这时分子在探测光到达之前已经发出了荧光，分析这样的数据可以得到分子自发发出荧光的速率。

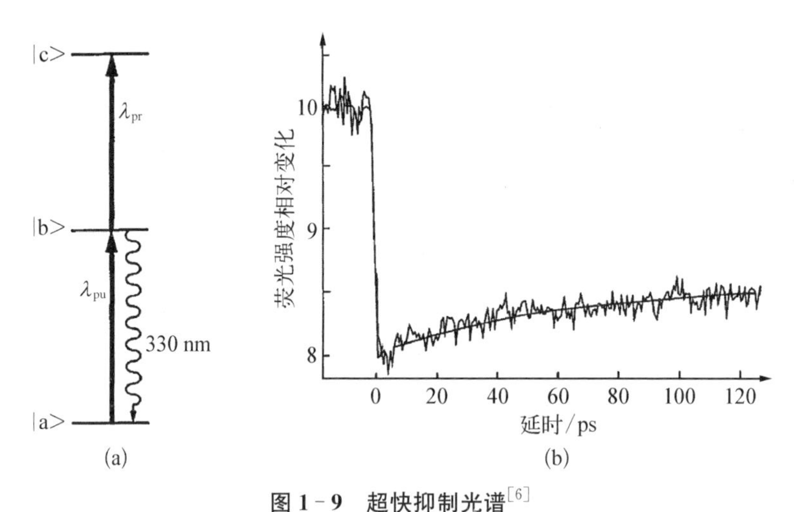

图 1－9　超快抑制光谱[6]

(a) 能级图；(b) 水杨酸甲酯信号

1.3.3　时间分辨角分辨光电子能谱

任何材料的宏观物理性质都由其微观的电子运动过程所支配，因此要了解、控制和利用先进材料中众多的新奇物理现象，就必须首先研究它们的电子结构。固体材料中电子固有的特性(电荷、自旋和其所处的轨道)与晶格之间相互作用形成了丰富多彩的凝聚态物理世界，包括导体、绝缘体、半导体、半金属、超导体、拓扑绝缘体、磁性材料、电荷密度波材料、自旋密度波材料等。在对这些奇异材料的研究中，最突出的两个问题是① 这些物质相的物理机制是什么？② 怎样操纵甚至创造新的物理相？

角分辨光电子能谱(angle-resolved photoemission spectroscopy，ARPES)技术可以直接测量这些参数，因此是研究高温超导体、拓扑绝缘体等量子材料微观电子结构的有效手段，亦称为“观测电子结构的显微镜”。近年来，ARPES 在凝聚态物理领域有着广泛的应用，成为表征材料能带结构不可替代的技术手段。目前普遍使用连续或准连续的气体放电灯、同步辐射或激光作为光电子能谱实验的光源；尽管该方法并不直接通过测量激光的参数获得材料电子态的信息，但为了产生携带电子态信息的光电子，该方法仍然需要使用光子，因此这里也将其当作与光子探针相关的技术。

角分辨光电子能谱实验基于光电效应原理。当入射光子能量大于材料的功函数时，材料中电子被激发并沿各个方向逃逸到真空。通过一个具有有限接收角的电子能量分析器收集这些光电子，可以测定在特定发射角的光电子动能，然后利用能量和动量守恒原理反推出电子在材料内部的能量和动量，从而得到材料内部直接与材料宏观性质相关的单粒子谱函数。时间分辨角分辨光电子能谱基于角分辨光电子能谱和超短激光脉冲，也属于一种泵浦-探测技术；此处一般采用超短脉冲红外光（$h\upsilon_1$）激发材料的电子态，然后利用超短脉冲紫外光（$h\upsilon_2$）进行光电子能谱探测实验（见图 1－10）。通过改变红外泵浦光和紫外探测光之间的时间间隔，可以实现对材料电子态进行高时间分辨率的测量。电子能量分析器目前一般采用球形分析器，内球和外球分别处于高和低的电势，利用不同能量的电子偏转半径不相同的特点，可实现高的能量分辨测量。近十多年来，时间分辨角分辨光电子能谱技术在新型量子材料研究中逐渐发挥重要作用，是研究物质在光场作用下电子态动力学的关键技术手段。

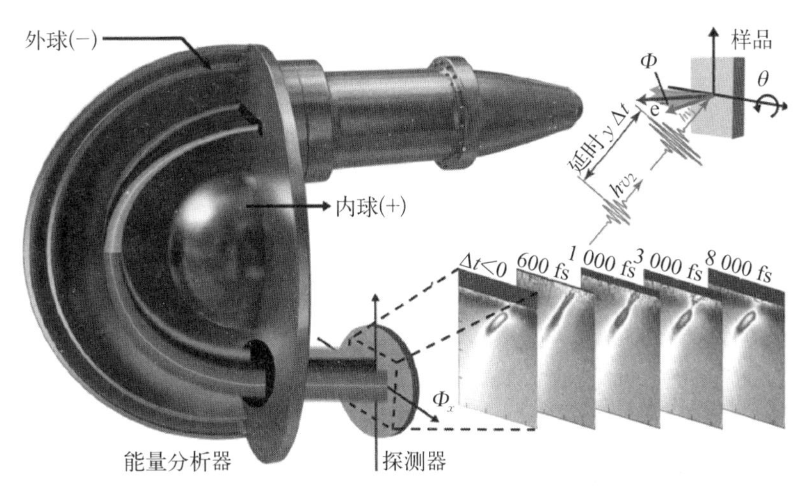

图 1－10　时间分辨角分辨光电子能谱原理图

图 1－11 为利用时间分辨角分辨光电子能谱对空穴型 Bi_2Se_3 非占据电子态测量的结果[7]。Bi_2Se_3 为三维拓扑绝缘体，其内部为绝缘体，表面却能导电。在本实验中，首先利用能量为 1.5 eV 的飞秒激光将该材料的电子态激

发到高能态，随后利用 6 eV 的激光产生光电子并进行测量；通过改变延时可以看到高能态的电子通过散射逐步回复到平衡态的过程。图 1-11(a)为 Bi_2Se_3 能带结构示意图，从图中可见拓扑绝缘体典型的体导带(bulk conduction band, BCB)和体价带(bulk valence band, BVB)。图 1-11(b)为在探测光比泵浦光先到达样品即延迟时间为负时，所探测到的电子能带图，对应于平衡电子态；由于样品为空穴型，在没有激光泵浦时，表面态和体导带均为非占据态。

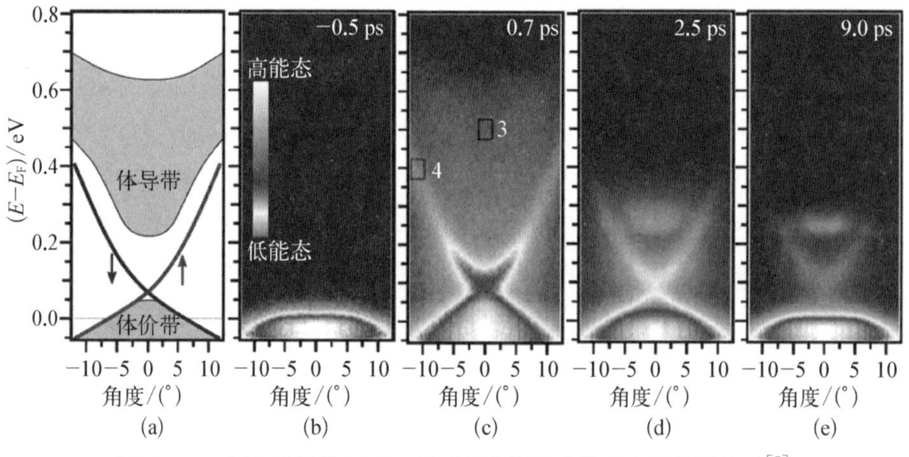

图 1-11 拓扑绝缘体 Bi_2Se_3 的时间分辨角分辨光电子能谱结果[7]

激光泵浦作用后，低能的体导带和表面态在延迟时间 0 附近几乎没有占据，在 700 fs 时达到最大占据，如图 1-11(c)所示。这意味着这些激发态并非由泵浦激光直接激发产生，而是高能态向低能态散射形成的。图 1-11(c)中所示的非平衡表面态的色散与平衡态非空穴型材料中所观测的结果一致，表明可基于确定的电子结构来讨论非平衡电子态占据。体导带没有明显的色散，这是这种材料的三维特性的表现。

延迟时间 2.5 ps 后，体导带和表面态演变到能带的低能非占据态，如图 1-11(d)所示。该低能非占据态衰减非常缓慢并持续约 9 ps，如图 1-11(e)所示。由于体态带隙的限制，体态非平衡电子态形成一种持续存在的亚稳态。有趣的是，体导带的亚稳态与表面态的持续激发同时存在，但是仅存在于体导带的底部边缘。详细研究表明，这种亚稳态与 Bi_2Se_3 中极化狄拉克电子能带密切相关，表面状态可能会产生一个驱动瞬态自旋极化电流的通道。

1.4　X光探针

激光由于波长较长，难以直接通过衍射或者成像获得原子尺度的分辨率，因此激光一般通过超快光谱的方法对超快过程进行研究。X光由于波长与原子间距相比拟，因此可直接通过衍射获得原子的位置信息，同时也可以通过超快X光谱的方法研究材料的各种电子态。此外，利用X光漫散射也可以获得声子谱的信息等。

1.4.1　超快X光光谱

超快X光光谱包括超快吸收谱、共振弹性散射和非弹性散射等各种模式，这里以超快共振非弹性X光散射(resonant inelastic X-ray scattering, RIXS)为例讨论其原理和典型应用。

在大多数时候，我们所研究的材料中的物理都由其中原子的位置、电荷以及自旋分布所决定，而这三个可观测量分别具有不同的相互作用截面与作用机制，因此这也使得我们必须用不同的探测手段去研究它们。在过去，中子是一种非常好的用来研究自旋激发的探测手段，因为中子在材料中沉积的能量与材料中自旋激发的能量范围相对应，同时由于中子是电中性的，所以不会与电荷相互作用。但是从中子源出来的中子的通量很低，从而使得实验过程要求很大的块状样品，这大大限制了中子探测在薄膜样品中的应用。而随着超快探测领域的兴起，人们越来越希望能够在时间与空间上同时研究材料性质的演化，从而加强对物质性质的本质理解和操控。但是中子很难像超快激光脉冲那样形成超快中子脉冲，这使得人们几乎不可能用传统的中子去研究光激发后材料中的超快磁性动力学行为。

随着高亮度的自由电子激光大科学装置投入使用，一种能够探测材料中的自旋激发的共振非弹性X射线散射的方法逐渐发展起来。2016年，在Sr_2IrO_4这种钙钛矿结构的层状材料中首次利用X光自由电子激光开展了飞秒时间分辨的RIXS实验，在实验中获得了自旋-自旋关联与维度有关的演化信息。

时间分辨RIXS实验过程如图1-12所示，首先使用一束能量为0.62 eV (2 μm)的泵浦光将载流子从低哈伯德带激发到高哈伯德带，然后用另外一束由自由电子激光产生的X射线脉冲去探测由此产生的瞬时磁性动力学。X射线的光子能量正好能将电子从铱(Ir)原子的2p轨道激发到5d轨道，进而与自旋自由度相耦合，之后散射的光子被探测器探测，测量的散射光子的信息主要包括散射前后光子的动量转移 Q、能量损失 E 和延迟时间 t。测量的磁性布拉格峰反映了材料中三维的磁性序，而对散射的 X 射线的能量分析则可以获得非弹性谱，后者主要反映了材料中二维的磁性关联。

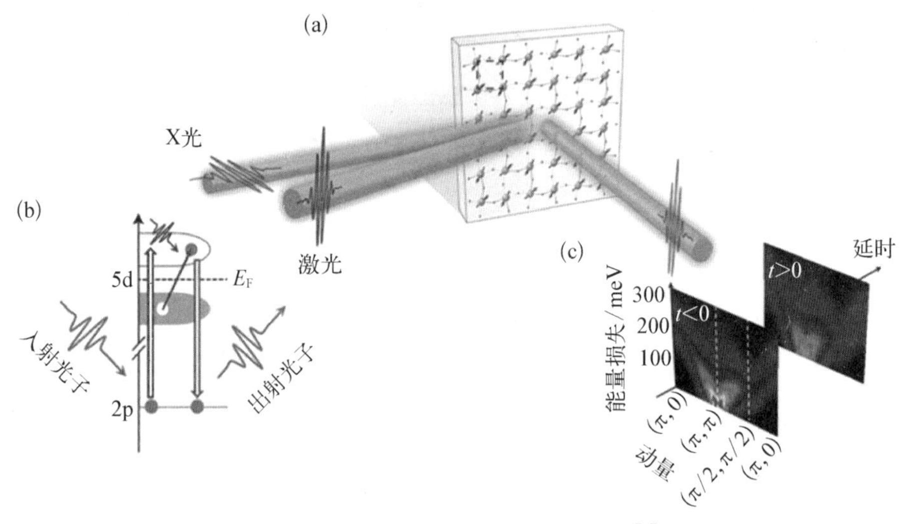

图 1－12　时间分辨 RIXS 的实验过程[8]

(a) RIXS 实验示意图；(b) 泵浦-探测过程示意图；(c) 通过能量损失和动量转移确定磁性关联

图 1－13 显示了实验测量得到的 Sr_2IrO_4 中对三维磁性序非常敏感的磁性布拉格峰(−3, −2, 28)强度与泵浦能量密度和时间的关系，由图可以看到在泵浦能量密度大于 5.1 mJ/cm^2 时，材料的三维磁性序就已经几乎完全破坏。图 1－13(a)是磁性布拉格峰(−3, −2, 28)在泵浦(能量密度为 6.8 mJ/cm^2)前后 1 ps 的强度变化，图(b)和图(c)为磁性布拉格峰强度在较短的时间尺度和较长的时间尺度的变化，可以看到其变化曲线明显包含一个衰退的时间尺度和两段恢复的时间尺度，而后面进一步分析可知较短的恢复时间对应的是面内的二维磁性序的恢复，这个时间尺度在几皮秒，而另一个较长的为几百皮秒的恢复时间尺度对应的则是三维磁性序的恢复，这些恢复时间上的差异说明磁性关联中的维度对于理解超快磁性动力学行为至关重要。

除了分析磁性布拉格峰强度的变化，实验中也分析了动量空间不同位置处的能量损失谱，发现即便在磁性布拉格峰完全破坏时，仍然可以在能量损失谱中观察到磁振子(magnons)存在的特征。由此推测是由于在 Sr_2IrO_4 中，其沿着 c 轴方向的交换相互作用相对较弱，这使得我们在能量色散关系中看到

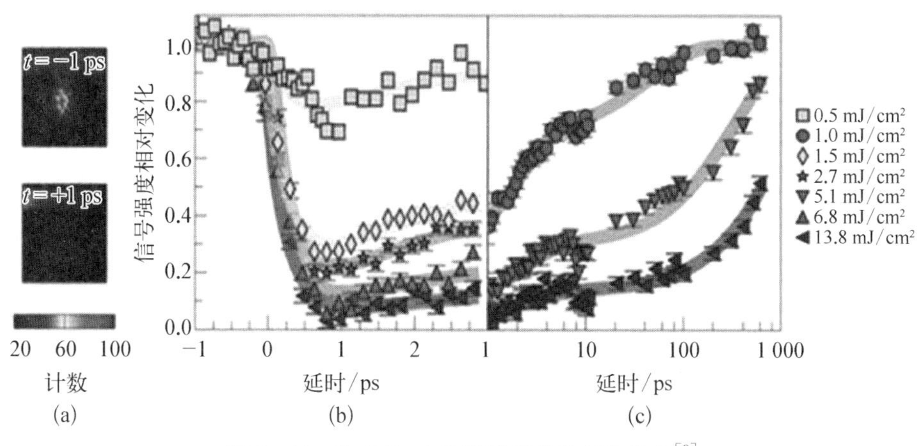

图 1－13　Sr_2IrO_4 中的磁性序的破坏和恢复[8]

的这些磁振子主要是对二维相邻自旋间的关联更加敏感，而我们之所以在光激发后的 2 ps 内就可以观察到磁振子，是因为此时材料中的二维自旋关联已经几乎完全恢复了，而在图 1－13 中看到的磁性布拉格峰强度的变化主要来源于沿着 c 轴方向上层间自旋关联的破坏。超快 RIXS 实验直接展示了在光激发的磁性相变过程中，层内的自旋关联要比层外的自旋关联恢复得快得多的现象。

1.4.2　超快 X 光衍射

如果把当今凝聚态物理研究比作物理学中的一顶皇冠，那么超导无疑就是这顶皇冠上的一颗明珠。距昂内斯 1911 年发现超导并于两年后获得诺贝尔奖至今，关于超导的研究已经走过了一百多年，有关超导转变温度的纪录一次次被打破，麦克米兰极限、铜基超导体、铁基超导体、BCS 理论等这些名词还始终在耳旁回响。虽然过去人们围绕超导研究已经取得了长足的进步，但是室温超导始终是横亘在超导进一步广泛应用过程中的一道高大而绕不过的门槛。人们在过去尝试使用各种手段来调控材料的性质以提高超导温度，如掺杂、压力、应力等。而在通往室温超导的路上之所以如此困难重重，本质上是因为人们对超导机制的理解还不够。由于其中涉及复杂的相互作用与耦合机制，人们很难在平衡态下研究这些机制。而新出现的泵浦-探测技术则有望在非平衡态下研究这些去耦合后的性质，有望使超导领域的研究出现新的曙光。在过去几年，有学者已经发现光激发可以诱导材料中的超导行为[9]。

最近研究者使用飞秒X射线衍射的方法研究了 $YBa_2Cu_3O_{6.5}$ 在光激发下的晶格结构变化，由晶格结构变化计算相应的电子结构变化，发现光激发后的电子结构会变得更加有利于超导[10]。$YBa_2Cu_3O_{6.5}$ 是一种空穴掺杂类型的钙钛矿结构高温超导体，其结构如图1-14(a)所示，它包含由传导的 CuO_2 组成的双分子层(如图中的灰色平面)，这个双分子层被一个包含钇原子的绝缘层分开，而Cu—O链控制了空穴的掺杂。CuO_2 双原子层沿着 c 轴方向堆叠，而在临界温度(即超导转变温度)以下，相邻的 CuO_2 双原子层间的库珀对沿着 c 轴的隧穿导致了三维的相干输运，即超导。过去的研究发现当顶点处的氧原子与平面内的铜原子间的距离 d(如图中的黑色双箭头所示)减小时，超导会增强，而距离的改变可以通过在平衡态下对材料加以高压实现。

用光来操控晶格的变化也是一种十分有效的手段，基于此思路，A. Cavalleri等人通过理论分析发现使用中红外脉冲可以共振激发并大幅改变铜原子的间距，进而会影响超导的行为。实验中使用时间分辨的X射线衍射技术研究了 $YBa_2Cu_3O_{6.5}$ 在100 K(远高于它的临界转变温度50 K)下的中红外脉冲激发后的晶格动力学行为，并选取了对铜和氧离子沿着 c 轴方向的运动敏感的布拉格峰进行分析，如图1-14(b)所示，可以发现部分布拉格峰强度在光激发后升高，另一部分则降低。而由衍射斑强度的变化可以进一步分析具体晶格结构的变化，发现光激发后在超导层中的铜原子与顶点处的氧原子间的距离缩短了，即图1-14(a)中的 d 变小了，而 d 的变化如图1-14(c)所示。同时在不同的双原子层间，铜原子间的距离变得更近了，但是在同一个双原子层内，铜原子间的距离变长了，如图1-14(a)所示，这会导致双原子层内的隧穿概率降低，但是增加了双原子层间的隧穿概率。与平衡态下压力诱导效应类似，这个运动可能会导致光诱导的沿着晶体 c 轴方向的库珀对的输运，使超导增强，尽管此时温度远在临界温度以上。

基于实验中所观察到的结构变化，运用密度泛函理论可计算出由晶格结构变化导致的瞬时电子结构，其结果表明电子会从 CuO_2 层向着Cu—O链转移，而这与在静态下的空穴掺杂情况类似，也是有利于超导的。通过光激发导致的这种在超导转变温度以上的皮秒时间尺度瞬时的超导增强行为虽然持续的时间很短，但是此温度甚至可以进一步达到室温，这意味着人们研究室温超导迈出了新的探索性的一步。

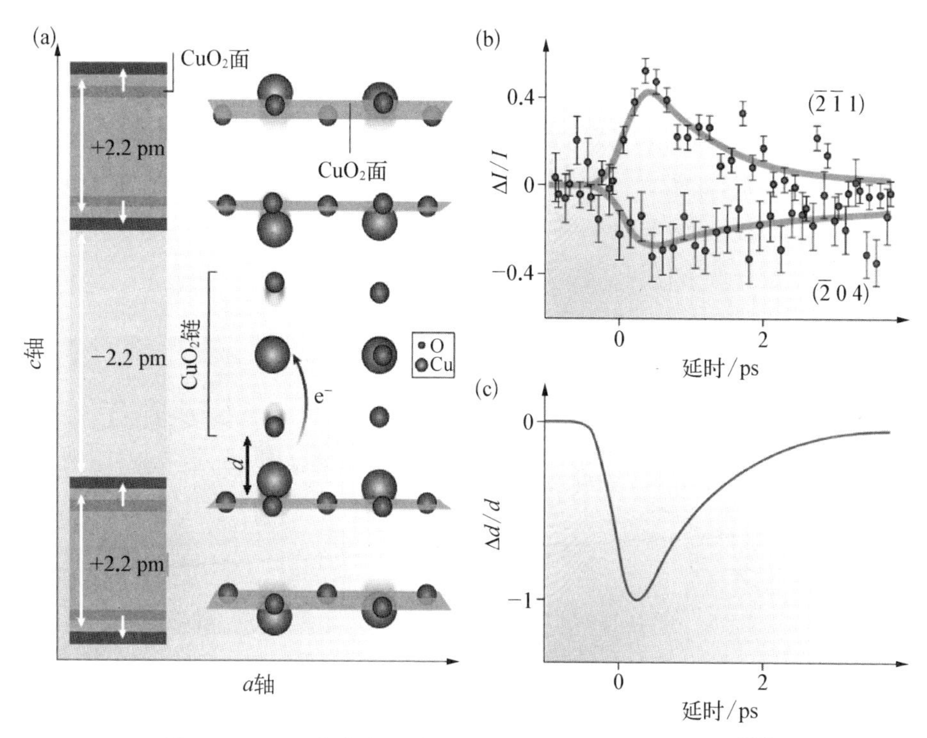

图 1-14　双层铜氧化物在中红外光激发下的晶格动力学[10]

1.4.3　超快 X 光漫散射

在过去，测量声子色散关系最常用的一种方法是中子散射，即测量中子被材料散射后的能量和动量变化来获得材料的声子色散关系。另一种较为复杂的方法是测得材料的热漫散射(thermal diffuse X-ray scattering)，再结合力常数模型以及最小二乘法，通过不断地修改有关的力参数，使得计算得出的强度与实验数据吻合从而得到声子的色散关系。

随着自由电子激光提供的超短超强 X 光的广泛应用，2013 年，一种通过时间分辨的 X 射线散射方法获得材料中的声子色散关系的技术也发展起来[11]，两者的不同之处是前者是在频域进行测量，后者则是在时域进行测量。在超快 X 光漫散射实验中，使用一束近红外激光脉冲激发单晶的锗样品，从而产生一对频率相同但具有相反动量的关联声子对，这对声子对会调控布拉格峰附近的 X 射线的漫散射强度，使其以两倍的声子频率振荡，最后直接利用不同位置处调制的漫散射强度通过傅里叶变换就能得到声子的色散关系。

图 1 - 15(a)所示为模拟的锗衍射斑,图中的实线为计算得到的布里渊区边界,从 q_1 到 q_2 的虚线代表图 1 - 15(b)中选择的声子色散路径。通过将这条路径上的 X 射线漫散射强度直接做傅里叶变化就能得到倒空间对应的波矢量处的色散关系,如图 1 - 15(b)所示,其中的实线代表通过计算得到的色散曲线,可以发现实验结果与计算结果吻合得非常好。通过该方法获得色散关系的过程中并没有调节任何参数,这也使得该方法的结果比较可信。

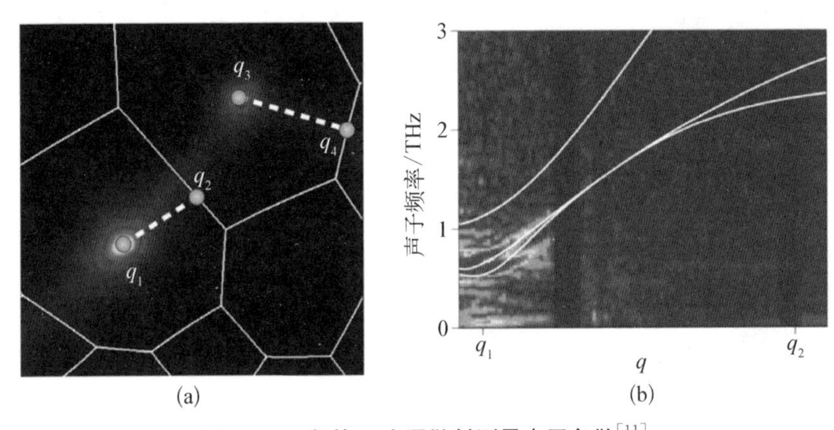

图 1 - 15　超快 X 光漫散射测量声子色散[11]

(a) 计算得到的锗衍射斑;(b) 实验获得的锗声子色散曲线

在时域探测低能激发相比平衡态下的测量(如非弹性中子或 X 射线散射)有着非常显著的优势,特别是在低能量激发方面,受限于中子本身的温度分散,对极低频率的声子模式难以准确测量;而在时域基于傅里叶变换的非弹性 X 射线散射则较为容易获得色散关系中的低频成分,因为其对应的时间周期较长,较容易测量。此外,传统的非弹性测量只反映了声子的谐波特性,但是时间分辨漫散射的方法则能揭示不同声子之间的非谐耦合。比如在近期的实验中,研究者利用自由电子激光的 X 光散射在铋材料中发现其 A_{1g} 模式可通过非谐耦合形成其他两支声子模式[12]。

图 1 - 16(a)为铋材料中声子色散关系,为满足能量守恒和动量守恒,A_{1g} 模式的声子可以耦合为频率各为初始频率一半且动量相反的两路声子。实验中通过测量布拉格点和漫散射点的衍射斑强度随延时变化,可以验证该声子耦合和衰减的动力学过程[见图 1 - 16(b)]。不过需要指出的是,时间分辨漫散射的方法本身所能获得的色散曲线中的最高频率成分会受限于实验本身的时间分辨率,目前仅能获得 5 THz 以下的声子谱信息。

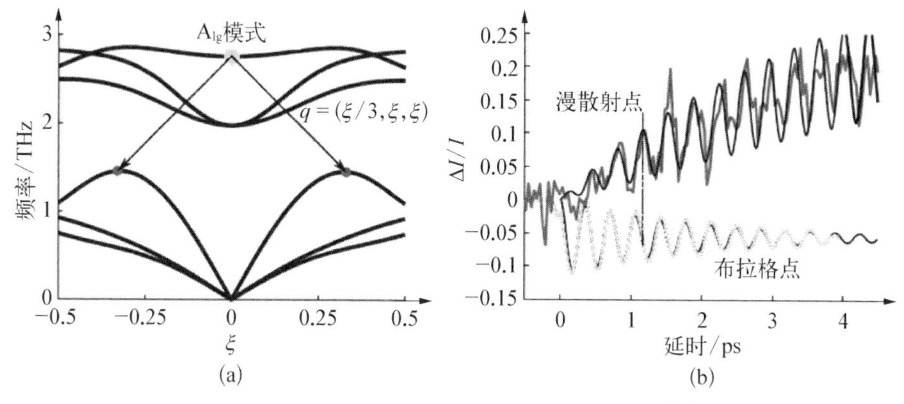

图1-16　超快X光漫散射研究声子耦合通道[12]

(a) 声子色散关系；(b) 衍射斑强度随延时变化

1.5　电子探针

电子是轻子族里一种稳定的亚原子粒子，于1897年首次被约瑟夫·汤姆孙发现确认；1924年，德布罗意首次提出“物质波”的概念；1927年，乔治·汤姆孙、克林顿·戴维孙和雷斯特·革末首次证实了电子具有波动性，可以发生干涉效应。从此电子衍射作为高空间分辨物质结构探测的工具迅速发展起来。电子衍射是电子与样品中周期性排列原子相互作用产生的相干效应。衍射图样是电子与物质相互作用而产生的信息载体，从中可以得到物质在原子层面上的结构信息。传统的静态电子衍射是一种重要的物质结构分析手段，能让我们全面了解很多物质的微观结构，超快电子衍射在此基础上增加了超高时间分辨能力。电子衍射的理论基础是电子的波动性和弹性散射。

1.5.1　电子的德布罗意波长

根据量子力学理论，电子具有波粒二象性，电子衍射是对其波动性的有力证据。若将运动的电子视为波，则根据德布罗意关系，其波长的表达式为

$$\lambda_e = \frac{h}{p} = \frac{h}{m_R v} \tag{1-1}$$

式中，$h=6.626\,07\times10^{-34}$ J·s为普朗克常数；p、m_R和v分别为运动电子的动量、相对论质量和速度。根据相对论理论，速度为v的电子质量为

$$m_R = \frac{m_e}{\sqrt{1 - v^2/c^2}} \tag{1-2}$$

式中，m_e 为电子的静止质量，$m_e = 9.109\ 38 \times 10^{-31}$ kg；c 为光速，$c = 2.997\ 92 \times 10^8$ m/s。

当电子枪加速电压为 U 时，根据能量守恒：

$$eU + m_e c^2 = m_R c^2 \tag{1-3}$$

式中，$e = 1.602\ 19 \times 10^{-19}$ C 为电子电量。综合上述三式，可以得到电压为 U 的电子枪产生的电子的波长为

$$\lambda_e = \frac{h}{\sqrt{2m_e eU\left(1 + \frac{eU}{2m_e c^2}\right)}} \tag{1-4}$$

将已知常量代入式(1-4)，即可以得到

$$\lambda_e = \frac{12.264\ 2}{\sqrt{U(1 + 9.784\ 87 \times 10^{-7} U)}} \tag{1-5}$$

利用加速电压 U（电子的动能，单位为 eV）可快速计算出电子的波长，其单位为 pm，如表 1-1 所示。

表 1-1　不同动能电子的德布罗意波长

动能/eV	10^3	3×10^4	10^5	5×10^5	10^6	3×10^6
波长/pm	38.8	6.98	3.70	1.42	0.871	0.356

根据电子的动能，电子衍射装置可以分成三类：低于 1 keV 的为低能电子衍射(low energy electron diffraction, LEED)；1～20 keV 的为中能电子衍射(medium energy electron diffraction, MEED)；高于 20 keV 的为高能电子衍射(high energy electron diffraction, HEED)。当前超快电子衍射的电子动能一般都高于 30 keV，因此属于高能电子衍射；而基于加速器技术的兆伏特超快电子衍射电子能量则高于 1 MeV。

1.5.2　电子与 X 光的比较

电子和 X 光都具有与原子间距可比拟的波长，因此通过衍射或成像都能

提供原子尺度的空间分辨率，且两者的脉宽都可以做到飞秒量级，因此也可结合泵浦-探测技术获得高的时间分辨率。因此，这两种探针目前广泛用于研究原子尺度的超快动力学过程。

X 光主要与原子的核外电子发生相互作用，其散射机制为汤姆孙散射；X 光与原子的散射可理解为 X 光需要打在电子上，而核外电子在原子中所占的体积很小，因此 X 光与原子散射截面较小。电子与原子核和核外电子之间的静电势发生相互作用，其散射机制为卢瑟福散射；电子与原子的散射可理解为电子既不需要打在原子核上，也不需要打在核外电子上，因为在很广阔的区间都能感受到静电势的作用，因此电子与原子散射截面较高，一般比 X 光高约 5 个数量级。

由于 X 光与物质的相互作用较弱，而携带原子信息的衍射斑主要来自单次弹性散射，因此要得到足够信噪比的衍射斑需要的 X 光子个数较多；此类超短超强 X 光脉冲一般只能通过自由电子激光大科学装置获得，而大科学装置造价高，可用性极为有限。电子由于与物质相互作用强，因此仅需要相对较少个数的电子即可获得足够信噪比的衍射斑；此类超短电子脉冲可由光阴极直流或微波电子枪产生，装置规模较小，尤其适合大学或小规模实验室开展研究，可用性相对较强。如果某个实验既能利用超快电子又能利用超快 X 光开展研究，那么利用超快电子开展研究无疑是性价比更高的选择。

一般自由电子激光提供的 X 光波长约为 1 Å，100 keV 的电子波长为 3.7 pm，电子波长仅为 X 光波长的约 1/30。更短的波长使得电子衍射可提供更高的动量转移，因此通过衍射所能获得的空间分辨率更高。然而，由于空间相干性约等于波长除以散射角，更短的波长往往使得电子的空间相干性远低于 X 光。此外，由于 X 光与物质相互作用弱，一般多次散射可忽略，而电子则存在较强的多次散射，这两点导致电子在相干衍射成像(coherent diffraction imaging, CDI)方面的应用不如 X 光广泛。

在样品制备方面，由于 X 光穿透力强，因此样品可以在衬底上制备；而电子由于穿透力弱，一般需要无衬底的纳米厚度的薄膜样品。此外，由于 X 光可聚焦到微米及百纳米且仍然具有足够高的空间相干性，因此所需的样品横向尺寸在微米量级即可。电子由于库仑排斥力以及初始的发射度限制，为保证足够的空间相干性，一般难以聚焦到微米尺寸，故所需的样品横向尺寸一般需要至少几十微米。故在样品制备方面，电子衍射难度更高。

在时间分辨率上，自由电子激光可以产生 1 飞秒(fs)以下的脉冲，且已发展精度为亚飞秒的时间抖动校正技术，故具有极高的时间分辨率。电子由于库仑排斥力，一般不采用脉宽压缩技术时脉宽约为 100 fs 量级，采用脉宽压缩技术可获得 10 fs 以下的电子，但是目前还没有产生 1 fs 以下的脉冲。此外，电子的时间抖动校正技术目前大多仍然是破坏性的，因为并不能像 X 光那样利用分束器选择 1%的光子监测其到达时间。非破坏式的电子时间抖动校正技术的校正精度目前还难以做到亚飞秒级，因此在时间尺度上，X 光具有更高的分辨率。

在增加强磁场及太赫兹泵浦方面，X 光具备天然的优势。由于 X 光对磁场不敏感，因此可在样品上增加数特斯拉的强磁场，而磁场不会影响 X 光的衍射；电子却由于会受到磁场的作用，往往无法在样品上增加强磁场。另外，利用太赫兹脉冲作为泵浦脉冲时，由于太赫兹脉冲会对电子束进行偏转，因此也会对电子衍射斑造成一定影响；而 X 光则不受此影响。

需要指出的是，X 光和电子对材料价电子分布的敏感度也存在差别。定性地说，在 X 光散射过程中，散射信号对被原子核紧密束缚的内层电子（core electrons）和外层价电子（valence electron）具有相同的敏感度，因此 X 光散射信号获得的是原子所有电子的平均分布。由于决定散射信号的是静电势，故电子散射取决于散射矢量（或动量转移）的值，散射信号对内层电子和价电子可以具有不同的敏感度。

图 1 - 17 所示为 X 光与电子在不同散射矢量处对不同材料的敏感度，总体来说对于较小的散射矢量，电子散射相比 X 光散射对价电子的分布更加敏感。这是因为当电子在原子附近通过时，其感受到较大的静电势，对应较大的

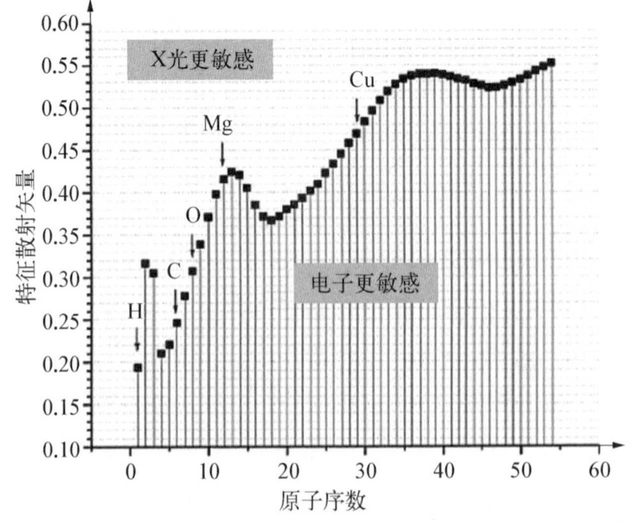

图 1 - 17　X 光与电子在不同散射矢量处对不同材料的敏感度[13]

散射角(高散射矢量),此时静电势主要由原子核与内层电子之间的静电势决定,故这些大散射角处的电子散射信号更多地携带了晶格的信息。而当电子沿原子外层通过时,由于原子内层电子的负电荷对原子核正电荷的屏蔽(中和)作用,感受到较小的静电势,对应较小的散射角(低散射矢量),此时静电势主要由外层价电子决定,故这些小散射角处的电子散射信号更多地携带了价电子的信息。由于价电子和晶格对激光的响应时间存在差别,因此利用超快电子衍射有可能通过分析不同散射矢量处的电子衍射斑随时间的变化区分样品的电荷和晶格的动力学,这是电子散射相比于 X 光散射的一个优势。

总之,电子散射和 X 光散射既有相似之处,又存在一定的差别,在具体应用中需根据特定的研究对象合理选择合适的探针和数据分析方法。超快电子衍射总体上与自由电子激光互补,两者构成超快科学研究中不可或缺的两个部分。

参考文献

[1] Erni R, Rossell M, Kisielowski C, et al. Atomic-resolution imaging with a sub-50-pm electron probe[J]. Physical Review Letters, 2009, 102: 096101.

[2] Jiang Y, Chen Z, Han Y, et al. Electron ptychography of 2D materials to deep sub-ångström resolution[J]. Nature, 2018, 559: 343 - 349.

[3] Zewail A, Thomas J. 4D Electron Microscopy: Imaging in Space and Time[M]. London: Imperial College Press, 2009.

[4] Hada M, Pichugin K, Sciainia G. Ultrafast structural dynamics with table-top femtosecond hard X-ray and electron diffraction setups[J]. European Physical Journal Special Topics, 2013, 222: 1093 - 1123.

[5] Rose T, Rosker M, Zewail A. Femtosecond real-time probing of reactions. Ⅱ. The dissociation reaction of ICN[J]. Journal of Chemical Physics, 1989, 89(10): 6128 - 6140.

[6] Herek J, Pedersen S, Banares L, et al. Femtosecond real-time probing of reactions. IX. Hydrogen-atom transfer[J]. Journal of Chemical Physics, 1992, 97: 9046.

[7] Sobota J, Yang S, Analytis J, et al. Ultrafast optical excitation of a persistent surface-state population in the topological insulator Bi_2Se_3[J]. Physical Review Letters, 2012, 108: 117403.

[8] Dean M P M, Cao Y, Liu X, et al. Ultrafast energy- and momentum-resolved dynamics of magnetic correlations in the photo-doped Mott insulator Sr_2IrO_4[J]. Nature Materials, 2016, 15: 601.

[9] Fausti D, Tobey R, Dean N, et al. Light-induced superconductivity in a stripe-ordered cuprate[J]. Science, 2011, 331: 189 - 191.

[10] Mankowsky R, Subedi A, Forst N, et al. Nonlinear lattice dynamics as a basis for enhanced superconductivity in $YBa_2Cu_3O_{6.5}$[J]. Nature, 2014, 516: 71-73.

[11] Trigo M, Fuchs M, Chen J, et al. Fourier-transform inelastic X-ray scattering from time and momentum-dependent phonon-phonon correlations[J]. Nature Physics, 2013, 9: 790-794.

[12] Teitelbaum S, Henighan T, Huang Y, et al. Direct measurement of anharmonic decay channels of a coherent phonon[J]. Physical Review Letters, 2018, 121: 125901.

[13] Zheng J, Zhu Y, Wu L, et al. On the sensitivity of electron and X-ray scattering factors to valence charge distributions[J]. Journal of Applied Crystallography, 2005, 38: 648-656.

第2章 千伏特超快电子探针技术及应用

电子与X光相比更容易获得，同时由于千伏特(keV)电子的德布罗意波长也在埃和皮米之间，且超短电子脉冲可以利用飞秒激光较为方便地产生，因此利用电子探针开展超快科学研究成为过去20年各研究组竞相发展的技术。千伏特电子可以利用常规的直流高压电源产生，因此早期的超快电子衍射均采用几十千伏的电子。

2.1 电子散射理论

运动的电子与其他粒子发生碰撞作用会改变电子原来的运动方向，这种现象称为散射。根据碰撞后是否有能量损失，散射分为两种：弹性散射和非弹性散射。由于原子核的质量比电子质量高3～5个数量级，电子与原子核发生散射后，只改变其运动方向，能量改变很少以致可以忽略不计，这个过程称为弹性散射；若碰撞对象是核外的电子，则会有能量交换，散射过程就是非弹性的。

当电子与单个独立的原子发生弹性散射时，若假定原子势场具有时间不变性和球对称性，则这个散射过程中电子波函数满足不含时间的薛定谔方程：

$$\hat{H}\psi = E\psi \tag{2-1}$$

式中，ψ 为电子的波函数；E 为电子的总能量，包括其动能和势能；哈密顿算符 $\hat{H}$ 表示为

$$\hat{H} = \frac{\hat{p}^2}{2m_e} + V = -\frac{\hbar^2}{2m_e}\nabla^2 + V \tag{2-2}$$

式中，V 为原子势场。初始的入射电子可以用一个平面波来描述：

$$\psi_{\mathrm{I}} = A\mathrm{e}^{\mathrm{i}\boldsymbol{k}_0 \cdot \boldsymbol{r}} \tag{2-3}$$

式中，A 为平面波的幅值，$\boldsymbol{r}$ 为位矢，$\boldsymbol{k}_0$ 为入射波矢，其大小与波长的关系为

$$|\boldsymbol{k}_0| = \frac{2\pi}{\lambda_{\mathrm{e}}} = \frac{\sqrt{2m_{\mathrm{e}}eU\left(1+\dfrac{eU}{2m_{\mathrm{e}}c^2}\right)}}{\hbar} \tag{2-4}$$

式中，“$|\boldsymbol{k}_0|$”表示取 $\boldsymbol{k}_0$ 的绝对值；$\hbar$ 为约化普朗克常数。

根据电子流密度计算公式：

$$I = \frac{\hbar}{2\mathrm{i}m_{\mathrm{R}}}(\psi^* \nabla \psi - \psi \nabla \psi^*) \tag{2-5}$$

可得到入射电子流密度为

$$I_{\mathrm{I}} = \frac{\hbar \boldsymbol{k}_0}{m_{\mathrm{R}}} |A|^2 = \nu_{\mathrm{R}} |A|^2 \tag{2-6}$$

根据之前假定原子势场的球对称性，入射电子波被原子散射后，其散射波函数只与散射角 θ 和距离 R 相关，如图 2-1 所示。电子流密度守恒要求其波函数强度与距离 R 成反比，因此在远离散射原子的地方，弹性散射的电子波函数应为

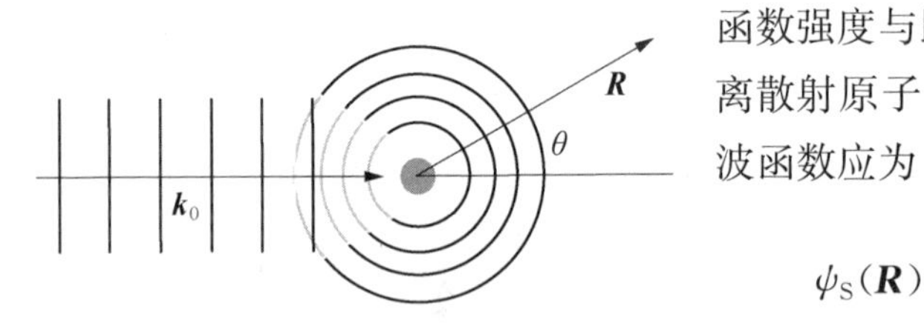

图 2-1　电子波被原子散射示意图

$$\psi_{\mathrm{S}}(\boldsymbol{R}) \xrightarrow{R \to \infty} \frac{A}{R} f(\theta)\mathrm{e}^{\mathrm{i}kR} \tag{2-7}$$

弹性散射中 $|\boldsymbol{k}| = |\boldsymbol{k}_0|$。这里 $f(\theta)$ 为弹性散射波幅，$|f(\theta)|^2$ 为散射微分截面。入射电子波被原子散射后，在远离原子区域，其波函数由入射波和散射波两部分组成，表示为

$$\psi(\boldsymbol{R}) = \psi_{\mathrm{I}}(\boldsymbol{R}) + \psi_{\mathrm{S}}(\boldsymbol{R}) \tag{2-8}$$

根据薛定谔方程及边界条件可得散射波函数为

$$\psi_{\mathrm{S}}(\boldsymbol{R}) = \frac{A\mathrm{e}^{\mathrm{i}kR}}{R}\left[-\frac{1}{4\pi}\int U(\boldsymbol{r})\mathrm{e}^{\mathrm{i}\boldsymbol{s}\cdot\boldsymbol{r}}\mathrm{d}\boldsymbol{r}\right] \tag{2-9}$$

式中，$\boldsymbol{s}=\boldsymbol{k}-\boldsymbol{k}_0$ 为散射电子的动量改变量(momentum transfer)，弹性散射后电子波矢 $\boldsymbol{k}=\dfrac{\boldsymbol{R}}{R}k_0$。若散射角为 θ，则有

$$|\boldsymbol{s}|=s=2k_0\sin\frac{\theta}{2}=\frac{4\pi}{\lambda_e}\sin\frac{\theta}{2} \tag{2-10}$$

若定义原子结构因子：

$$f_e(\boldsymbol{s})=-\frac{1}{4\pi}\int U(\boldsymbol{r})e^{i\boldsymbol{s}\cdot\boldsymbol{r}}d\boldsymbol{r} \tag{2-11}$$

式中，$U(\boldsymbol{r})=\dfrac{2m_R}{\hbar^2}V(\boldsymbol{r})=\dfrac{2m_R}{\hbar^2}\left[-\dfrac{Ze^2}{r}+e^2\int\dfrac{\rho(\boldsymbol{r}')}{|\boldsymbol{r}-\boldsymbol{r}'|}d\boldsymbol{r}'\right]$，因此，原子序数为 Z 的原子对电子的散射结构因子为

$$f_e(\boldsymbol{s})=\frac{2m_e e^2}{\hbar^2}\left[\frac{Z-f_x(\boldsymbol{s})}{s^2}\right] \tag{2-12}$$

式中，$f_X(\boldsymbol{s})=4\pi\int r\rho(r)\dfrac{\sin(sr)}{s}dr$ 为相同原子对X射线的散射结构因子。可将式(2-9)进一步简化为

$$\psi_S(\boldsymbol{R})=\frac{Ae^{ikR}}{R}f_e(\boldsymbol{s}) \tag{2-13}$$

式(2-13)描述的是电子与在原点处的原子相互作用后的散射波函数。实际的研究对象一般是分布在三维空间中的一系列原子集团，若其位置为 $\boldsymbol{r}_j$，其原子散射结构因子为 $f_j(\boldsymbol{s})$，这里 $j=1, 2, 3, \cdots, N$，表示有 N 个原子，则所有原子散射波的相干叠加为

$$\psi_S^N(\boldsymbol{R})=\frac{Ae^{ikR}}{R}\sum_{j=1}^{N}f_j(\boldsymbol{s})e^{-i\boldsymbol{s}\cdot\boldsymbol{r}_j} \tag{2-14}$$

这里的相位因子 $e^{-i\boldsymbol{s}\cdot\boldsymbol{r}_j}$ 可根据图2-2得到，其中 $\boldsymbol{r}_j$ 处原子的散射波的行程差为 $\boldsymbol{k}_0\cdot\boldsymbol{r}_j$ 和 $-\boldsymbol{k}\cdot\boldsymbol{r}_j$，因此总的行程差为 $(\boldsymbol{k}_0-\boldsymbol{k})\cdot\boldsymbol{r}_j=-\boldsymbol{s}\cdot\boldsymbol{r}_j$，故两部分散射波的散射因子为 $e^{-i\boldsymbol{s}\cdot\boldsymbol{r}_j}$。

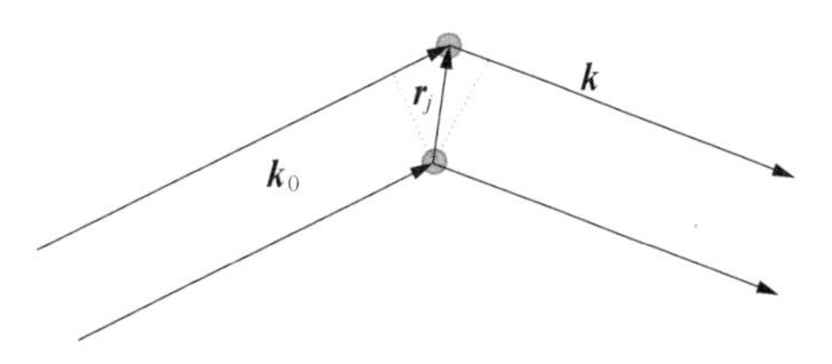

图2-2　原子散射后形成散射波

最后可得电子散射的电子流密度为

$$I(\boldsymbol{s}) = I_{\mathrm{A}}(\boldsymbol{s}) + I_{\mathrm{D}}(\boldsymbol{s}) = \frac{I_0}{R^2}\Big[\sum_{k=1}^{N} f_k^2(\boldsymbol{s}) + \sum_{k=1}^{N}\sum_{\substack{j=1\\k\neq j}}^{N} f_k(\boldsymbol{s}) f_j(\boldsymbol{s}) \mathrm{e}^{\mathrm{i}\boldsymbol{s}\cdot\boldsymbol{r}_{kj}}\Big] \tag{2-15}$$

右边第一部分是单原子散射强度分布，其强度分布只与原子性质相关，与原子空间分布结构无关；第二部分包含了 $\boldsymbol{r}_{kj}$，即原子间的相对位置，因此其大小与物质结构密切相关，包含了衍射对象空间分布的结构信息。

对于特定的气态分子和多晶样品，由于原子键键长 $\boldsymbol{r}_{kj}$ 总是有限的几个值，即其大小是离散的，但方向没有任何限制，若样品数量足够大，可以认为其取向分布完全随机，因此相位因子可以直接对各个方向的 $\boldsymbol{r}_{kj}$ 积分后用平均值代替，这样得到相干衍射部分的强度分布为

$$I_{\mathrm{D}}(\boldsymbol{s}) = \frac{I_0}{R^2}\sum_{i=1}^{N}\sum_{\substack{j=1\\i\neq j}}^{N} f_i(\boldsymbol{s}) f_j(\boldsymbol{s}) \frac{\sin(\boldsymbol{s}\boldsymbol{r}_{kj})}{\boldsymbol{s}\boldsymbol{r}_{kj}} \tag{2-16}$$

即对于固定长度的 $\boldsymbol{r}_{kj}$，在各个方向上都会出现衍射极大值，因此其衍射图样是同心的衍射环。

对于具有周期性结构的单晶，样品固定后，不但原子间距 $\boldsymbol{r}_{kj}$ 是固定的，其取向也受到限制。只有某些与 $\boldsymbol{r}_{kj}$ 匹配的 $\boldsymbol{s}$ 方向上，即 $\boldsymbol{s}\cdot\boldsymbol{r}_{kj}=2n\pi$ 时才能出现衍射加强，因此单晶的衍射图样是独立的衍射斑点，其衍射强度分布为

$$I_{\mathrm{D}}(\boldsymbol{s}) = \frac{I_0}{R^2}\sum_{k=1}^{N}\sum_{\substack{j=1\\k\neq j}}^{N} f_k(\boldsymbol{s}) f_j(\boldsymbol{s}) \mathrm{e}^{\mathrm{i}\boldsymbol{s}\cdot\boldsymbol{r}_{kj}} \tag{2-17}$$

2.2 晶体衍射理论

晶体的最重要特征是内部原子呈规则和周期性的排列，因此晶体中的电子散射强度在某些方向会得到相干加强。出现衍射极大值需要满足两个条件，首先是遵循布拉格定律，即要求散射角、电子波长和晶面间距满足一定的关系；其次根据晶格晶胞的基元结构，要求其结构因子不能为零，否则即使满足布拉格定律，也不会出现衍射极大值，类似于光栅中的缺级现象。

类似于 X 光衍射，将电子等效为波长为 λ 的入射波，如图 2－3 所示，将晶体中的平行原子平面（即晶面）当作反射电子波的镜面，晶体的每一层晶面都会反射一部分入射波，其反射角等于入射角，而晶体衍射可看作来自不同晶面的反射波之间发生相长干涉后的结果。考虑相距为 d 的一组晶面，入射波矢平行于纸面，则相邻平行晶面的射线光程差为 $2d\sin\theta$。根据布拉格公式，当光程差为波长的整数倍时，来自相邻晶面的反射波就会发生相长干涉，获得主极大衍射斑。

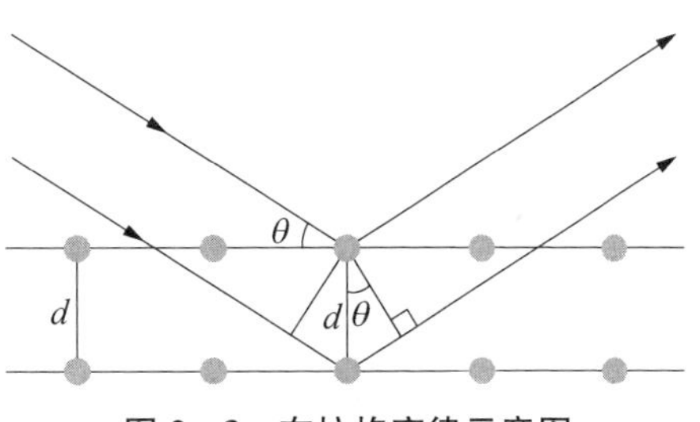

图 2－3　布拉格定律示意图

超短电子脉冲经过原子构成的晶体点阵时，形成衍射图样，该图样分布由晶格瞬时结构决定，因此超快电子衍射获得的电子衍射图样可以用于反演实时晶体结构：对于单晶，电子衍射图样就是分离的点阵；对于多晶，衍射图样由不同半径的同心圆组成，它可以视为由单晶衍射图样以零级衍射斑为中心旋转 360°而成，生成的同心圆半径与相应晶面的面间距相关。

布拉格衍射条件是出现衍射极大值的必要条件，但并非充分条件，即满足布拉格定律并不一定会出现衍射极大值。是否出现衍射还与晶体的实际结构相关，例如对于体心立方晶体，若(100)晶体面满足布拉格衍射条件，似乎应该出现衍射极大值，但是由于立方中心还存在原子，这部分原子可以组成另一组平行平面，如图 2－4 所示，这组平面与(100)面的间距只有(100)面间距的一半，它的反射波行程差与(100)面的反射波相差半个波长，因此实际上在这个方向无法出现衍射极大值。

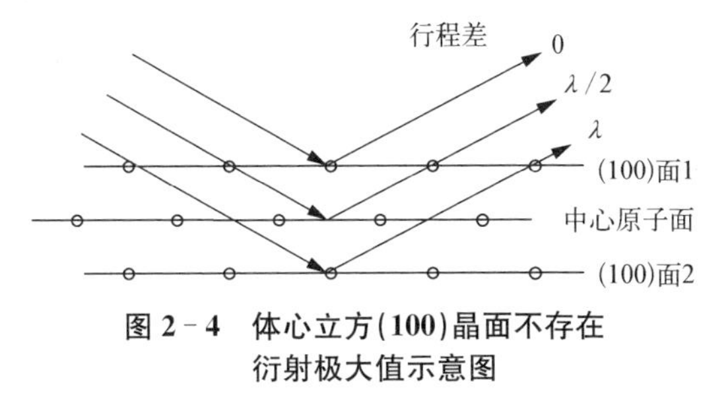

图 2－4　体心立方(100)晶面不存在衍射极大值示意图

综上所述，衍射极大值是否出现还与晶体的实际结构相关，因此需要进一步考虑不同晶系结构对衍射极大值的影响。对于同种原子组成的单晶，散射波函数为

$$\psi_{\mathrm{S}}^{N}(\boldsymbol{R})=\frac{A\mathrm{e}^{\mathrm{i}kR}}{R}\sum_{j=1}^{N}f_{j}(\boldsymbol{s})\mathrm{e}^{-\mathrm{i}\boldsymbol{s}\cdot\boldsymbol{r}_{j}} \tag{2-18}$$

对于衍射极大值，根据布拉格定律，总有 $\boldsymbol{s}=h\boldsymbol{b}_1+k\boldsymbol{b}_2+l\boldsymbol{b}_3$，其中，$\boldsymbol{b}_1$，$\boldsymbol{b}_2$，$\boldsymbol{b}_3$ 为晶体基矢。另外，晶体可以看成由基元组成，基元的位矢为 $\boldsymbol{T}_j=X\boldsymbol{a}_1+Y\boldsymbol{a}_2+Z\boldsymbol{a}_3$，其中，$X$，$Y$ 和 Z 为整数，所以有 $\mathrm{e}^{\mathrm{i}\boldsymbol{s}\cdot\boldsymbol{r}_j}=\mathrm{e}^{\mathrm{i}\boldsymbol{s}\cdot(\boldsymbol{r}_j-\boldsymbol{T}_j)}$，因此式(2-18)中的原子坐标 $\boldsymbol{r}_j$ 可以用它在基元内部的坐标 $\boldsymbol{r}_{0j}$ 来代替，假定基元中含有 n 个原子，则可将式(2-18)简化为

$$\psi_{\mathrm{S}}^{N}(\boldsymbol{R})=\frac{A\mathrm{e}^{\mathrm{i}kR}}{R}\frac{N}{n}\sum_{j=1}^{n}f_j(\boldsymbol{s})\mathrm{e}^{-\mathrm{i}\boldsymbol{s}\cdot\boldsymbol{r}_{0j}} \tag{2-19}$$

用晶体的基矢来描述原子在其基元内部的坐标 $\boldsymbol{r}_{0j}$：

$$\boldsymbol{r}_{0j}=x_j\boldsymbol{a}_1+y_j\boldsymbol{a}_2+z_j\boldsymbol{a}_3 \tag{2-20}$$

若晶体中只含有一种原子，即 $f_j(\boldsymbol{s})=f_{\mathrm{e}}(\boldsymbol{s})$ 为不变量，将式(2-20)代入式(2-19)可得

$$\psi_{\mathrm{S}}^{N}(\boldsymbol{R})=\frac{A\mathrm{e}^{\mathrm{i}kR}}{R}\frac{N}{n}f_{\mathrm{e}}(\boldsymbol{s})\sum_{j=1}^{n}\mathrm{e}^{-2\pi\mathrm{i}(hx_j+ky_j+lz_j)} \tag{2-21}$$

这样只需要计算一个基元内的原子散射波函数之和，就可以得到整个样品的原子散射波函数总和，因此出现衍射极大值的另一个重要条件为

$$F=\sum_{j=1}^{n}\mathrm{e}^{-2\pi\mathrm{i}(hx_j+ky_j+lz_j)} \tag{2-22}$$

不能等于零，很明显 F 与晶格基元内的原子空间结构相关，因此称为晶格的结构因子。

根据衍射波强度分布可知，电子衍射图样其实是样品原子空间结构的傅里叶变换，是其结构在倒易空间的再现，因此分析倒易空间的衍射图样信息，比如衍射峰位置、强度、对称性等，就可以得到样品内部原子在实空间中分布所具有的结构信息。掌握衍射图样的分析方法，全面而深入地理解所观察的衍射图样变化的物理意义，将有助于我们发现新的物理现象和洞察其真实物理过程。

根据衍射图样的类型，可以将其分成两类。一类是衍射斑，即衍射图样由一些离散的点阵构成，由单晶产生，如图 2-5(a)所示，具有不同结构点阵的衍射图样反映了晶体具有不同的空间结构；同一种单晶，电子束的入射角不同，所产生的衍射图样也不相同。另一类是衍射环，衍射图样由一系列的同心圆构成，如图 2-5(b)所示，它可视为单晶衍射图以零级斑为中心旋转 360°而成。

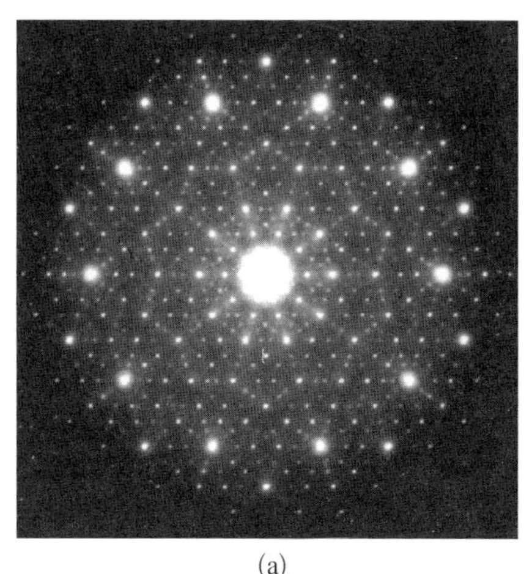

(a)

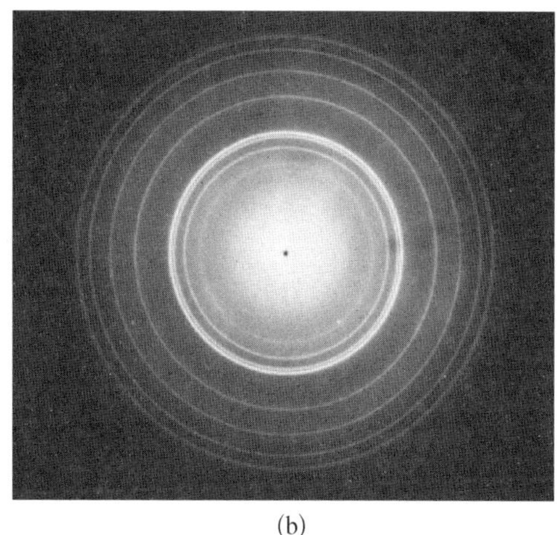

(b)

图 2－5　单晶和多晶的电子衍射图样

(a) 单晶;(b) 多晶

这些衍射图样的形成严格依赖于研究对象的原子空间结构,晶体原子空间结构的任何变化都能引起其衍射图样的变化,因此我们可以通过衍射图样的变化来解读晶格结构的变化,其方法主要依赖于衍射峰的三个属性: 衍射峰位置、强度和宽度。

根据衍射的布拉格定律可知,衍射位置(衍射角)与晶格面间距相关。若晶格发生膨胀,即晶格常数增大,会导致晶格面间距变大,相应地其衍射角会变小;反之,晶格收缩会引起衍射角增大。若晶格内不同晶面的面间距变化不一致,对于不同的衍射峰,所引起的衍射角变化也会不一致,因此我们可以通过测量各个衍射峰位置的变化来推断晶格在各个方向上的膨胀和收缩过程。

在衍射强度表达式的推导中,我们假设所有原子都固定在理想晶格位置上且位置保持不变,但是实际上原子由于热运动会围绕其晶格的平衡位置做随机振动,而且随着体系温度的上升其振动幅度会加剧。通常采用原子偏移位置的均方 ($\langle u^2(T)\rangle$, mean square displacement, MSD)来表征整个体系的热振动幅度,在热平衡状态下其大小与晶格的温度 T (单位为 K)相关,温度对衍射强度的影响可由德拜-沃勒模型(Debye－Waller Model)描述:

$$I_s(T) = I_s^0 \exp\left[-\frac{s^2\langle u^2(T)\rangle}{3}\right] \tag{2-23}$$

式中, $I_s(T)$、I_s^0 分别是温度为 T 和 0 时的衍射强度。由于 $\langle u^2(T)\rangle$ 与晶格

温度相关,所以式(2-23)通常还可写成

$$I_s(T) = I_s^0 \exp\left[-\frac{1}{2}s^2 B(T)\right] \quad (2-24)$$

式中,$B(T)$ 是德拜-沃勒因子(Debye-Waller factor, DWF),其定义为

$$B(T) = \frac{6h^2 T}{m_a \kappa_B \theta_D^2}\left(\frac{T}{\theta_D}\int_0^{\theta_D/T} \frac{x\,dx}{e^x - 1} + \frac{\theta_D}{4T}\right) \quad (2-25)$$

式中,m_a 是原子的质量;κ_B 是玻耳兹曼常数;θ_D 是德拜温度。当晶格温度 $T > \theta_D$ 时,$B(T)$ 与温度 T 近似为线性关系,即 $B(T)$ 可由两个常数 b_0、b_1 描述为 $B(T) = b_0 + b_1 T$。将 $B(T)$ 对 T 的线性关系代入式(2-25)可得到衍射峰强度与晶格温度之间的关系:

$$I_s(T + \Delta T)/I_s(T) = \exp\left(-\frac{1}{2}s^2 b_1 \Delta T\right) \quad (2-26)$$

式(2-26)是我们根据衍射峰强度衰减计算受激光泵浦后晶格温度变化的理论基础。

衍射峰除了位置和强度能反映晶格结构变化之外,其宽度也是一个重要的属性。如果晶体和电子束都是理想的,所有衍射峰的宽度应该为零,但在实际测量中电子的束斑大小和晶体的缺陷都会导致衍射峰具有一定的宽度。具体来说,若相同 Miller 系数、不同位置晶面的面间距不相同,其对应衍射极大值的角度相应地也存在差异,因此导致在一定角度范围内都有衍射信号,进而导致衍射峰宽度的增大。监测这个宽度变化能够推断晶格结构变化中相同 Miller 系数晶面的面间距变化是否一致,即晶格结构变化是否均匀。

2.3 千伏特超快电子衍射技术

最早将脉冲电子用于超快科学研究的是 G. Mourou,其于 1982 年在条纹相机基础上首次提出和发展了千伏特能量级的超快电子衍射装置[1](G. Mourou 因为发明了啁啾脉冲放大技术而获得 2018 年诺贝尔物理学奖)。这套装置的主要结构如图 2-6 所示,将掺钕钇铝石榴石(Nd:YAG)激光器输出的波长为 1 064 nm 的激光脉冲分成两束,其中一束激光脉冲照射样品,作为泵浦脉冲激发晶体结构变化相关的超快过程;另一束经过四倍频产生

266 nm 的紫外激光脉冲。直流光阴极电子枪进一步利用该紫外激光脉冲产生 20～25 keV 的超短电子脉冲作为探测脉冲。在最初的实验中，由于电子的个数较多，空间电荷力大幅增加了电子束脉宽，因此仅获得约 100 ps 的电子束，电子束脉宽远大于激光脉宽(约为 15 ps)。值得指出的是，条纹相机将激光脉冲转化为同样长度的电子脉冲，再利用偏转极板通过测量电子束的分布而获得激光的时域分布信息。既然条纹相机里已产生超短电子束，为什么不直接利用这些电子来开展超快科学研究呢？基于此，G. Mourou 等拆掉了条纹相机的偏转极板，增加了铝膜样品来测试这些电子是否可以产生高品质衍射斑，并最终开辟了超快电子衍射这一新的研究领域。

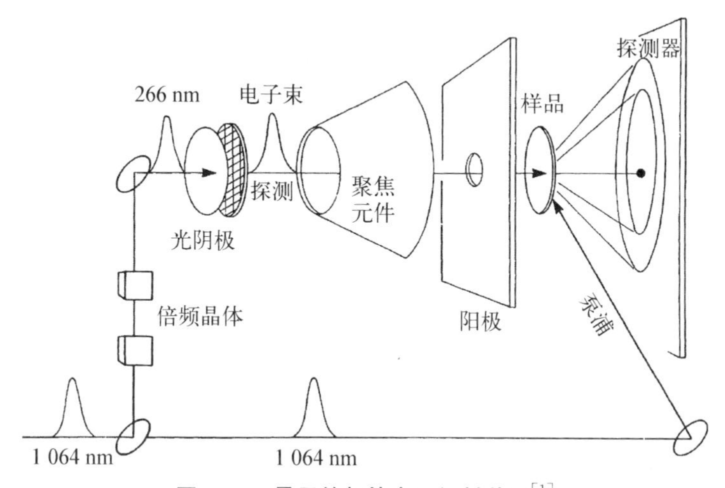

图 2－6　最早的超快电子衍射装置[1]

通过降低电子的个数以降低空间电荷效应，1984 年，G. Mourou 利用该装置产生了约 20 ps 的电子(脉宽与激光脉宽相当)，并研究了铝受超短激光脉冲辐照后的熔化过程[2]。由于铝的熔化过程仅发生在几皮秒内，因此该实验并没有足够的分辨率用以系统地研究铝的熔化，仅观察到铝的熔化几乎是瞬时发生的，即由固态转变为液态的时间小于 20 ps。值得指出的是，虽然该实验只获得了 20 ps 的时间分辨率，但是我们只需把皮秒激光替换为飞秒激光，同时控制电子的个数即可获得更高的时间分辨率。

此外，该装置也证明了超快电子衍射的紧凑性和实用性。之后很多课题组均建设了类似结构的超快电子衍射装置，因为受限于直流电源的电压值，其电子能量都在 30 keV 到 100 keV 之间，故此类系统统称为千电子伏特超快电子衍射(keV ultrafast electron diffraction)。

超快电子衍射基于泵浦-探测技术，样品受超短激光脉冲照射后，内部电子或被激发或被迅速加热，并通过势能面的改变及电声子耦合进而导致样品的结构(原子)发生变化，如晶格受热膨胀、熔化和相变等过程。如果将泵浦激光到达样品的时间定义为时间零点，再利用一个延迟光路，调节泵浦-探测两路脉冲的路程差，就可以控制电子脉冲到达样品的时间，这样就可以探测到不同时刻下样品的结构信息；将这些信息看成时间的函数，就可以得到样品原子空间结构的演化过程，类似于拍摄了原子电影。

晶格的变化会体现在电子衍射斑的变化中，一般说来，电子衍射图样的特征与晶格结构之间的对应关系如图 2－7 所示[3]。晶格的均匀膨胀(或收缩)引起衍射峰位置移动；晶格的非均匀变化导致衍射峰展宽；而晶格的热运动等无序性变化则导致衍射峰强度衰减。通过对衍射图样的分析，我们可以得到很多与物质结构相关的信息。与其他超快技术类似，基于电子探针的特点，超快电子衍射技术具有以下几个优点。

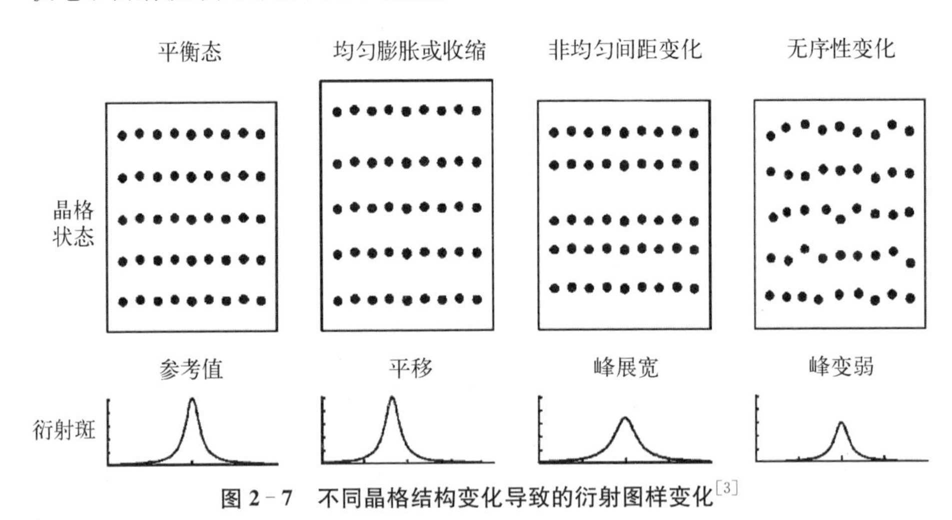

图 2－7　不同晶格结构变化导致的衍射图样变化[3]

(1) 因为电子衍射图样是原子空间分布的傅里叶变换，电子衍射探测属于直接观察，等效于成像，因此其实验结果直观、易于分析，相对于严重依赖于理论模型和计算才能通过反射率或介电常数推测原子分布的纯光学方法，超快电子衍射具有很大的优势。

(2) 千电子伏特的电子脉冲与泵浦激光是同源的，且直流电源的电压值稳定性极高，相应的电子能量稳定性也极高，因此可以实现零抖动的泵浦-探测同步，与其他的超快衍射技术(如自由电子激光中 X 光脉冲与实验站的泵浦激光存在较大时间抖动)相比具有更天然的优势。

(3) 电子衍射的效率高,因为电子直接与原子核相互作用,相对于X射线与原子内部电子相互作用,电子衍射的散射截面要高约5个数量级,因此获取相同信噪比的衍射图样所需的电子数比X射线光子数低得多。所以一般情况下,超快电子衍射实验效率高,更容易得到高信噪比的衍射图样,适用于研究晶格结构的精细变化。

(4) 电子衍射对样品损伤小,散射过程中发生弹性散射与非弹性散射的概率比X射线衍射要高,两者比值为10∶3;发生非弹性散射后电子与X射线沉积在样品中的平均能量比为1∶1 000。另外,千伏特电子衍射系统结构相对简单,成本低,是一套可以桌面化的设备,尤其适合大学和小实验室开展相关研究,具有极高的可普及性。

传统的千伏特电子衍射也具有以下一些局限性。首先,不同于光子的速度恒为光速,电子有静质量,一个脉冲内电子在产生之初由于初始处于不同的能态,通过光电效应产生时的速度总存在差异,在自由传输过程中,其脉宽会自展宽;另外,电子带负电荷,脉冲内的空间电荷效应导致脉冲进一步展宽。因此,用脉冲电子作为探针,需要平衡电子脉冲宽度、电荷量、电子束斑大小等参数。对于千伏特超快电子衍射,实现优于100 fs的时间分辨能力,特别是在针对不可逆过程的单发实验中,极其困难。其次,电子是带电粒子,一般要求研究的样品处在无电磁场的环境下,所以超快电子衍射一般难以用于磁性材料的研究,也难以在样品上增加强磁场。最后,电子散射截面大,导致电子衍射无法适用于比较厚的样品,因此千伏特超快电子衍射只适用于研究气相分子、低于100 nm的薄膜样品和固体表面。

随着超快电子衍射技术受到越来越多的重视,以上局限性都有望克服。例如针对电子探针脉宽问题,可引入射频电子脉冲压缩装置,实现几十飞秒的电子脉宽是可能的;引入太赫兹波甚至可见光的压缩技术,有望实现飞秒甚至阿秒的电子脉冲。进一步提高电子能量,可允许适当强度的磁场存在;而更高能量的电子所具备的更高的穿透能力也允许研究更厚的样品。整体上来说,千伏特超快电子衍射是一种非常理想的超快科学研究工具。

2.3.1 千伏特超短电子束产生

千伏特超快电子衍射时间分辨率主要受限于电子束脉宽,因此如何产生短脉冲电子束一直是该技术发展中的核心问题。不同的课题组也为此发展了不同的方法，采用了不同的技术路线。对于固态样品，千伏特超快电子衍射已获得约 200 fs 的时间分辨率[4]，并成功观察到锑的 A_{1g} 振荡模式(振荡频率约为 4 THz)。关于千伏特能量级超短电子束的产生，最早人们在优化条纹相机的时间分辨率时便对此展开了系统研究：限制电子束脉宽(在条纹相机中更加关注所产生的电子束脉宽和初始激光脉宽的差别)的主要因素是初始产生的电子束能散及空间电荷效应。

千伏特超快电子衍射装置的电子脉冲一般由紫外激光照射金属阴极产生。首先，通过非线性晶体将波长为 800 nm 的飞秒激光脉冲转化成波长为 267 nm 的紫外脉冲，其光子能量为 4.65 eV，这样能较好地与阴极材料(如金、银、铜等)的逸出功相匹配，降低光电子的能散。其次，利用上述紫外激光脉冲照射阴极，通过光电效应产生超快电子脉冲。一个典型的飞秒电子枪结构如图 2-8 所示，波长为 267 nm 的飞秒激光脉冲通过蓝宝石玻璃窗口进入超高真空的电子枪内部，入射到镀在蓝宝石基底上的厚度为 300～400 Å 的银薄膜光阴极产生光电子脉冲。光阴极加上 60 kV 的负偏压，距其 5 mm 的阳极接地，两者之间产生 12 MV/m 的加速电场。然后，完成加速的电子脉冲被阳极背面一个小孔整形准直，再经过螺线管磁铁聚焦，最终成为可用探针——超短电子脉冲。

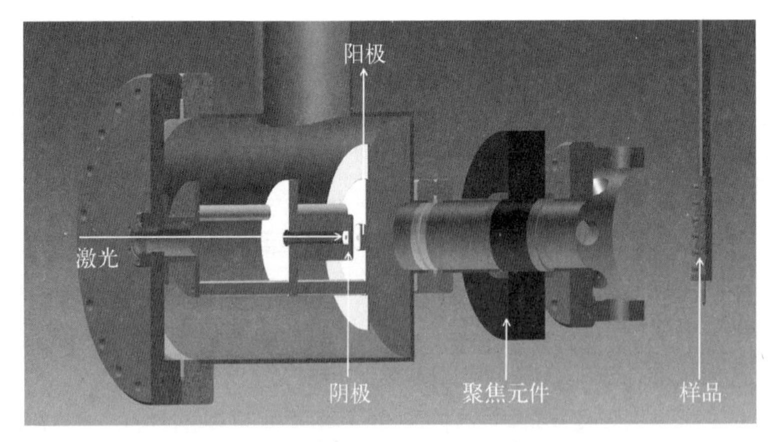

图 2-8　典型的超快电子衍射电子枪结构

需要指出的是，超快电子衍射装置的时间分辨率主要由电子束在样品处的脉冲宽度决定，分析表明，其大小主要由四个因素决定：用于产生光电子的激光脉冲的脉宽、光电子初始能谱宽度及加速梯度、脉冲内的电子数目以及电子枪与样品间的距离(即自由漂移距离)。电子脉宽与触发激光脉宽的关系较为简单,对于较弱的触发激光和金属阴极,在光电效应过程中电子脉冲的时间分布与激光强度的时间分布呈线性关系,因此可认为其初始脉宽等同于激光脉宽。电子商业激光器的脉宽可短至 25 fs,因此电子束在样品处的脉宽主要由后面三个因素决定。

激光脉冲与光阴极相互作用激发光电子时,由于激光脉冲具有一定频谱宽度,并且激发光子能量会稍大于阴极的逸出功,这使得产生的电子存在初始的能谱展宽 $\Delta\varepsilon_e$,即电子的出射速度会存在差异。这个速度差异在电子加速过程中会导致脉冲内的电子受到不同的加速过程:初始速度较大的电子会更快地完成加速过程,而初始速度较小的电子会比较靠后,最终会导致电子脉宽的增加。在加速区产生的脉宽增量可以表示为

$$\Delta t_{pc} = \frac{\sqrt{2m_e\Delta\varepsilon_e}}{eE} \tag{2-27}$$

式中,E 为阳极与阴极之间的电场加速梯度。由式(2-27)可见,降低电子脉冲的初始能谱展宽 $\Delta\varepsilon_e$ 和提高加速电场 E 都可以抑制电子脉冲在加速区的展宽。前者可以通过选择合适功函数的金属光阴极材料与激光的光子能量匹配来减小,后者则只能通过增大电压和缩短阴阳极之间的距离来提高。假设电子脉冲的初始能谱宽度为 0.5 eV,加速电场为 12 MV/m,则由式(2-27)可知,由于自然展宽造成的电子束脉宽增加约为 200 fs。

在从阳极到样品的自由漂移区域内,由于能谱宽度导致电子速度存在差异,因此电子脉宽会随时间进一步增大,这类似于激光脉冲在色散介质中的展宽,因此这个效应也可称为电子传播的色散效应。展宽与传播时间 t 的关系为

$$\Delta\tau_1 = \frac{\Delta\varepsilon_e}{2\varepsilon_e} \cdot t \tag{2-28}$$

式中,ε_e 为电子动能,对于能谱宽度 $\Delta\varepsilon_e \approx 0.5$ eV 的 60 keV 电子脉冲,若传播时间为 2 ns(对应阳极与样品的距离约为 15 cm),根据式(2-28)可知其脉宽增量为 8 fs,可忽略不计。但是考虑到电子是带电粒子,在脉冲内部,特别是当电子比较密集时,电子会受到非常大的库仑斥力。这样原本能量较大、速度较快、处于脉冲前沿的电子在后面电子的斥力作用下会被进一步加速;相反地,对于能量较小、速度较慢、处于脉冲后沿的电子却被减速,因此整个脉冲内部电子的能谱宽度会快速增大,并最终导致电子脉冲急剧增宽。这个由于库仑

力引起的增宽称为带电粒子的空间电荷效应(space charge effect),目前超快电子衍射时间分辨能力的进一步提高主要受限于空间电荷效应。

空间电荷效应的研究在加速器领域已非常成熟,但这些方法和模型主要是针对相对论下的高密度粒子束,对于千伏特超快电子衍射系统中能量为几十千伏的电子脉冲,可用相对简单的一维流体模型来描述其中的空间电荷效应对脉宽的影响,其中空间电荷力导致的脉宽增加可表示为[5]

$$\Delta\tau_2 = \frac{(em_e)^{\frac{1}{2}} L^2 N}{4\sqrt{2}\pi V_0^{\frac{3}{2}} \varepsilon_0 r_b^2} \tag{2-29}$$

式中,L、N、V_0、r_b 分别为传播距离、电子总数、加速电压和电子斑半径。一般来说,当电子脉冲的电子越多,传播距离越远,空间电荷效应就越明显。为此,Miller 课题组将阳极与样品的距离缩短至 3 cm 以抑制空间电荷力导致的脉宽增加[6];Baum 课题组则将每个脉冲内的电子降低到约 1 个以最大限度地避免空间电荷效应[7]。需要指出的是,实际应用时需要考虑数据采集时间、系统的长期稳定性、样品所能承受的最高泵浦激光重复频率等因素,针对特定的科学问题和实验进行装置的优化。

目前最有效的产生超短电子束的方法是利用微波腔产生时变电场以实现对电子束脉宽的压缩。其原理如图 2-9(a)所示,简单来说,微波腔产生的时变电场降低电子束头部的电子能量和速度,提高电子束尾部的电子能量和速度;再经过一个直线节的漂移后,电子束尾部追上电子束头部,实现脉宽压缩。

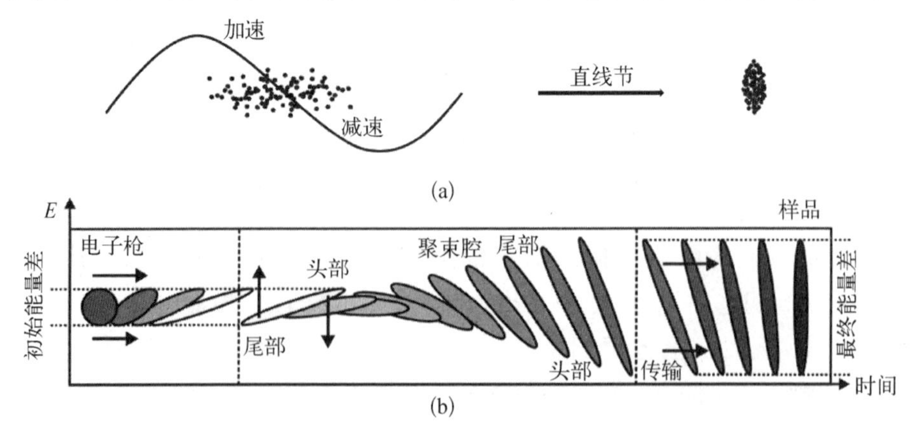

图 2-9　利用微波聚束腔压缩电子束脉宽的原理图和具体压缩过程[8]

(a) 脉宽压缩原理图;(b) 具体压缩过程

具体的压缩过程如图 2-9(b)所示，电子束在产生之初的脉宽较长；当电子传输到微波聚束腔时，由于库仑排斥力对束团头部的电子做正功，头部的电子能量增加，相应的速度变快，尾部的电子则由于库仑排斥力做负功而能量降低，速度变慢，电子速度的差别影响了飞行时间进而导致脉宽增加；在聚束腔内，时变的微波场迅速对头部的电子减速并对尾部的电子加速，经过聚束腔后电子束尾部的电子能量和速度均高于束团头部的电子，即实现了能量啁啾的反转；进一步经过一个直线节后，电子束尾部的电子在样品处刚好追上头部的电子，电子束脉宽获得最大限度的压缩。利用微波聚束腔千伏特超快电子衍射装置已可产生 100 fs 以下的电子束[8]；然而微波的相位抖动也会引起电子束中心能量的抖动，并最终引起电子到达样品的飞行时间相对泵浦激光存在一定抖动，该抖动在 100 fs 量级，如不进行校正则会限制装置的时间分辨率。

2.3.2　千伏特超短电子束测量

由于千伏特超快电子衍射装置的时间分辨能力主要由电子脉冲宽度决定，因此测量超短电子脉冲宽度对于改进此类装置的时间分辨能力具有重要意义。目前测量千伏特超短电子脉冲的脉宽的方法主要有 4 种：激光触发条纹相机法、微波偏转法、太赫兹脉冲偏转法和光学有质动力散射法。

前三种方法比较类似，基于时变电场，利用电子到达测量点时瞬时电场强度的不同，不同时刻的电子获得不同的横向偏转角度，从而将电子脉冲的纵向分布转换为某一个方向的横向分布，获得其脉宽信息。这些方法的区别在于时变电场的来源不同。以激光触发条纹相机法为例，其原理如图 2-10(a)所示：光导开关(一般为 GaAs)在飞秒激光脉冲作用后，半导体开关的价电子被激发到导带，迅速接通电路，在两块偏转极板之间快速建立偏压电场。一般偏转极板的间距为 1 mm 左右，受击穿阈值限制，极板所能承受的高压约为 3 kV，对电子束脉宽的测量精度在 100 fs 量级。通过测量电子束在不同激光延时下的偏转可知，所形成的偏转电场近似为频率为 GHz 量级的阻尼振荡，如图 2-10(b)所示；在起始阶段的区域，偏转随时间呈线性关系，是最适合测量电子束脉宽的区域。此外，由于用于触发光导开关的激光与泵浦激光同源，该方法也可用于测量电子束的到达时间，并用于校正时间抖动对分辨率的影响[9]。

微波偏转技术利用射频微波，通过谐振腔在测量点形成一个驻波场，在激光与微波同步的基础上，让电子脉冲在零相位附近通过驻波场，使得电子根据入射相位的不同获得不同的横向偏转。由于微波产生的时变电场强，这种方

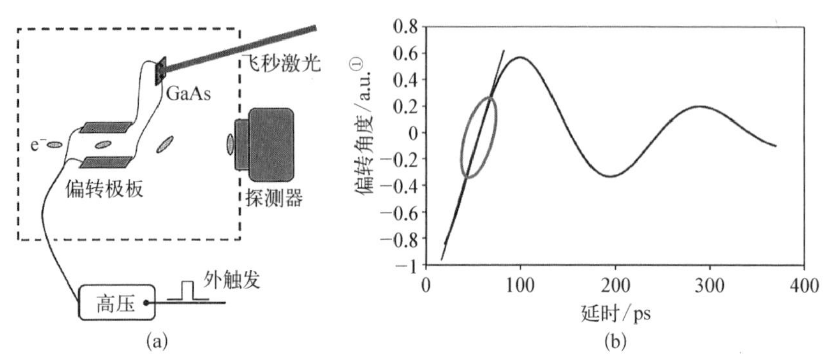

图 2-10　激光触发条纹相机测量电子束脉宽和时间抖动

法的测量精度和时间分辨能力都比较高，可实现飞秒量级的时间分辨能力，但成本较高，结构较为复杂[10]。此外，由于微波的相位抖动，该方法无法测量电子束相对于泵浦激光的时间抖动。类似地，也可以利用激光在晶体中产生的太赫兹脉冲来偏转电子并测量电子束脉宽和时间抖动[11]。

光学有质动力散射测量电子束脉宽是基于高功率激光脉冲产生的有质动力势，其幅值正比于激光横向强度的梯度；为此，在激光功率较低的情况下，可以通过两路对撞的激光发生干涉产生在波长尺度上的密度调制来增加激光强度的梯度以提高有质动力散射的效果[12]。

如图 2-11 所示，当用于散射的激光远早于($\tau=-\infty$)或远晚于($\tau=$

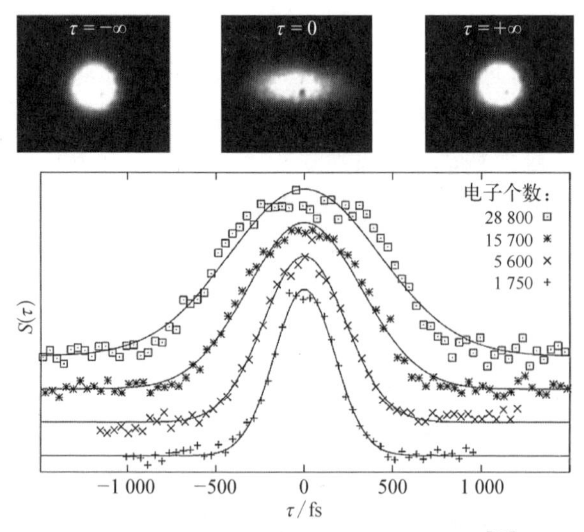

图 2-11　有质动力散射测量电子束脉宽[12]

① a. u. 是 arbitrary unit 的简称，指任意单位。

+∞)电子束到达散射点时，激光与电子在时间上不重合，电子束不会感受到激光的散射力，故电子横向尺寸不会受到扰动。当激光与电子同时到达散射点时，激光对电子的散射导致电子束横向分布受到扰动，横向尺寸增加。由于激光的脉宽一般远小于电子束脉宽，因此改变延时获得的电子束横向尺寸变化可理解为等同于激光分布与电子束时间分布的卷积，测量的时间分辨率由激光脉宽决定。一般测量时需要积分，测量得到的分布为电子束脉宽与电子束相对于激光时间抖动的卷积，代表了系统的时间分辨率。从图 2－11 中也能看到，随着脉冲内电子个数的增加，电子束脉宽会增加，与预期一致。

2.4　千伏特超快电子衍射应用

本节介绍千伏特超快电子衍射的典型应用，包括晶格振荡、热熔化、非热熔化、结构相变及化学反应动力学。

2.4.1　晶格振荡

当激光照射在样品上时，激光能量首先被样品中的电子吸收，此时电子的温度在极短的时间内会上升到较高的数值(一般每平方厘米几毫焦的功率密度往往会让几十纳米厚度的样品电子温度上升到数千开)；随后通过电子-声子耦合作用，电子将温度逐步传递给晶格，一般经过数皮秒后达到准平衡的状态，电子和晶格具有相同的温度。此模型也常称为双温度模型，如图 2－12 所示，在激光刚被材料吸收后的数百飞秒至数皮秒的时间内，材料处于较强的非平衡态，即相对较“冷”的晶格中包含着极“热”的电子。

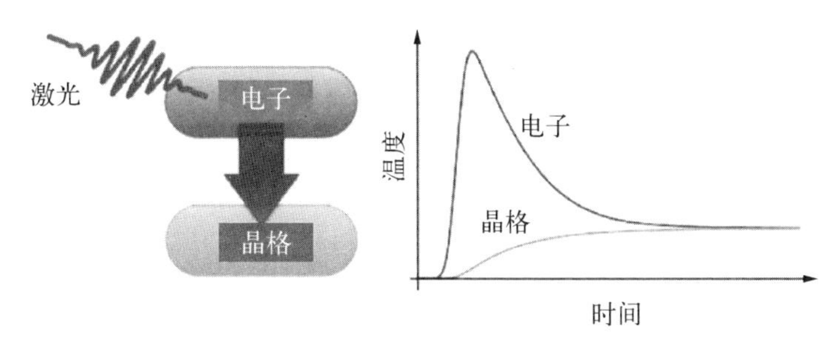

图 2－12　激光与样品相互作用的双温度模型

伴随着温度的上升，原子的热振动幅值会增加，对应于无序化程度的上升；相应地，其周期的完美性降低，衍射峰强度也会随着晶格温度上升而衰减，该效应称为德拜-沃勒效应(Debye - Waller effect)[13]。需要指出的是,利用式(2 - 24)的德拜-沃勒因子分析衍射斑变化只在原子振动幅值远小于原子间距时适用。一般原子振动幅值小于 1 Å 时利用德拜-沃勒效应可较为准确地计算晶格的温度以及对应的原子振动幅值;当原子振动幅值较大以及当材料开始熔化时,利用德拜-沃勒效应拟合原子振动幅值会带来较大的误差。

结合图 2 - 7 中的数据分析方法,通过测量 20 nm 厚度的多晶铝薄膜在激光加热下不同延时的衍射斑强度,利用德拜-沃勒效应可计算出晶格在激光照射下的温度上升,如图 2 - 13(a)所示[14]。进一步分析衍射斑的位置(即多晶环的直径)可获得更多的信息,如图 2 - 13(b)所示。首先,可以看到不同衍射级(111 和 311)对应的衍射斑位置的变化按照相同的相位振荡,这说明样品被均匀泵浦,激发的振荡模式为单一模式。其次,可以发现,振荡围绕新的中心值进行,即经过几皮秒后,铝原子的间距处于新的准平衡值。此处衍射斑间距减少约 0.08%,对应于晶格膨胀约 0.08%。考虑到铝的热胀冷缩系数约为 23 ppm,结合图 2 - 13(a)中的温度上升值(约 30 K),此微观的变化与宏观的变化基本一致。进一步分析数据可得到该振荡的周期约为 6.4 ps,这恰巧是该振荡模式在垂直样品表面方向形成驻波的时间(2 倍样品厚度除以铝的声速)。基于此数据,可以获得铝膜在激光照射下的动力学过程:即电子温度的上升改变了铝原子的势能函数,原子在新的平衡点做周期性的阻尼振荡;该振荡在垂直样品方向形成驻波,样品的前表面和后表面形成该驻波的边界条件。

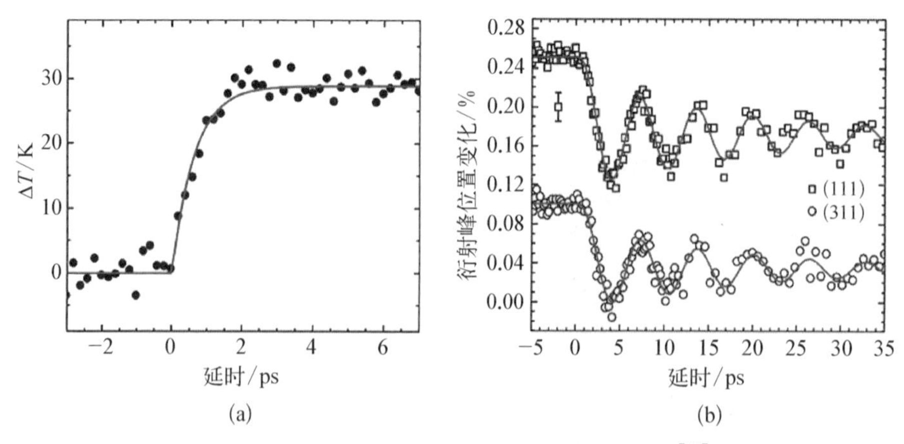

图 2 - 13　晶格温度及衍射斑间距随时间的变化[14]

(a) 晶格温度的变化;(b) 衍射斑间距的变化

2.4.2 热熔化

如果激光功率密度足够高，则电子会迅速加热到上万摄氏度，随后通过电子-声子相互作用加热晶格；晶格温度在数皮秒内迅速上升；伴随着温度的上升，原子的振动变得更加剧烈，而当原子振动幅值超过原子间距的 10%时，则晶格的回复力无法维持晶格的稳定状态，此时材料会熔化。晶格温度高于材料宏观的熔点时所发生的熔化称为热熔化。利用超快电子衍射研究此类过程面临两大挑战：① 超快电子衍射需具备足够高的时间分辨率以便拍摄到熔化的中间过程；② 超快电子衍射需具备单发衍射或准单发衍射的能力，否则每一次激光照射样品，样品都会被破坏，依赖大量平均的泵浦-探测实验完成一个实验所需的样品量也会急剧增加。

2003 年，Miller 等人通过缩短电子源与样品的间距可在单脉冲 6 000 个电子的条件下获得 600 fs 的时间分辨率，并成功利用超快电子衍射研究了铝的熔化过程[15]。铝的熔化是一种典型的热熔化过程，即伴随着晶格温度的增加，原子的振动加剧，最后振动幅值超过某个阈值后原子间的结合力再也无法将原子积聚在一起，铝就发生熔化进而从固态变为液态。因此，该过程可形象地理解为铝受热后原子振动幅值不断变大直到把自己振散架。在该实验中，激光的泵浦功率密度高达 70 mJ/cm^2，因此每一发样品都会受到破坏。受限于单脉冲内较少的电子个数，每个激光-电子延时需累积 150 次测量结果方能获得足够信噪比的衍射斑，因此可以想象该实验需消耗大量的样品。下一章将介绍，随着兆伏特超快电子衍射技术以及基于微波聚束腔技术的发展，我们现在已可以单发获得高品质的多晶铝衍射斑，并获得更高的时间分辨率。

实验中，通过超快电子衍射可以得到铝在不同时刻的衍射环，如图 2-14(a)所示。从图中可以看到当激光与电子束延时小于 0.5 ps 时，衍射斑的分布与平衡态下没有激光泵浦的情况类似；当延时增加到 1.5 ps 时，最外围大衍射角(对应高动量转移)的衍射斑强度明显降低，代表着铝原子逐渐失去长程有序性；当延时增加至 3.5 ps 时，明锐的衍射环均已消失，电子衍射斑分布与液态的衍射斑类似；这表明经过 3.5 ps 以后，铝样品已完全失去晶体固有的长程有序性，基本完成固态向液态的转变。根据泵浦激光的功率密度以及铝的电子-声子耦合强度参数，可以计算出铝晶格的温度上升速率约为 800 K/ps，即铝的晶格温度会在小于 1 ps 的时间内达到铝的熔点。然而达到熔点后，铝晶体失去长程有序性还需要一定的时间，即铝的晶格可在此超热状态下短暂地存在 1～2 ps 的时间，之后变为液态。从图 2-14(a)也可以看到，在铝逐步失去长程有序性的过程中，衍射斑的直径并没有发生明显变化，这表示在此熔化过程中，铝的晶格并没有发生明显的膨胀现象(或者说还来不及膨胀)。

经过傅里叶变换：

$$\begin{aligned} H(r) &= 4\pi^2[\rho(r)-\rho_0] \\ &= 8\pi r^2\int_0^\infty s[K(s)-1]\sin(2\pi sr)\mathrm{d}s \end{aligned} \tag{2-30}$$

可以将倒空间中的衍射信号转换为实空间中原子分布的信息，即原子对分布函数(pair correlation function)，如图 2-14(b)所示。

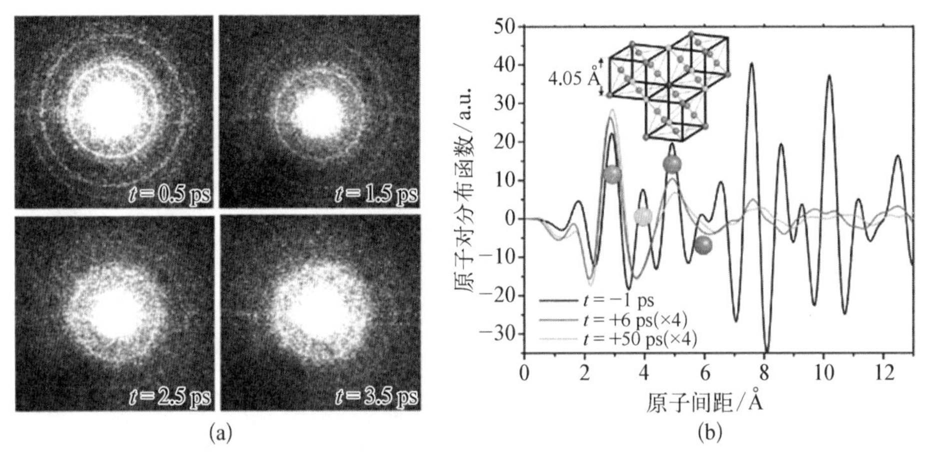

(a) (b)

图 2-14 铝的超快熔化过程[15]

(a) 不同延时下的衍射环；(b) 原子对分布函数变化

径向分布函数可以定量地描述熔化过程中原子分布的变化。如图 2-14(b)中黑色曲线所示，在熔化之前，晶格具有非常高的长程有序性(在较大的距离处存在多个明锐的峰)，这对应着铝晶格的面心立方结构；而在 6 ps 之后，径向分布函数只在 6 Å 以内存在较大的峰，这对应了液态结构的短程有序性。6 ps 与 50 ps 的数据已没有明显差别，因此可认为铝在几皮秒以后已处于较为稳定的液态，与平衡态下的性质无明显差别。

与固体状态下的热胀冷缩相反，近期人们研究发现很多金属材料在液态下存在“热缩冷胀”的现象，即原子与其最近邻的第一层(first shell)原子的间距随着温度的上升而缩小[16]。图 2-15(a)是利用分子动力学模拟获得的铝在不同温度下的原子对分布函数，从图中可以看到，当温度从400 K上升为900 K时，原子对分布函数峰值逐渐下降，这是由温度上升时原子热运动造成的；当温度高于900 K时，铝原子失去长程有序性，如5 Å和4 Å的峰值都逐渐消失，仅剩下一个约为2.7 Å的峰（代表铝原子与其第一近邻原子的间距）；并且伴随温度的升高，2.7 Å处的峰逐渐往左移动，表示随着温度上升，铝原子与其第一近邻的原子的间距在逐步缩小，即热缩冷胀。结合分子动力学模拟可以知道，液态下的原子分布并非完全无序，而一般会形成大小不一的团簇。对于包含原子个数较多的大团簇，其原子与其第一近邻的原子的间距大于包含原子个数较少的小团簇。随着温度的升高，大团簇会失去原子而转变为更稳定的小团簇，因此随着温度的增加，小团簇所占的比例逐步增大，平均来说，对应于原子与第一近邻的原子的间距也逐步减小，造成液态下与固态相反的热缩冷胀现象。

图2-15(b)所示为利用同步辐射X光衍射测量的几种材料在处于熔点以上的不同温度对应的原子与近邻原子间距的变化，可以看到铝的原子间距变化率为−18.7 ppm。对于此类平衡态下的研究，受限于容器所能承受的温度，实验中温度的改变范围有限，最高温度仅为1 100 K。利用激光在非平衡态下可迅速将此类样品温度提高至数千开甚至数万开，结合超快电子衍射既能在更大的参数空间验证“热缩冷胀”的现象，也能对该过程进行时间分辨的研究，这会是未来超快电子衍射应用的一个重要方向。

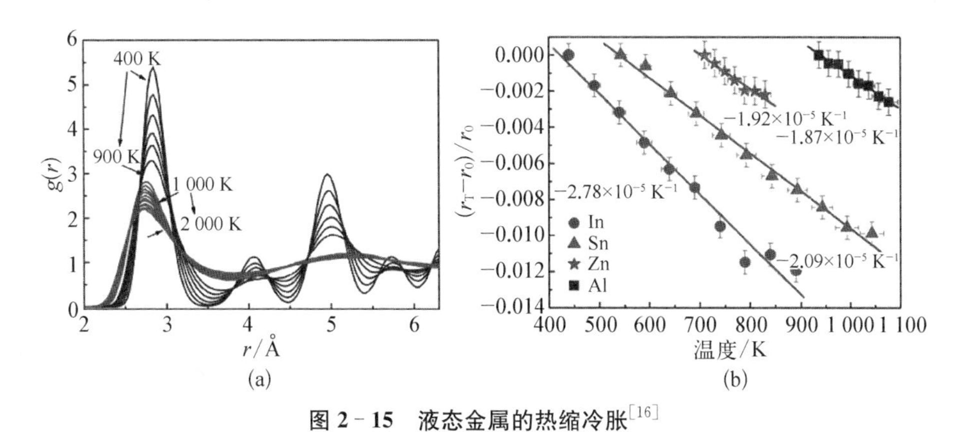

图2-15　液态金属的热缩冷胀[16]

(a) 铝的原子对分布函数；(b) 原子与其近邻原子的间距变化

虽然同为金属，但是金的熔化过程与铝却存在较大区别，主要体现在金在高能量密度激光激发下会发生键的硬化(bond hardening)现象。激光照射下原子核的响应取决于激光激发的电子与原子核间的能量转换效率以及由于电子分布改变引起的原子间势能面的改变；一般情况下，样品在被激光加热后随着晶格温度的上升，其无序性的增加会越来越快。但是对金来说，实验表明其在高能量密度的激光下会发生键的硬化现象，即其晶格的无序化率会随着温度的上升而减小，而这主要是由于强泵浦功率下电子温度的急剧上升改变了原子间的势能面，电子态分布的改变通过电子与晶格的耦合延缓了晶格的无序化率[17]。这与铝的熔化不同，铝的原子间势能受激光激发的电子态分布的影响较小，故铝不存在键的硬化现象；铝的晶格无序化率只取决于晶格的温度。

2009 年，Miller 研究团队利用 55 keV 的电子和强度高达 110 mJ/cm^2 的激光，探测了 20 nm 厚的多晶金薄膜的熔化过程，证实了金在高能量密度的飞秒激光泵浦后存在晶格的硬化现象[6]。实验中使用的激光强度约为室温下熔化金样品所需强度的 14 倍，因此金被激发到热稠密物质状态。在该装置中，电子源与样品的距离仅为 30 mm，因此在获得约 400 fs 分辨率的前提下，实验中在每个特定延时处仅需累积 5～10 发便可获得足够信噪比的衍射斑，相比之前的铝的熔化实验有了较大改进。

在高激光泵浦能量密度（470 J/m^2）下的实验结果如图 2 - 16 所示。从图 2 - 16(a)中可以看到三个特征明显的区域：第一个区域是 0.9～1 Å^{-1} 区域的漫散射信号(DS)，该信号主要来自电子与金原子的非弹性散射；第二个区域是 0.7 Å^{-1} 附近 220 布拉格衍射斑的减弱；第三个区域是 0.43 Å^{-1} 附近代表液态的散射信号(liquid)。从图 2 - 16(b)可以看到，漫散射信号随时间变化最快，这是因为漫散射对原子的振动敏感，因此伴随着电声子耦合的发生和晶格温度的上升，原子振动幅度增加，漫散射信号随之发生改变；代表晶格长程有序性的布拉格衍射斑信号随时间的变化略慢于漫散射信号；代表短程有序性的液态信号随时间的变化最慢。尤其需要指出的是，从图 2 - 16(a)和(b)中可以看到，液态信号开始发生变化的时间相比漫散射或者布拉格衍射信号开始变化的时间晚了大约 1.4 ps，此延迟时间（Δt）即电声子耦合作用将晶格加热到熔化温度所需的时间。按照传统的双温度模型理论，利用已知的金的比热容和电声子耦合强度，结合实验中的泵浦功率密度，仅需不到 1 ps，金就会被加热到约 1 300 K 的熔化温度。如果假设德拜温度不随电子温度变化，通过双温度模型（TTM）和德拜-沃勒效应计算出来的德拜-沃勒因子与实验值存在较大的偏差，如图 2 - 16(c)所示。

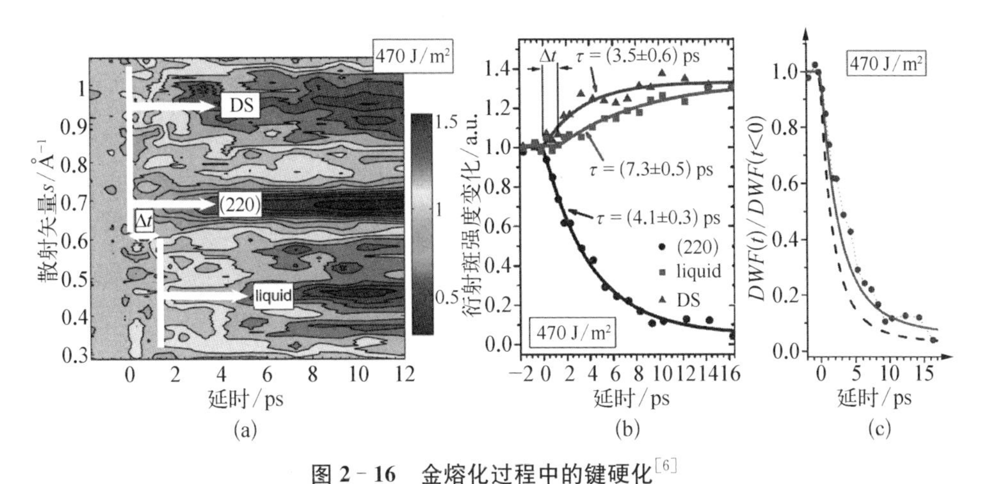

图 2-16　金熔化过程中的键硬化[6]

(a)(b) 衍射斑强度分布图；(c) 不同模型拟合得到的衍射斑强度

德拜温度可以用来表征晶格中原子间结合力的强弱，也就是说在金的熔化过程中，不能假设该参数在电子温度改变较大的时候仍然保持不变。理论计算[17]表明，对金来说，当电子温度升高时，5d 层电子的激发减弱了电荷屏蔽效应，增强了电子与原子核之间的吸引势能，金属键合力也随之增强；金的晶格发生硬化，相应的德拜温度和熔化温度会显著提高。利用理论预测的德拜温度-电子温度曲线，可以得到布拉格衍射斑随时间的变化，如图 2-16(c)中的实线所示，可以看出，该曲线很好地符合了实验数据(圆形数据点)，由此可以说明在该过程中确实发生了晶格硬化现象。此外，当考虑晶格硬化后，在极高激光泵浦功率密度下，电子温度上升 4 eV，由于电子的分布改变导致晶格硬化后对应的金的熔点提高至约 2 400 K，这也可以解释图 2-16(b)中液态信号相对于其余两个信号的延时超过 1 ps。因此可见，晶格硬化的理论与实验符合得较好。

2.4.3　非热熔化

即使是同为熔化过程，不同材料在飞秒激光辐照下的熔化行为也大相径庭。以铝、金、硅这三种材料为例，它们的晶格对激光的响应不同：铝在高能量密度激光作用下仍然保持传统的热熔化行为；金在高能量密度的激光作用下会发生键的硬化，延缓了熔化过程；硅与金相反，其晶格在高强度飞秒激光泵浦下会发生“软化”，即原子间作用力变弱，键的软化会加速晶格崩解。

硅是一种金刚石结构的半导体，硅晶格中的原子通过 sp^3 杂化键合在一起，具有高度方向性。理论计算表明，当一定比例的电子从价带被激发到导带，即成键态被激发到反键态的时候，在能量从电子转移到晶格之前，晶格会以一个极快的速度发生熔化，这就是非热熔化(non-thermal melting)。非热熔化是半导体中常见的现象，最早在 InSb 材料中获得证实[18]，主要是因为半导体存在带隙，因此其延迟了电子的弛豫并使得电子态的改变可以在较大程度上影响晶格的动力学。非热熔化发生时晶格温度仍然远低于熔点，其机制也可以理解为半导体中大量(一般需大于 10%)价电子被激发到导带，同时产生大量的电子空穴对，电子分布的变化将原子核间原本的吸引力改变为排斥力，之后晶格崩塌。需要指出的是热熔化与非热熔化的区别在于熔化时的晶格温度是否在熔点之上，而非熔化发生的时间；对某些热熔化，熔化时间取决于材料的性质和激光的强度，其熔化时间也可以发生在亚皮秒的时间尺度。

InSb 的熔化实验结果如图 2-17 所示。从图 2-17(a)可以看到，111 布拉格衍射斑强度随着延时降低，其分布可用高斯函数(灰色曲线)较好地拟合，而用指数衰减函数(黑色曲线)拟合时则存在较大差别，衍射斑强度从 90%衰减到 10%所需的时间约为 430 fs。此外，进一步的实验研究表明，当泵浦激光功率密度从 50 mJ/cm^2 变为 100 mJ/cm^2 时，强度衰减的时间常数基本一致；这是非热熔化的一个特点，即只要泵浦功率密度高于某一阈值，晶格间的束缚力被抑制，晶格被“解放”后就会按照初始的热速度崩塌，与具体的泵浦强度无关。

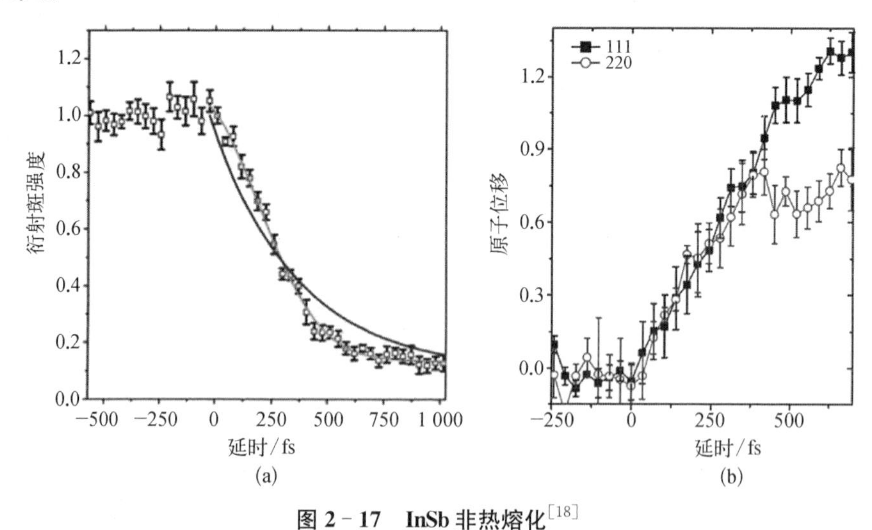

图 2-17 InSb 非热熔化[18]

(a) 衍射斑强度变化；(b) 原子位移变化

进一步利用图 2－17(a)中衍射斑强度随时间的变化结合德拜-沃勒效应可获得原子的位移随延时的变化，如图 2－17(b)所示。利用 111 和 220 两个不同衍射级的数据获得的原子的位移随延时的变化在初始的 400 fs 时间内基本重合，且该位移随时间线性增加，因此有学者认为这代表着原子在做匀速直线运动，并将该结果称为非热熔化过程中原子尺度的惯性动力学[18]，即在非热熔化刚开始的一段时间内，由于电子被激发导致势能平面从一个曲率较大的抛物线变得非常平坦，原子间的结合力无法束缚住原子，因此原子以室温下热运动的速度做匀速直线运动，伴随着位移的增加，样品逐步熔化，从固态变为液态。利用位移随时间的变化可计算得到 InSb 原子的运动速度约为 0.23 nm/ps，这与 300 K 室温下 InSb 原子的热运动速度(约为 0.25 nm/ps)非常接近，进一步支持了非热熔化下原子惯性动力学的模型。

非热熔化广泛存在于半导体中，有学者利用超快电子衍射研究了单晶硅和多晶硅的非热熔化过程[19]。该实验使用了 387 nm 的激光，在 65 mJ/cm^2 的激光泵浦能量下，约 11%的电子被激发到导带。实验中通过将电子源与样品的距离缩短至 3 cm，产生了 200 fs 单脉冲包含 6 000 个电子的束团；对于硅这样的低原子序数样品，实验中需累积约 10 发信号方可获得足够信噪比的衍射斑。硅在三个典型时刻的衍射斑如图 2－18(a)所示，从该图可以看到两个明显的现象，一是随着延时的增加，220 布拉格衍射峰幅值迅速降低，二是 0.2～0.5 $Å^{-1}$ 的范围代表无序结构产生的散射信号随延时的增加而增加。图 2－18(b)为这些信号随延时的变化，其中正方形为布拉格衍射信号，菱形为

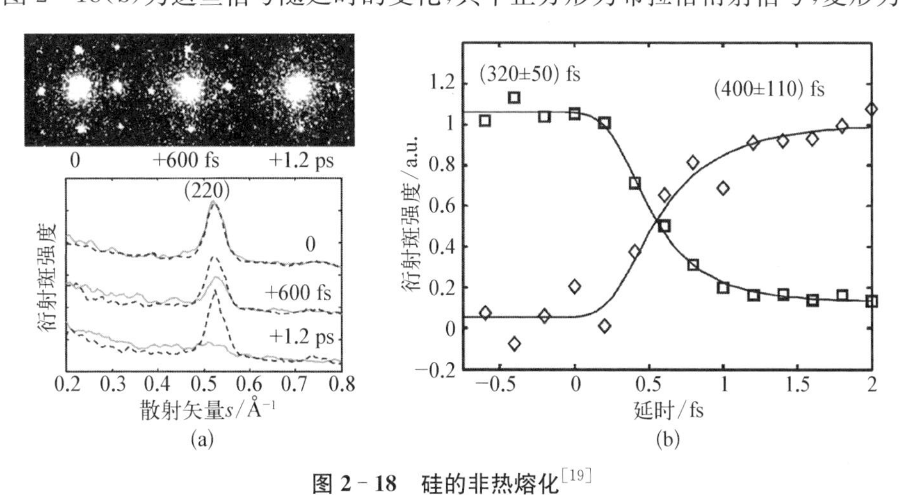

图 2－18　硅的非热熔化[19]

(a) 硅的三个典型时刻衍射斑；(b) 220 峰及漫散射强度变化

无序结构产生的散射信号。通过将高斯分布与仪器响应函数卷积,可以从实验数据中拟合得到熔化的时间尺度,硅的熔化发生在约 300 fs 的时间尺度,而电子到晶格之间能量传递的时间尺度约在皮秒量级,两个时间尺度的巨大差异说明硅的熔化过程属于非热熔化。

结合德拜-沃勒效应和 220 峰的衰减时间常数进行分析,在泵浦后的 320 fs 内,硅的原子均方根位移为 0.54 Å,对应的运动速率为 0.17 nm/ps,与室温下的原子运动速率 0.5 nm/ps 相差较大,这一差异与参考文献[18]中提出的惯性动力学模型相悖。在此基础上,参考文献[19]中提出猜测,惯性运动也许并不是影响硅的熔化过程的主要因素,硅原子在熔化过程中也因受到势能平面的影响以及各种碰撞效应而减速。

关于非热熔化中的动力学过程,国际上也有不同的观点。比如有学者认为非热熔化中晶格无序性的变化是由横向声学声子模式软化引起的,原子也并不是按照初始的热速度做匀速直线运动,而是沿着横向声学声子模式的方向运动[20]。T. Zier 等学者进一步对硅的非热熔化进行了更为细致的模拟,模拟中假设电子温度瞬间上升到 25 000 K,对应于将约 14%的电子激发到导带[21]。他们利用计算的原子分布获得了不同时刻的原子对分布函数结果,如图 2-19 所示。

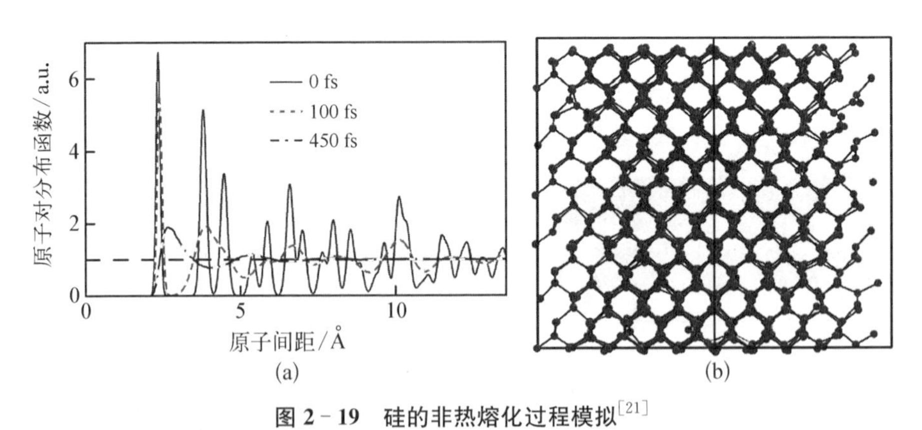

图 2-19　硅的非热熔化过程模拟[21]

(a) 原子对分布函数;(b) 激光激发 100 fs 后的原子分布

从图 2-19(a)可以看到,在激光照射前,硅样品晶体呈现多个明锐的峰,其中第一个峰在约 2.5 Å 处,代表硅原子与其第一个近邻原子的间距信息。在非热熔化过程中,激光照射后约 100 fs 时 2.5 Å 处的原子对分布函数无明显变化,其余更大间距的原子对分布函数峰值均明显变小,宽度也明显变大。

在 450 fs 时，代表 2.5 Å 的峰明显变宽，其余峰基本消失，此时已与液态硅对应的原子对分布函数分布基本一致。基于此结果，一个很自然的问题便是：为什么 100 fs 时 2.5 Å 处的峰与晶体的结果一致，但是其余的峰却几乎消失了？为了回答该问题，T. Zier 等学者[21]计算了声子的色散曲线，发现横向声学声子模式对应的频率为负，代表不稳定的模式。进一步的计算表明硅原子在非热熔化时主要沿横向声学声子模式的方向运动，即主要沿垂直于两个硅原子形成的化学键的方向运动。如图 2-19(b)所示，100 fs 后硅原子的位置变化主要沿垂直于化学键方向，因此对于第一个近邻的原子，其有效距离变化为高阶效应，故在 100 fs 时硅原子位置的变化几乎不影响硅原子与其第一个近邻原子的距离，主要影响更远处的硅原子距离。这解释了图 2-19(a)中在 100 fs 时 2.5 Å 的峰几乎没有变化，但是其余更大间距的峰却几乎消失的现象，而这个现象也被认为是非热熔化最重要的特征。

进一步验证非热熔化过程中是否存在惯性动力学可通过改变初始样品的温度来实现，既可以降低或升高平衡态下样品的温度，也可以利用双激光泵浦的方法，即首先用一个功率密度较低的激光通过电声子相互作用将晶格温度加热到熔点以下的某个准平衡态(一般可持续数十皮秒的时间)，再利用另一束功率密度高的激光去激发非热熔化。通过观察不同初始温度(对应原子的运动速度不同)下的熔化过程可进一步验证原子是否按照初始的热运动速度做匀速直线运动，比如液氮温度对应的初始热运动速度与室温对应的初始热运动速度相差大约两倍，可方便地利用实验数据对此进行验证。对于验证非热熔化中原子是否沿着横向声学声子模式的方向运动直至失去有序性变为液态，则需要测量衍射斑的分布并计算原子对分布函数才能得到确切的答案。随着兆伏特超快电子衍射等时间分辨率更高的设备逐步投入运行，相信关于非热熔化过程中的动力学的理解会进一步加深，过去一些关于机制方面的争论也会获得更为确定的答案。

2.4.4　结构相变

对相变过程的研究一直都是人们关注的热点，比如对于一个相变过程，它究竟是如何发生的？中间是否存在其他的过渡态？相变的速度有多快？但是人们对于相变过程的研究一直进展得十分缓慢，比如对于生活中最熟悉的固态的冰到液态的水这一固液相变过程，研究者们至今仍不能完全弄清楚其中的机制。而如果能真正理解相变过程，我们就可以操控相变过程，使之按照我们所期待的方式进行，比如降低相变条件、提高相变速率、设计相变产物等。

过去，相变的研究之所以一直都步履维艰，本质原因是我们缺乏一种很好的研究相变过程的原位手段，因为大部分相变过程都发生得很快。但是最近兴起的泵浦-探测技术（尤其是超快电子衍射）则很好地解决了这一难题。由于每次泵浦后系统最终都会回到它初始的状态，这允许我们可以很高的时间分辨率（飞秒的时间尺度）去重复地研究相变过程。

以 VO_2 为例，它是一种金属-绝缘体相变材料。在 340 K 附近，VO_2 会发生一个单斜相向四方相的晶格结构转变，如图 2 - 20 所示，同时电阻也会发生 5 个数量级的变化。在该材料的结构相变过程中，宏观上可以把这个过程理解为钒原子沿着高温的四方相的 c 轴方向聚合，同时相对于 c 轴旋转一定的角度；相应地，这个相变也会在费米能级处打开一个大小为 0.6 eV 的能隙。

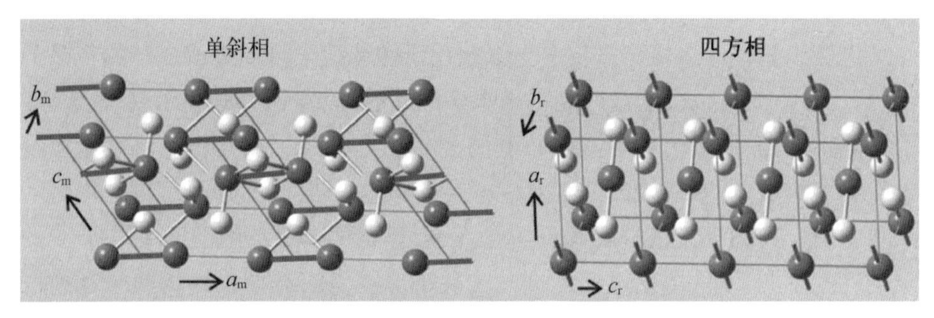

图 2 - 20　VO_2 低温下的单斜相结构与高温下的四方相结构

尽管这个过程看似简单，但是关于该相变的机制和相变过程中原子的路径则一直存在着争议，比如该结构相变过程是一种直接还是间接的方式，即中间是否存在其他的过渡相或中间产物？相变过程中发生的电阻率的巨大变化是由电子-电子间的关联作用导致的还是由结构相变导致的？相变过程中结构的变化发生在电阻率的变化之前还是之后？是位移型相变还是其他类型的相变，比如无序-有序相变？

加州理工学院 Zewail 教授（1999 年诺贝尔化学奖得主）的团队于 2007 年最先通过超快电子衍射的方法研究了 VO_2 中的结构相变过程[22]。如图 2 - 21(a)所示，实验中观察到在光激发后衍射斑强度的变化行为分为两种，一种是飞秒量级的快变化，如米勒指数（Miller indices）为(6 0 6)的衍射斑，其强度变化的时间尺度约为 300 fs；另一类为皮秒量级的慢变化，如米勒指数中 $h=0$ 的(0 9 1)等，其强度变化的时间尺度约为 9 ps。

通过与理论对比，可以认为这两种行为其实暗示了 VO_2 在光激发后的相变过程是分步进行的，也即钒原子先沿着低温下的单斜结构的 a 轴方向解聚，这一过程发生在飞秒的时间尺度，在衍射斑上体现出来的也就是如(6 0 6)这些衍射斑具有飞秒时间尺度的强度变化；然后，解聚后的钒原子旋转到位于高温相晶格中的位置，对应的原子运动主要发生在 b 轴与 c 轴构成的平面内，这一过程发生在皮秒的时间尺度，对应的也就是观察到的如(0 9 1)这些 $h=0$ 的衍射斑具有皮秒量级的强度变化，如图 2-21(b)所示。反之，如果 VO_2 的相变路径是如图 2-21(c)所示的那种直接沿直线一步移动到位，则理论计算表明此种相变过程中对应的多个衍射斑强度会随着延时的增加而变强，且不应该存在快变化和慢变化两个过程，这与实验结果相悖。

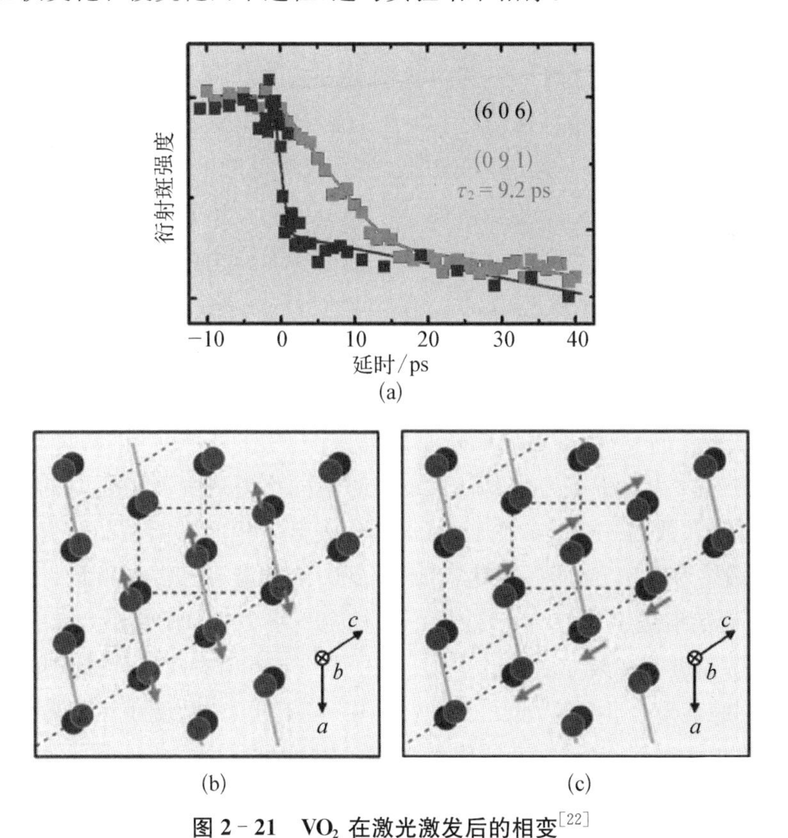

图 2-21　VO_2 在激光激发后的相变[22]

(a) 衍射斑强度变化；(b)(c) 两种可能的相变路径

Zewail 等人的工作帮助人们在原子尺度实时看到了相变的过程，即认为 VO_2 中的相变过程是钒原子先解聚再旋转到它们最后的位置，这显示了超快电子衍射技术确实可提供大量且重要的原子尺度的超快结构动力学信息。除此之外，在 VO_2 的低温单斜结构的半导体相到高温四方结构的金属相的相变过程中，关于它的导电性质发生巨大变化的原因也存在两种猜测：一种是结构相变导致了导电性质的变化；另一种猜测是导电性质的变化来自电子之间的关联作用驱动的绝缘体-金属相变。如果是后一种，则在相变过程中很可能存在一种单斜结构的金属相，即它的结构与低温相一样，但是导电性质已经发生了变化。对于这类通过电子、晶格、轨道、自旋等相互作用耦合在一起的情况，平衡态下的研究难以区分各自的作用，而仅依赖超快电子衍射则只能获得晶格的信息，难以确定电子态以及导电率是否发生变化，故最佳的方法是结合多种探针（如激光和电子）开展时间分辨的研究。

基于此思路，V. Morrison 等人于 2014 年结合超快电子衍射和超快光谱的方法也研究了这种材料[23]。通过这两种方法的结合，实验中可以同时获得 VO_2 在光激发后的晶格结构信息和电子态信息。如图 2 - 22(a)所示，左上角的图为超快光谱的结果，大图为超快电子衍射测量的准平衡态的平坦区衍射斑强度随泵浦激光强度变化的结果。实验中采用 5 μm 的红外激光（对应光子能量为 0.25 eV）测量 800 nm 激光泵浦 VO_2 样品后不同延时的透射率，研究发现当泵浦光的能量密度超过 3.7 mJ/cm^2 时，可以看到此时红外光的透射率接近 0，即说明材料中原本为 0.6 eV 的能隙闭合了（原本光子能量小于能隙，无法将价电子激发到导带，因此激光透射率高，几乎不被样品吸收），导致了 VO_2 对红外光的全吸收，这说明在不到 0.5 ps 的时间内，VO_2 已具有金属的特征。图 2 - 22(b)所示为在 20 mJ/cm^2 时不同衍射斑强度随延时的变化，这里包含时间常数为 310 fs 的快变化（302，代表低温相向高温相的转变，只在低温相下存在）和 1.6 ps 的慢变化（220 和 200，在低温和高温相下均存在）。在约 10 ps 后衍射强度近似不变，取这个时候 302 和 220 的强度作为准平衡态时的强度值，通过改变泵浦激光的强度，所得到的准平衡态时衍射斑强度相对于低温相时的强度变化结果如图 2 - 22(a)中大图所示。从图中可以看到，衍射斑强度的变化存在阈值（即曲线斜率发生变化的点），对 302 衍射斑来说，阈值为 9 mJ/cm^2。当泵浦激光强度低于此阈值时，302 衍射斑强度基本保持不变；当泵浦激光强度超过阈值后，准平衡态的衍射斑强度变化近似线性正比于激光能量密度。

结合红外光谱的结果不难发现，在 3.7 mJ/cm^2 的泵浦能量密度下，VO_2 已具有金属的特征，同时，与晶格结构相变相关的衍射斑强度（302）并未发生

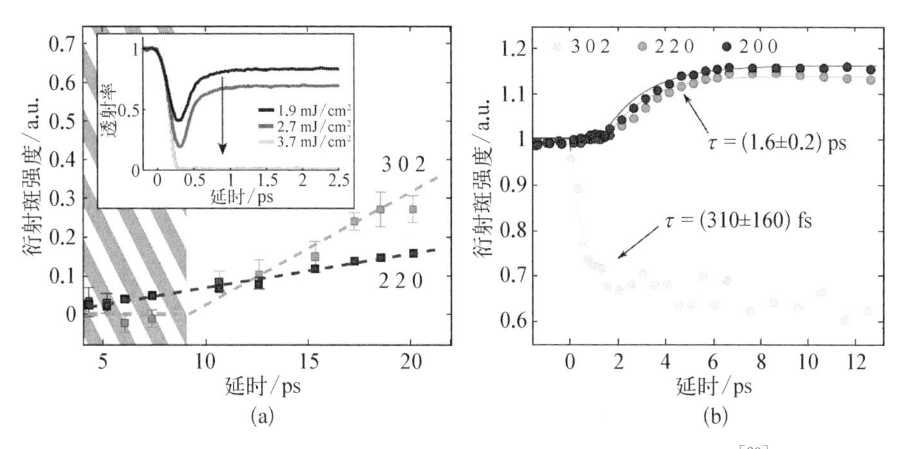

图 2－22　同时获得光激发后的晶格结构信息和电子态信息[23]

(a) 超快光谱和超快电子衍射结果；(b) 衍射斑强度变化

变化(低于其阈值 9 mJ/cm^2)。前者说明了在该泵浦能量密度下，VO_2 的导电性质已经由绝缘体变成金属了，但是后者却表明 VO_2 的晶格结构未发生变化。基于实验中发现的在光激发下出现的晶体结构与低温相相同，但导电性质却已经变成高温时的金属态的现象，可以认为 VO_2 中的绝缘体-金属相变是电子驱动的，而不是结构相变导致的。与图 2－21 不同的是，此处并没有发现米勒指数如(0kl)衍射斑的 10 ps 量级的缓慢动力学行为，因此图 2－22 中的结果与图 2－21 中认为的 VO_2 的结构相变过程是分步进行的结论矛盾。

在进一步分析这个单斜的金属相产生的过程后，还发现除了在光激发后的 2 ps 内存在与单斜相—四方相转变相关的衍射斑(302)快变化外，在后面 2～10 ps 范围内在散射矢量较小处(220 和 200)还存在一个较慢的动力学行为。如果这些强度的增加是结构变化导致的，那么总的散射信号应该保持不变，也即有强度增加的地方附近必然有强度减小的地方。但是在实验中发现，在这个缓慢的动力学过程中，总的散射强度是增加的，再联系到一般动量转移较小的衍射斑强度其实是与价电子密度的分布密切相关的，因此可以推测这段时间内出现的衍射斑的变化是光激发的载流子使得价电子密度重新分布导致的。同时，这个慢的动力学行为在泵浦能量密度大于 2 mJ/cm^2 时就已经开始出现了，而与结构相变有关的衍射斑的强度只有在 9 mJ/cm^2 以上时才开始变化，因而前面提到的结构相变临界能量密度以下发现的单斜金属相的产生有可能与这些慢的动力学发生的行为相关。

为了确定光激发后导致的晶格中的原子发生的具体运动，实验中对 VO_2

在激光激发下的径向分布函数做傅里叶变换后得到了原子对分布函数，如图 2-23 所示，(a)为 VO_2 在低温相和高温相下的原子间距离，(b)中Ⅰ和Ⅲ分别代表由 V—V 原子聚合导致的 V—V 短键和长键的键长，Ⅱ代表未聚合时的 V—V 键的键长。从图中可以看到，在 −0.5～1.5 ps 区间(对应于与结构相变有关的快过程)，Ⅰ和Ⅲ的强度均显著降低，Ⅱ的强度增加，这说明激光激发后 V—V 原子很快由聚合状态恢复到高温时的未聚合状态。

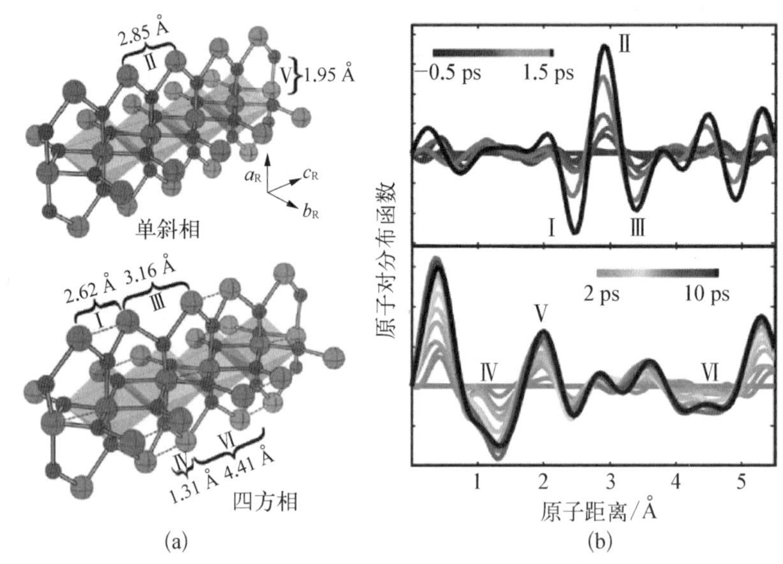

图 2-23 原子尺度观察 VO_2 结构相变[23]

(a) VO_2 的原子间距；(b) 原子对分布函数变化

在 2～10 ps 区间(对应于与结构相变有关的慢变化过程)，Ⅳ(为 V—V 聚合的键长的一半)和Ⅵ(为未聚合的 V—V 键长再加上一半的 V—V 聚合键长)处的强度降低，而Ⅴ(为钒与周围的氧原子组成的八面体结构中与氧原子的平均距离)处的强度升高，这说明在慢变化过程中价电荷密度进行了重新分布，也即增加了 V—V 聚合键处的电子密度同时使得氧原子处的静电势能增加，从而使得原子的散射因子发生了变化。从轨道上分析，在 V—V 聚合键处的电子密度的增加会使得 d_{xy} 轨道填充的电子数目增加，而氧原子处的电子密度的增加会使得 d_{xz} 轨道填充的电子数目减少，后者会导致原来由于 Mott 关联驱动而在费米能级处打开的能隙关闭，也就是使得材料由绝缘体再次变成金属。因而本实验中观察到的单斜金属相是在光激发使得价电子密度变化进而导致轨道选择性的相变，与结构变化无关；或者说观察到的单斜绝缘相—单斜金属相是与单斜绝缘相—四方金属相相互独立的相变，而只有在结构相变临界密度以上，后者的相变才开始产生，但是此时两个相变都是同时存在的。

在上面的研究中，都基本认为相变是沿着一个给定的反应坐标进行的，也即相变过程涉及的是相干的原子运动，但是这一简化模型忽略了其中可能的涨落和无序过程，而这些包含无序的信息对理解相变过程的物理机制也是十分重要的。同时在前面的工作中，运用超快电子衍射主要观察的是布拉格峰的变化。虽然这些信息对于我们理解相变过程十分重要，也是在实验中最容易获得的，但是布拉格峰反映的其实是很多个晶胞信息的平均结果，也即衍射信号中形成的相干的部分，无法提供可能存在涨落和无序过程的信息。事实上衍射信号中还包括覆盖极大动量范围的由非相干的部分形成的漫散射信号，而这些漫散射信号包含了晶格中的无序信息。但是相对布拉格峰的强度来说，这些漫散射信号的强度非常弱，因此对于它们的探测本身就是实验中的一个非常大的挑战。做一个比喻，布拉格峰就如同夜晚我们在地球上用肉眼看到的天空中的星星，但是星星间其实还藏着更庞大的星系，只不过这些星系的信号太弱，我们仅通过肉眼很难观察到；但是如果我们借助更高分辨率和灵敏度的望远镜，则可以看到这些奇幻的星系。

为了探测 VO_2 中的漫散射信号，近期人们利用了 LCLS 的 X 光自由电子激光装置，首次在迄今为止最高的时间分辨率(50 fs FWHM)下测量了 VO_2 相变过程中的漫散射强度的变化[24]。图 2-24(a)所示为 VO_2 在激光激发后 50 fs、100 fs 以及 2 ps 后的漫散射强度的变化，图 2-24(b)所示为对应的布拉格峰的强度与漫散射的强度随时间的变化。

由图 2-24(b)很容易发现漫散射强度的变化与布拉格峰的强度变化过程几乎是同步的，并且这个相变在 150 fs 左右就已经完成了(在前面 Zewail 和 Siwick 等人的工作中，受限于千伏特超快电子衍射本身的时间分辨率，所得出的与结构相变有关的衍射斑的强度变化的时间系数为 300 fs 左右，但这里发现实际上要快一倍以上)。由此可认为 VO_2 的相变其实是一个无序-有序的相变，而不是位移型的相变。这个过程其实可以理解为在光激发后，并不是立即在新的原子平衡位置处形成一个以该位置为极小值点的势能曲面，使得原子能够沿着确定的反应坐标向着该位置运动；相反在该种情况下形成的是底部平坦的势能曲面，使得原子没有确定的路径使它能从低温相的平衡位置运动到高温相的平衡位置，因此它更像是遍历所有可能的路径才最终到达它最

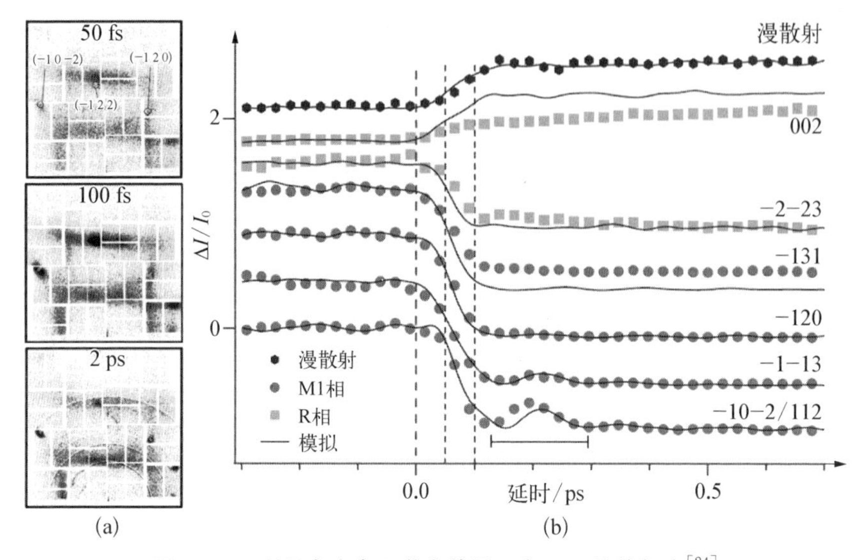

图 2-24 利用自由电子激光装置研究 VO_2 结构相变[24]

(a) 典型延时的衍射斑分布;(b) 布拉格峰的强度与衍射斑强度变化

后的位置。实验结果也与理论模拟[图 2-24(b)中细黑线]较好地吻合,进一步支撑了 VO_2 的相变是一个无序-有序且不存在中间亚稳相的一步相变的结论。

前面介绍的关于 VO_2 相变的三项工作的开展过程其实也是我们借助超快探测手段(超快电子衍射和超快 X 光散射)对一种典型的强关联材料绝缘体-金属相变中发生的相变过程的理解逐渐加深的过程,虽然从三者中得出的结论都有些许差别,比如 Zewail 等人认为(0kl)衍射斑的 10 ps 量级的强度变化是由于钒原子相对于低温下的 a 轴旋转形成的,但是 Siwick 和飞秒硬 X 射线激光装置(linac coherent light source, LCLS)上的研究结果均未发现这种变化;此外,在 Siwick 文中认为是光激发使得价电荷密度分布变化导致结构因子发生变化,进而在动量转移较小的地方(如 220、200)存在强度增加的现象,但在 LCLS 的结果中也未看到这种变化。在三个实验中,所使用的 VO_2 样品分别是单晶薄膜、多晶薄膜和块体单晶,Zewail 采用的是反射式超快电子衍射,Siwick 采用的是透射式超快电子衍射,而 LCLS 则使用的是基于自由电子激光的 X 射线,后者相对于电子探测的方法能获得倒空间的动量信息范围也会比较有限。根据上面的比较可知,未来使用高时间分辨率、高信噪比、高探测动量范围的兆伏特超快电子衍射来研究单晶的 VO_2 薄膜有可能会为我们理清其中的疑问,带来新的思路和发现。

2.4.5 化学反应动力学

超快电子衍射技术作为具有高时间分辨率的电子衍射工具，是探索物质结构超快变化最重要的工具之一，诺贝尔奖得主加州理工学院 Zewail 教授研究组在发展和使用这个技术方面做了大量的开创性工作，尤其是成功地将超快电子衍射用于研究气态样品的分子动力学。利用超快电子衍射研究气态分子反应动力学相比研究固态晶体的动力学要困难得多，这可以从以下几个方面理解。首先，气态分子一般由喷嘴产生，其密度远小于固体的密度，故电子的散射概率远小于晶体中的情形。其次，晶体的散射信号较为集中（单晶为明锐的亮点，多晶为亮环），而气态样品由于缺少这种周期性结构，故获得的衍射斑一般为较模糊且宽度较大的环状。再次，由于散射信号较弱，因此在某个延时处为获得具有足够高的信噪比的衍射图需积分较长时间，这对装置的长期稳定性提出了更高的要求。此外，气体分子被激光激发的比例一般小于10%，而剩余90%的分子会产生较大的本底信号，给数据分析带来困难。在这方面的研究中，Zewail 教授课题组先后发展了四代超快电子衍射装置及相关的理论和数据处理方法，成功地利用超快电子衍射解决了化学反应动力学中的多个重要问题，并逐步将千伏特超快电子衍射在研究气态分子动力学中的时间分辨率从数皮秒提高到约1皮秒。

下面以 $C_2F_4I_2$ 在激光的泵浦下先后失去两个碘原子的过程为例介绍超快电子衍射在气态反应动力学方面的应用。如图2-25所示，$C_2F_4I_2$ 的初态和激光泵浦后的最终产物（末态；失去两个碘原子后变为 C_2F_4，其中白色为碳原子，灰色为氟原子，黑色为碘原子）都较为清楚，但是此化学反应的中间产物

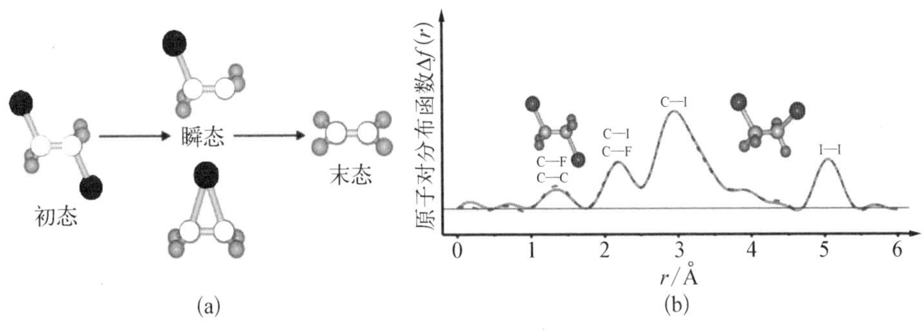

图2-25　$C_2F_4I_2$ 的光解离过程[25]

(a) 反应过程；(b) 原子间距信息及与理论的对比

(瞬态 C_2F_4I)的结构却还不清楚。基于模拟的结果,$C_2F_4I_2$ 转变为 C_2F_4 的过程包含两个步骤:① 失去一个碘原子变为 C_2F_4I;② 再失去一个碘原子变为 C_2F_4。

对于中间产物 C_2F_4I,它有两种可能的结构,如图 2-25(a)所示,该中间产物的对称性有较大区别,其中经典结构里碘原子位于碳原子的某一侧,这是最自然的一种结构,即某一侧的碘原子脱离;桥形结构具有较好的对称性,即剩余的碘原子位于两个碳原子中间,这种结构尽管是可能的,但是并不是最自然的结构,因为这意味着剩余的碘原子还需要移动到两个碳原子的中间,并重新与另一个碳原子建立化学键。另外,对于该反应的时间尺度也还不清楚。由于电子衍射可以直接解析得到分子对间距的信息(理论知识见 MeV 气态电子衍射部分),利用超快电子衍射的手段我们就可以直接探究上述两个问题。如图 2-25(b)所示,在考虑 $C_2F_4I_2$ 两种异构体(反式的旋转异构体,指两个碘原子位于碳原子的不同侧;邻位交叉的旋转异构体,指两个碘原子位于碳原子的相同侧)的比例为 76∶24 后,实验首先确定了在未发生反应之前其原子间距分布曲线,与理论较好地符合。

图 2-26 所示为改变激光与电子束延时测量的衍射斑变化的结果,其中图 2-26(a)为衍射斑与 −95 ps(初始状态)的差别随延时的变化,图 2-26(b)为衍射斑与 5 ps(激光刚与分子相互作用)的差别随延时的变化。因为只有一小部分分子被激发,故采用与 −95 ps 和 5 ps 的衍射斑做差的方法可有效消除未被激发的分子所产生的衍射背景,因为这些分子的散射信号与时间无关。

从图 2-26(a)可以看到,当以 −95 ps 为背景做差时,3 Å 附近的 C—I 和 F—I 键信号以及 5 Å 附近的 I—I 键信号都有所减小;而在图 2-26(b)中,只有 C—I 和 F—I 键信号随时间逐步减小,I—I 键的信号则维持不变。这说明第一个碘原子的分解是在激光激发后 5 ps 之内发生的,因此 5 ps 之后的时间与 5 ps 时相比由于 I—I 的信号都是缺失的,因此不会发生改变;而与 −95 ps 时相比则小了很多(−95 ps 时碘原子尚未分解)。进一步分析 5 ps 后不同时刻 C—I 和 F—I 信号的变化,可以得到第二个碘原子的分解平均时间约为 25 ps,因为代表第二个碘原子和碳原子以及氟原子的 C—I 和 F—I 信号在 50 ps 后基本保持不变,因此可认为第二个碘原子在 50 ps 后已基本完全脱离 $C_2F_4I_2$ 分子。由于从 $C_2F_4I_2$ 失去一个碘原子分解为 C_2F_4I,并进一步失去第二个碘原子分解为 C_2F_4 的过程中,碳原子与氟原子的相对位置无明显变化,故图 2-26 中 1.5 Å 附近代表 C—C 和 C—F 键的信息基本不随延时变化。

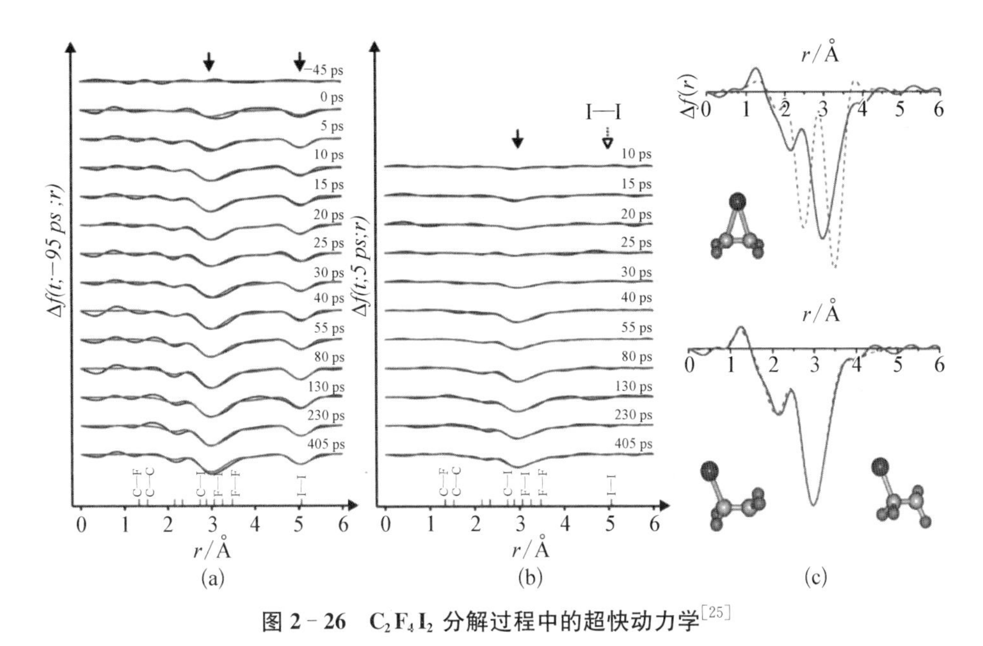

图 2-26　$C_2F_4I_2$ 分解过程中的超快动力学[25]

(a) 衍射斑与 −95 ps 衍射斑的差值；(b) 衍射斑与 5 ps 衍射斑的差值；(c) 经典型与桥型 C_2F_4I 的结构因子与实验结果的对比

超快电子衍射提供的键长信息也使得对 C_2F_4I 中间态结构的确定成为可能，如图 2-26(c)所示，经典型和桥形结构对应的分子对间距分布曲线为虚线，实验结果为实线，可以明显看到实验结果显示中间态的结构为经典型结构，而非桥型结构。

2.5　千伏特超快电子透镜技术

相比于千伏特超快电子衍射技术在倒空间测量原子分布的演化，千伏特超快电子透镜(keV ultrafast electron microscope, keV UEM)利用超短电子束可在实空间(像平面)直接探测物质结构动力学过程。电子衍射和成像的原理与可见光的衍射和成像类似，如图 2-27 所示，入射光经物平面发生衍射并在透镜后焦平面即频谱面上形成一系列衍射光斑(物平面不同位置的光，只要其角度一样，则在焦平面汇聚到一点)。物是一系列不同空间频率信息的集合，各衍射光斑发出的球面波在像平面上相干叠加形成像(物平面相同位置的光，尽管初始角度不一样，但是在像平面汇聚到一点)。

物平面包含从低频到高频的信息，透镜类比于一个低通滤波器，透镜口径

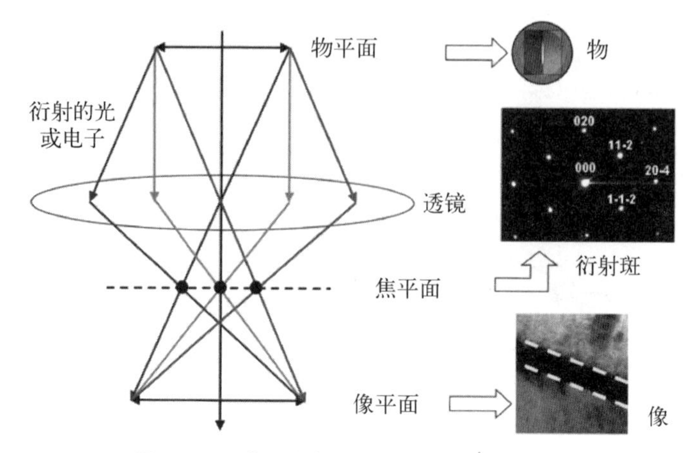

图 2-27 电子衍射和成像基本原理示意图

限制了高频信息的通过,只有低频信息的光束相干叠加并形成像,因此透镜口径越大,就有越多的高频信息光束穿过透镜,像平面上的像越清晰。根据瑞利判据,光学系统的分辨率约等于波长除以透镜的接收角,因此传统的光学显微镜仅能获得约 200 nm 的空间分辨率;电子由于德布罗意波长极短,故利用电子成像可获得原子尺度的空间分辨率。

2.5.1 透射电子显微镜

透射电子显微镜(常简称为电镜)一般包括电子源、镜筒和探测器三个主要部分,而镜筒则包括磁透镜、光阑、样品杆等各种元件,下面简要描述这些元件的基本信息和功能。

电子源的作用是产生用于成像的电子,一般可通过热发射、场发射和光电发射的方式获得。热发射时一般需将阴极加热到大于 1 000℃以使得热电子有足够高的动能克服材料功函数发射出来。场发射的原理类似于尖端放电,通过将阴极做成纳米尺寸的针尖,局部的电场强度获得数量级的增加,并通过肖特基效应降低有效的功函数获得电子发射。相比热发射时电子动能较大的情况,场致发射的电子初始动能和能散更低,更有利于获得高的能量分辨率。电子初始发射出来时能量约在 0.1 eV 量级,随后迅速被直流高压加速至数千电子伏特。传统的千伏特电镜工作电压一般为 60~500 kV;有少量电镜采用 500 kV~3 MV 的加速电压,称为超高压电镜,其具有更高的穿透深度,可用于更厚的样品表征,同时也在不采用球差校正技术时在透镜接收角一定的条件下,有望通过降低电子的德布罗意波长获得更高的空间分辨率。电镜的电子能量稳定性一般在百万分之一量级，具有极高的稳定性。

镜筒包括磁透镜、光阑、样品杆等各种元件，并利用圆柱形的金属桶固定在一起，避免相对移动以增加稳定性。磁透镜一般为螺线管磁透镜，即利用励磁线圈的电流产生轴对称方向沿电子束运动方向的均匀磁场，如图 2-28(a)所示，其作用与光学显微镜中的凸透镜类似。需要指出的是，光学透镜的焦距是固定的，而磁透镜的焦距可以通过改变励磁电流的值进行调节，因此电子显微镜的各个磁透镜不需要移动，仅需要改变各个磁透镜的电流值便可获得放大的像，而光学显微镜则需要移动各个透镜的相对位置以满足成像条件。

对无限长螺线管磁透镜而言，一般仅考虑纵向磁场 B_z。由于电子也是沿 z 方向通过磁透镜，而我们知道电子运动的速度如果与磁场方向一致是不会受到洛伦兹力作用的，那么电子是如何被螺线管磁透镜聚焦的呢？这可以通过图 2-28(a)和(b)来理解。

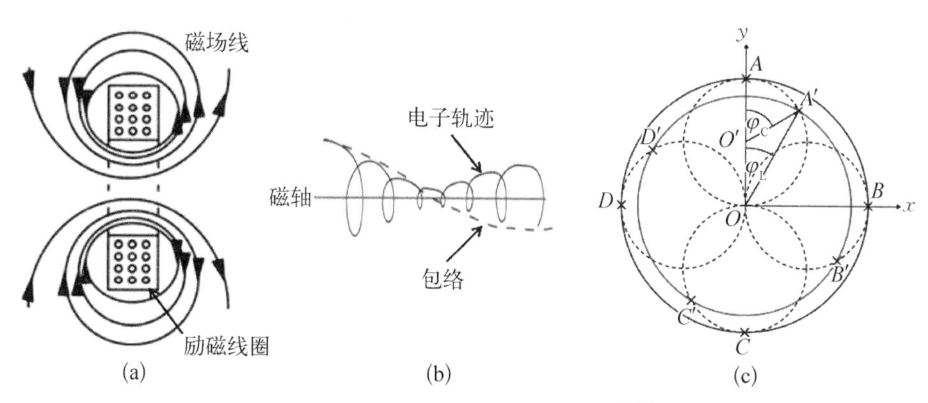

图 2-28　螺线管磁透镜聚焦原理[26]

(a) 螺线管磁透镜结构；(b) 电子经过螺线管的轨迹和包络；(c) 螺线管磁透镜聚焦力及拉莫频率

首先如前所述，电子需要有横向的速度方能被纵向的磁场聚焦，那么在螺线管磁透镜中电子一定存在横向的运动。如图 2-28(a)所示，在螺线管的入口和出口阶段存在横向磁场分量 B_r，这是因为 B_z 必然是逐步从零过渡到恒定值，而由麦克斯韦方程组可知：

$$B_r(r,\ z)=-\frac{r}{2}B(z)' \tag{2-31}$$

故在入口和出口处由于磁场随纵向位置的变化产生了横向磁场。电子束纵向速度和横向磁场的叉乘会产生角向的力，进而电子会沿轴旋转；同时，角向的速度和纵向磁场叉乘则会产生横向的聚焦力(方向指向磁轴),这便是电子束包络(代表电子束尺寸)会在螺线管磁透镜中减小的原因,如图 2-28(b)所示。

电子沿角向所做的回旋运动频率为

$$\omega_L = \frac{eB_0}{2\gamma m} \tag{2-32}$$

式中,ω_L 称为拉莫频率(Larmor frequency)。分析表明[26],由于角向速度的存在,电子做回旋运动的半径为 $r_0/2$,其中 r_0 为电子进入螺线管磁透镜时相对于磁轴的偏移量。图 2-28(c)为电子经过螺线管时其轨迹在横向平面的投影,考虑初始电子的位置为 A、B、C、D,则经过一段距离后其对应的位置变为 A'、B'、C'、D',其所在的圆的半径变小,代表电子束被磁透镜聚焦;A 点和 A' 点位于圆心为 O' 的圆上,代表沿半径为 $r_0/2$ 做回旋运动;电子做回旋运动在单位时间扫过的角度 φ_C 是电子相对于磁轴所扫过的角度 φ_L 的两倍。需要指出的是,电子只在螺线管磁透镜内部发生旋转,在螺线管出口的磁场会给电子一个反向的旋转力,这样电子在穿过螺线管后不会继续旋转。进一步分析可知,电子在磁透镜中的总旋转角度与磁场的积分有关,而磁透镜的焦距则反比于磁场平方的积分,并且磁透镜的色差和球差均与焦距在同一个量级。为此,电子显微镜大多采用较强的励磁电流结合极靴来提高磁场强度并将磁场限制在数毫米的区域以降低焦距、色差及球差因子。

磁透镜按照功能又可细分为缩束镜、物镜和投影镜。其中缩束镜的作用主要是将电子源发出的发散的电子聚焦到样品上,多级缩束镜可方便地控制电子束在样品处的散角和束斑尺寸。物镜是电镜系统中最核心的部分,其作用是将样品成像放大。物镜的极靴中间包含样品杆用于放置样品,光阑用于限制通过的电子散角,用于提高成像质量和对比度。由于放大率约为像距与焦距的比值,因此利用一个透镜难以获得数万倍的放大率,一般采用级联的方式,即物镜首先将样品放大 N_1 倍,物镜所成的像刚好位于下游磁透镜的物平面,因此下游磁透镜继续把该像放大 N_2 倍,则总的放大率变为 $N_1 \times N_2$,以此类推可利用多级磁透镜获得高达百万倍的放大率。用于成像放大的磁透镜,除第一个称为物镜外,一般第二个称为中间镜,第三个称为投影镜,通常三级放大已可满足绝大部分研究的需求。

探测器用于将成像放大后的电子分布记录下来,在低倍放大率时探测器的分辨率往往决定了电镜的分辨率。假设电镜放大率为 N,探测器分辨率为

Δ，则样品处小于 Δ/N 的细节在探测器处由于其尺寸小于探测器的分辨率，故这些细节无法分辨出来。在高倍放大率时，电镜的分辨率主要由球差(C_s)和电子的散角(θ)决定，即 $r_{sph}=C_s\theta^3$。在球差校正技术成功用于电镜前，可通过降低电子束散角的方法降低球差的影响并提高分辨率。然而随着散角的降低，衍射效应会逐步增加(衍射效应限制的分辨率为 $r_{th}=1.22\lambda/\theta$)，因此当衍射效应限制的分辨率与球差效应限制的分辨率相等时，电镜获得最高的分辨率，即 $\theta_{opt}=0.77(\lambda/C_s)^{1/4}$。为此，在 20 世纪，人们往往通过提高电子能量的方法降低电子束波长以提高电镜的分辨率。

图 2-29 所示为 Ruska 于 1931 年发明的最早的电镜的实物图，图 2-30 所示为过去 200 年里光学显微镜和电子显微镜的分辨率发展图。从图中可以看到，在球差校正技术于 21 世纪初成功用于电镜前，人们主要采用提高电子能量的方法提高电镜的分辨率。

图 2-29　最早的电镜实物图[27]

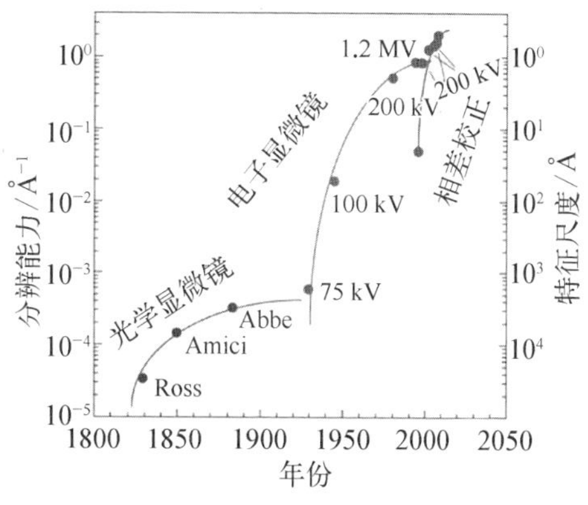

图 2-30　光学显微镜和电子显微镜的分辨率发展图[27]

2.5.2　超快电子显微镜

传统电镜电子源是连续发射的，其时间分辨能力取决于探测器的响应速度，比如近期广泛投入使用的电子直接探测器已可每秒记录 1 600 幅图片，原则上传统电镜也可获得 1 ms 的分辨率，前提条件是 1 ms 内有足够多的电子可以获得足够分辨率的像。结合泵浦-探测技术，如果在电镜中引入两路时间严格同步的激光，一路用于激发样品，另一路用于照射阴极产生短脉冲的电子束，则可将传统的电镜改装为超快电镜(见图 2-31)，此时的时间分辨率将主要取决于电子束的脉宽[28]。

德国科学家 Bostanjoglo 最早将激光引入电镜中产生脉冲电子束并进行超快成像的研究，其在 2000 年报道了所改造的第一台基于激光驱动电子束的电镜[29]，并将其称为高速电镜(high-speed electron microscope)。该高速电镜基于商业 100 keV 电镜改装，泵浦激光和产生电子束的激光均为 7 ns 脉宽，因此时间分辨率约为 10 ns。受限于电子束在样品处的束斑(约为 15 μm)，用于单发成像时较低的电子束密度限制了其分辨率，加上空间电荷力的影响，该高速电镜单发成像时的分辨率约为微米量级。之后该课题组对高速电镜进行了改进，不过仍然只获得约为 200 nm 的空间分辨率和约为 10 ns 的时间分辨率[30]。这个时空分辨率能解决的科学问题有限，因此高速电镜后续并没有大的发展和应用。

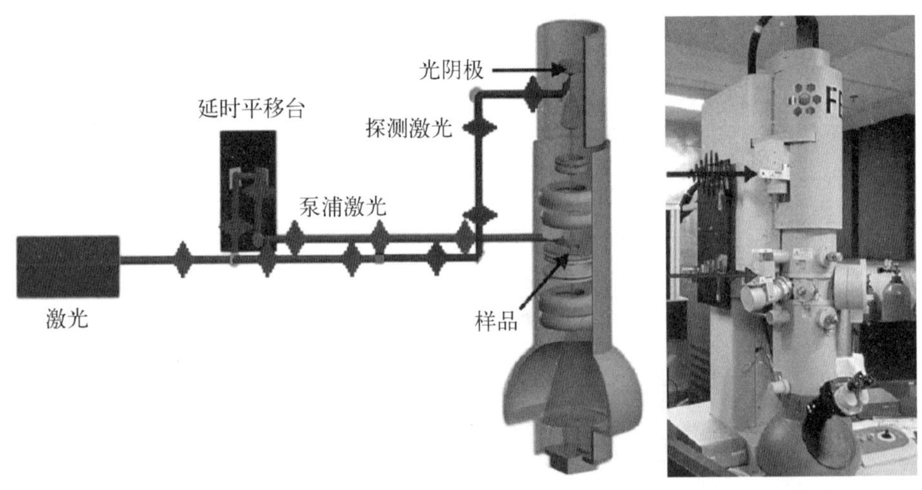

图 2-31　将传统电镜改装为超快电镜[28]

超快电镜原理与高速电镜一样，只不过采用更优化的设计及更合理的激光参数将高速电镜的时空分辨能力大幅度提高，也因此获得广泛的应用。超快电镜在 21 世纪初分别在美国加州理工学院[31]和美国劳伦斯利弗莫尔国家实验室[32]发展起来，前者将此类电镜称为四维电镜(4D electron microscope, 4D EM)，后者将所发展的具备高时间分辨能力的电镜称为动态电镜(dynamical transmission electron microscope, DTEM)。两者的共同点是基于商业电镜将传统电镜电子源改装为光阴极直流电子枪，以产生超短脉冲的电子束流；不同点是使用的激光脉宽和重复频率不一样，四维电镜瞄准可逆过程，采用高重频的飞秒激光系统，运行在积分模式；而动态电镜则主要面向不可逆过程，采用低重复频率的纳秒激光，运行在单发成像模式。

在注意到电子密度较大时空间电荷力会影响超快电镜的分辨率后，美国加州理工学院的团队在商业 120 keV 电镜基础上采用兆赫兹的低功率飞秒激光成功研制了四维电镜。该电镜采用 LaB_6 阴极，激光聚焦在阴极上的斑点约为 50 μm，平均每个脉冲仅包含一个电子，这样空间电荷力的影响可忽略，在最大程度上维持了电镜的高空间分辨率；同时，由于采用了飞秒激光且空间电荷力对电子束脉宽的展宽效应可忽略，故在获得高空间分辨率的同时也维持了高的时间分辨率。当然其代价是为了获取一幅信噪比足够好的图像，在相对于泵浦激光某个延时处的图像至少需要积分 10^7 次，每次对样品进行泵浦都需要样品完全地恢复至初态，因此四维电镜只能应用于可逆动力学过程的研究。从数据采集时间上说，由于采用了兆赫兹重频的激光，数据采集的积分时间在秒量级，属于常规的采集时间范畴。图 2 - 32 所示为 2005 年第一台四维电镜研制成功时对间距为 463 nm 的光栅样品成像的结果，其中，图(a)和图(b)为低放大倍数(3 200 倍，标尺代表 1 μm)，图(c)和图(d)为高放大倍数(21 000 倍，标尺代表 100 nm)；图(a)和图(c)为利用激光产生的高重频飞秒电子成像的结果，图(b)和图(d)为关闭激光利用热发射的连续电子成像的结果。

图 2 - 32　四维电镜成像结果[31]

从图中可见，四维电镜具有与静态电镜类似的空间分辨率。

几乎同一时期，劳伦斯利弗莫尔国家实验室的团队在 200 keV 商业电镜的基础上增加了纳秒激光用于泵浦样品和产生纳秒电子束，主要面向材料领域的马氏相变、位错动力学、熔化和凝固等不可逆过程的科学应用。利用纳秒电子束进行单发成像面临诸多挑战，如电子束密度、高电流电子束的传输、空间电荷效应等。一般为了获得足够高的信噪比，要求每分辨率单元上需要有约 100 个电子。假设我们将 10^7 个电子聚焦到 1 μm×1 μm 的正方形内，则电子束密度为每纳米平方 10 个电子，也就是说需要在 3 nm×3 nm 的区域内有 100 个电子，由于电子束密度限制的分辨率约为 3 nm。为了在 10 纳秒的时间内产生并传输如此多的电子，劳伦斯利弗莫尔国家实验室的团队对电镜的电子光学系统进行了必要的改造，增加了缩束镜的光阑尺寸，以便提高电子的传输效率。此外，也采用了更强的聚焦系统，以便将电子在样品处聚焦到微米量级。经过这一系列的优化和改进，劳伦斯利弗莫尔国家实验室的团队利用 30 ns 的电子束获得了单发成像，并获得了优于 20 nm 的分辨率。如图 2－33 所示，间隔为 30 nm 和 20 nm 的 Au/C 膜在单发时也可清晰地分辨；50 发脉冲的积分具有更高的分辨率和信噪比，说明在动态电镜的成像过程中，分辨率并不是主要受空间电荷力限制，而是受电子束密度限制(否则积分模式下分辨率不会提高)。此外，比较 50 发积分与静态电镜的结果，也能发现静态电镜的对比度更高，这说明工作在高流强和高密度模式下的动态电镜，空间电荷力和较大的电子束散角仍会对分辨率造成一定影响，不过该影响应该是纳米量级，在 10 nm 这个量级的分辨率主要受电子密度限制。

图 2－33　动态电镜成像结果[32]

相比加州理工学院研制的第一代四维电镜，近期性能更高的四维电镜也逐步发展起来。注意到第一代四维电镜采用的阴极为热阴极，故面积较大，而激光一般聚焦后尺寸在 10 μm 量级，这就导致所产生的电子亮度和相干性较差。尽管工作在每个脉冲一个电子的模式有效地回避了空间电荷力的影响，但是由于初始激光斑点在 10 μm 量级，故而虽然一次只发射一个电子，平均来看电子束初始的尺寸仍然在 10 μm 量级，这非常不划算。为此，哥廷根大学首先研制了基于纳米针尖场发射电子源的四维电镜，其原理简单明了：虽然激光斑点仍然是 10 μm 量级，但是由于电子来自纳米针尖，因此其有效尺寸可降低为纳米量级，如图 2-34(a)所示。

通过降低初始的电子源尺寸，该方法极大地提高了电子束的亮度和相干性(反比于发射度，而发射度正比于束团尺寸)，并在样品处可以将电子束聚焦到 1 nm 以下，如图 2-34(b)所示，这使得该超快电镜可以用于研究纳米尺寸局域的超快动力学过程。同时由于场发射电子相比热发射电子具有更低的能散，这也使得该超快电镜在能量损失谱的研究中具有更高的能量分辨率，如图 2-34(c)所示。此外，采用更高的电子束能量(200 keV)以及更高的加速梯度和更低的初始能散，该电镜也产生了更短(200 fs)的电子束，如图 2-34(d)

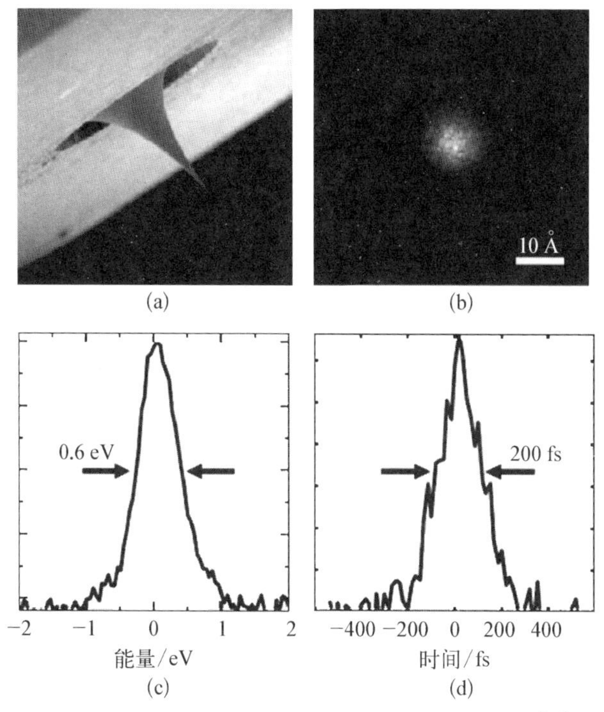

图 2-34　新一代采用纳米针尖场发射的四维电镜[33]

(a) 电子源；(b) 电子束在样品处的尺寸；(c) 能散；(d) 脉宽

所示，可在超快动力学研究中提供更高的时间分辨率。此类电镜代表着四维电镜的发展趋势，其更高的性能也将为很多科学研究开辟新的机会。

2.6 千伏特超快电子透镜应用

电镜由于其原子分辨能力在材料、生物、化学等研究中有着广泛的应用，而光学的方法则由于超高的时间分辨率特别适合于研究超快的过程。人们很早就意识到，更加完美的工具是能同时提供电镜的空间分辨率以及光学方法的时间分辨率，而超快电镜恰恰就提供了这样一种工具，因此有着广泛的应用，并把以前诸多不可能的研究变成可能。

2.6.1 四维电镜的应用

微机电系统(micro-electro-mechanical system, MEMS)属于微米纳米尺度的极端小型化的机械元件，近年来在微传感器、微电机等方面有着广泛的应用。以纳米尺度的悬臂为例，其已用于蛋白质、DNA、细菌等的探测和操控，而直接观察纳米尺度的悬臂的运动对于理解其物理机制，并提升其操控时的灵活性、灵敏度以及位置准确度有着较为重要的意义。随着悬臂尺寸的缩小，其振动频率会提高，要观察其本征的运动状态则需要超高的空间分辨率和超高的时间分辨率，而四维电镜就提供了这样的可能。

图 2-35(a)所示为在氮化硅薄膜基底上利用聚焦离子束的方法制备的由钛和镍构成的纳米竖琴，每个悬臂的长度为 1.2～9.1 μm，宽度为 300～600 nm。通过测量纳米竖琴的悬臂在激光照射下不同时刻的位置，并把位置随时间变化的结果记录下来，便可获得纳米悬臂随时间的振动结果，如图 2-35(b)所示。对该结果进行傅里叶分析，可得到如图 2-35(c)的结果，从图中可见，h5 悬臂对应的振动频率(主频率约为 2.7 MHz)比 h1 悬臂的振动频率(主频率约为 1.07 MHz)高，这与预期的结果一致，因为臂长越短对应的本征振动频率越高，就像吉他的弦一样，形成驻波的节点距离越短频率越高。此外，除了这些主频率外，h1 和 h5 还分别有 5.75 MHz 和 10.3 MHz 的高频峰。通过旋转纳米竖琴的角度使其与电子的飞行方向垂直，则此时的测量结果只对面内振动敏感(沿垂直于竖琴方向的振动并不导致成像结果发生明显改变)，其振动谱如图 2-35(c)右上角的小图所示；通过对比不难发现，这些高频峰主要是由纳米悬臂的面内振动造成的。

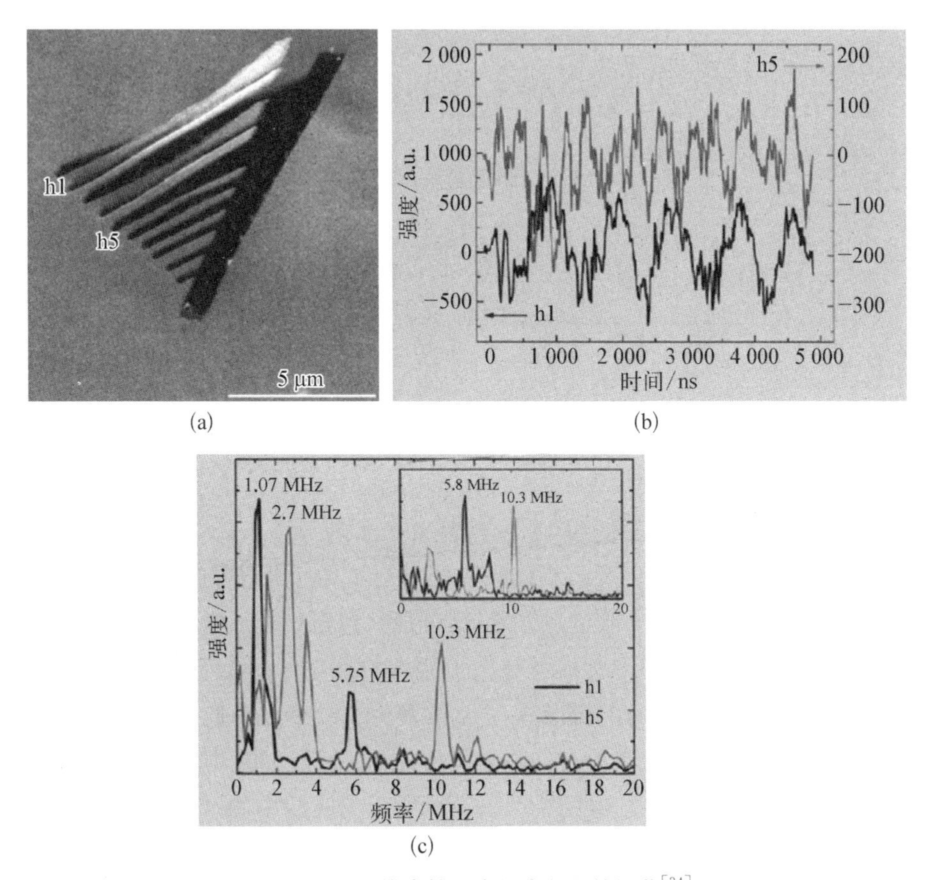

图 2－35　四维电镜研究纳米竖琴的振荡[34]

(a) 纳米竖琴；(b) 纳米悬臂位置变化；(c) 傅里叶变换结果

传统电镜的成像功能主要使用与样品发生弹性散射部分的电子，这些电子能量并不改变；电镜中的另一个功能，即电子能量损失谱(electron energy loss spectroscopy, EELS)，也常常用来研究材料中价电子以及内层电子的激发。结合泵浦-探测技术，四维电镜的时间分辨 EELS 可以用于测量纳米元件附近的电场分布及其随时间的演化。我们知道在自由空间，电磁波无法与自由电子发生有效的能量交换，因为无法同时满足能量和动量守恒。当引入第三体后，此能量交换成为可能。比如图 2－36 所示为激光和电子同时经过碳纳米管后测量得到的电子能谱分布，其中 $t=-2$ ps 代表电子比激光早 2 ps 到达碳纳米管，此时获得的能谱分布主要包含一个主峰，代表电子束能散。仔细观察图中的黑线，可以发现，在 6 eV 和 25 eV 处还有两个较小的峰，分别对应碳纳米管的 π 和 $\pi+\sigma$ 等离子体峰。

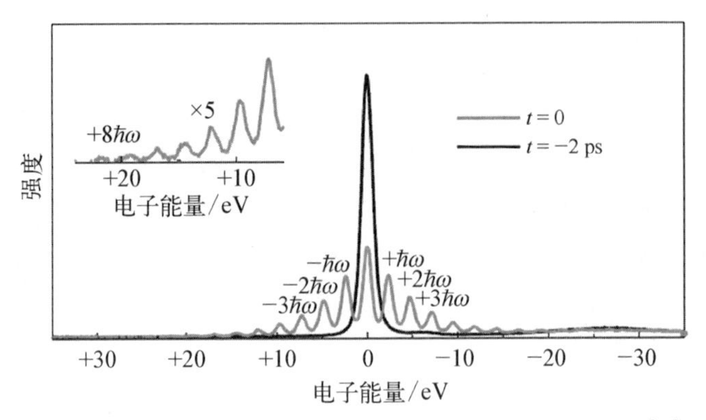

图 2-36　电子与激光在碳纳米管附近作用后的能量分布[35]

有趣的是，当电子和激光同时到达碳纳米管时($t=0$)，电子的能量呈现多个峰的分布，且每个峰的能量均等于激光光子能量(2.4 eV，激光波长为519 nm)的整数倍，即电子要么整体吸收了一个或数个光子的能量，要么整体失去了一个或数个光子的能量，其中最高可观察到8个光子能量的损失。

对于此结果，人们自然想搞清楚电子能量的改变究竟是因为什么，以及到达探测器的电子中究竟哪些部分电子能量发生了改变。为此，结合EELS配备的能谱仪，可以选择能量改变的电子进行成像，这样就能知道能量改变的电子在碳纳米管处的分布情况。图2-37(a)所示为实验中的碳纳米管分布，其长度约为7 μm，直径约为150 nm，图中标尺代表500 nm。图2-37(b)和(c)为电子束与激光在不同延时时测量的电子分布；由于只有能量改变范围在2.4～9.6 eV的电子才能通过能谱分析器，故只有与激光发生相互作用能量改变的电子才能到达探测器。

对于打在碳纳米管并穿过碳纳米管的电子，由于弹性散射并不改变电子能量，因此这些电子无法穿过能谱分析器，故在测量屏上碳纳米管的区域没有电子。而在碳纳米管附近，激光电场在碳纳米管表面的场增强效应增加了电子与激光的作用效率，因此可看到较多的电子分布。该分布偏离碳纳米管表面后迅速衰减，同时在激光与电子时间刚好重合时获得的电子密度最高。在图2-37(b)和(c)中激光的电场方向均垂直于碳纳米管方向，当激光偏振方向改为平行于碳纳米管方向时，由于此时碳纳米管的长度大于激光波长，因此在碳纳米管表面产生的近场分布会呈现不同的模式，因此可观察到亮暗交替的调制，如图2-37(d)所示。利用超快电镜结合能谱分析技术测量样品表面附近电场分布的技术称为光子激发近场电镜技术(photon-induced near-field

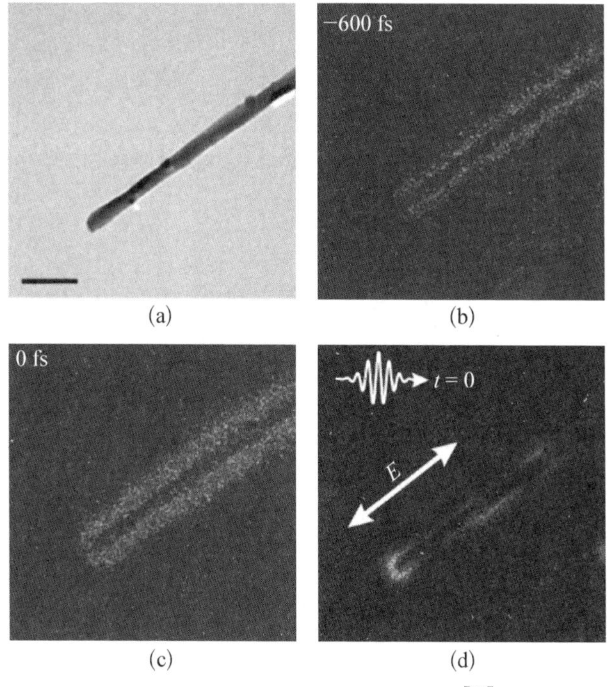

图 2－37　光子激发近场电镜技术[35]

(a) 碳纳米管亮场成像；(b) 电子比激光早到时的电子分布；(c) 电子与激光同时到达时的电子分布；(d) 激光偏振方向平行于碳纳米管时的电子分布

electron microscopy，PINEM)。此外，除测量纳米尺度的电场分布外，这个技术也已作为标准技术用于测量超快电镜里电子束的脉宽分布以及时间分辨率。

图 2－37 中纳米线在激光照射下表面附近的近场分布是相对简单的情形，近期利用 PINEM 技术也测量了两个纳米球之间的场分布，并呈现出尺度远小于波长或近场区域的零电场通道现象[36]。图 2－38(a)所示为两个直径约为 50 nm 的纳米球边缘到边缘距离为 250 nm 时的 PINEM 结果，从图中可看到与图 2－37 中纳米线类似的结果：从纳米球中间穿过的电子无法与激光有效地交换能量，故经过能谱仪选择能量改变的电子成像后几乎没有电子分布；而主要的电子分布位于纳米球附近，该分布存在的区域为 50～100 nm，代表近场存在的区域。

当纳米球的边缘到边缘距离减小到 32 nm 时，电子的分布并不是两个纳米球各自分布(强度)的简单相加，而是在球中间形成了一个类似于“纠缠通

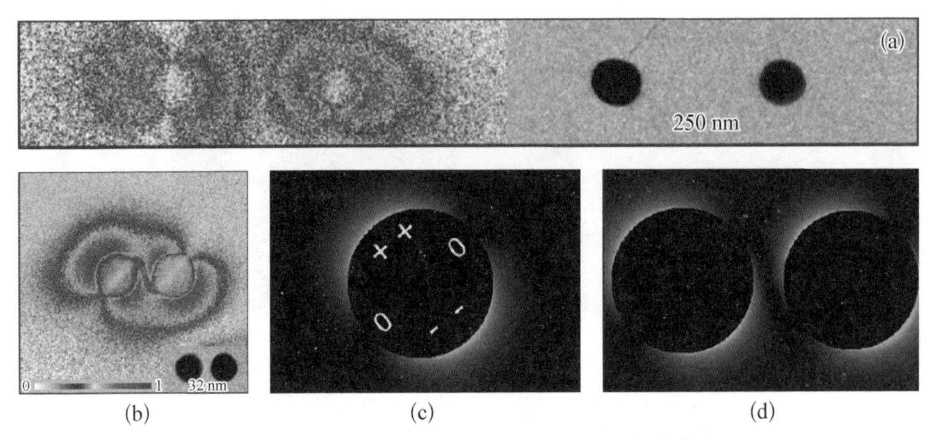

图 2-38 纳米球光子激发近场电镜成像[36]

(a) 间隔 250 nm 的像;(b) 间隔 32 nm 的像;(c) 近场的电场分布与表面的电荷分布;(d) 零电场通道

道"的区域,该通道宽度约为 6 nm,远小于激光波长和纳米球表面近场存在的区域的空间尺度,如图 2-38(b)所示。注意到 PINEM 只选择能量改变了的电子成像,因此中间的"纠缠通道"实际代表的是电场为零的区域。由于电场具有叠加性,因此可通过两个纳米球近场的线性叠加来理解该零通道区域。如图 2-38(c)所示,当激光的偏振方向沿左上-右下的方向时,纳米球表面的电子在激光场作用下会重新分布,因此局部会出现电荷分离的现象,并进而在纳米球附近产生近场的分布。当两个纳米球距离较近时,理论分析表明,在球的中间近似沿激光偏振方向确实可产生一个电场接近于零的通道,如图 2-38(d)所示,并且该通道的宽度远小于激光波长和近场存在的区域,与实验结果较好地吻合。因此可以说,PINEM 技术将四维电镜的应用从表征原子分布拓展到表征原子尺度的电场分布,代表着人类对微观世界探测能力的进步。

PINEM 技术证明了一个重要的机制,即引入第三体后,激光可以与电子有效地交换能量,而电子能量改变后也会改变其速度,进一步传输一段距离后则可以改变其纵向位置,因此 PINEM 提供了对电子能量和时间分布进行操控的可能[37]。如图 2-39(a)所示,调制激光与电子在金属网格上发生相互作用,基于 PINEM 机制,电子能量会发生阶跃性的改变,即激光会在电子束纵向相空间中产生能量调制。进一步经过一个 1.5 mm 的漂移节后,能量调制会转化为密度调制,此时的电子束分布会包含阿秒脉冲串,类似于自由电子激光中产生高次谐波的密度调制[38]。

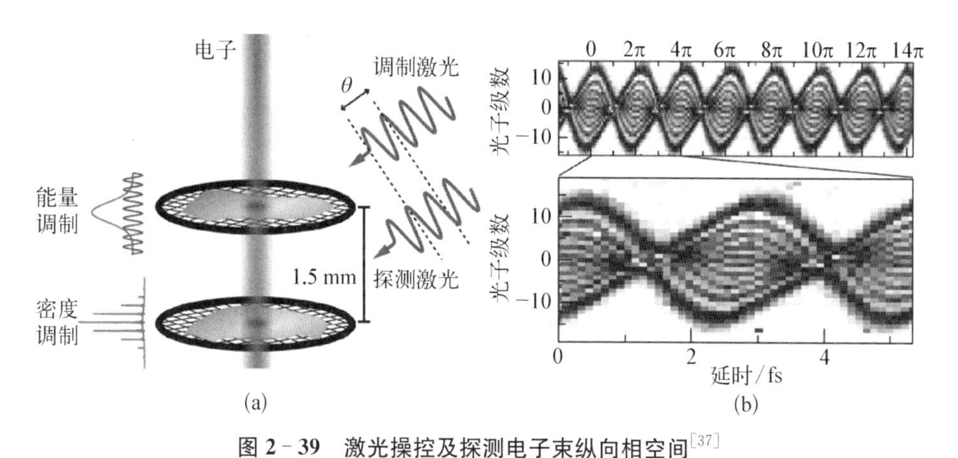

图 2－39　激光操控及探测电子束纵向相空间[37]

(a) 激光操控示意图；(b) 电子束纵向相空间分布

与自由电子激光中相对论电子束在磁铁波荡器中被激光调制产生的能量改变不同，此处电子的能量改变是离散的，因此纵向相空间中会出现分离的能带，与回声型自由电子激光的机制类似[39-40]。进一步经过一段漂移节后，初始不同纵向位置的电子由于速度的改变导致的飞行时间改变可以出现在相同的纵向位置，进而形成密度调制。由于初始的能量调制存在多个值(为光子能量的整数倍)，因此只有满足特殊能量调制的电子可以实现有效群聚，最终形成间隔为激光波长的阿秒脉冲串，该分布可利用第二路探测激光进行测量，如图 2－39(b)所示。对相对论电子束来说，此类密度调制一般只能通过测量自由电子激光的频谱的方法进行间接研究，而四维电镜则可以对此类过程的机制和动力学演化进行直接测量，这也显示了四维电镜的广泛应用。

2.6.2　动态电镜的应用

对于可逆过程，四维电镜是进行相关研究最佳的工具，因为其提供了飞秒的时间分辨率和亚纳米的空间分辨率。对于不可逆过程，则难以通过数百万次平均的泵浦-探测方法进行研究，动态电镜便是为了这些过程专门研发的超快电镜。由于得到一幅信噪比足够高的像所需的电子个数在 10^6 以上，而如此多的电子很难利用飞秒或皮秒激光在电镜中产生，因此动态电镜采用约 10 ns 的激光脉冲产生纳秒量级的电子束进行单发成像。劳伦斯利弗莫尔国家实验室的动态电镜改装自 200 keV 商业电镜，受限于空间电荷力导致的电子束亮度和密度的下降，动态电镜单发成像时空分辨率在 10 ns 和 10 nm 量级。

然而即便具备单发成像能力，研究不可逆过程时仍然面临一些挑战。比如要研究完整的不可逆过程就需要测量不同时刻的分布，而不可逆过程在每次激光激发时都会破坏样品，因此一个样品只能得到一个特定时间延时的分布。尽管对某些实验可以通过大量的样品来获得不同时刻的分布，并把这些分布结合起来，但这会引入系统误差，同时很多过程本身不可重复，也就无法将多个样品的结果结合起来分析。为此，劳伦斯利弗莫尔国家实验室发展了电影模式的动态电镜。如图 2 - 40(a)所示，首先将单路激光变为多路激光，这样产生电子束脉冲串；进一步利用偏转极板对电子束进行偏转，将不同时刻的电子偏转到探测器的不同区域，这样可以实现对样品进行单次泵浦-多次探测。

图 2 - 40(b)为利用电影模式动态电镜观察 GeTe 在激光加热下结晶的过程，浅灰色区域为晶体，深灰色区域为非晶。GeTe 和 GeSeTe 等相变材料可用于信息的存储，通过在晶体与非晶两种状态间切换，其电阻和反射率会发生较大改变，分别代表信息存储时的 0 和 1。对相变存储材料而言，一般利用激光将其从晶体变为非晶是较快的过程，而决定存储切换时间的往往是从非晶到晶体的转变，因为晶体成核过程一般较慢。分幅模式动态电镜使得直接实时观察激光触发的结晶过程成为可能。在该研究中，激光脉冲串用于产生脉宽约为 17.5 ns 的电子束脉冲串，电子束的间隔可在几十纳秒到几百纳秒间调

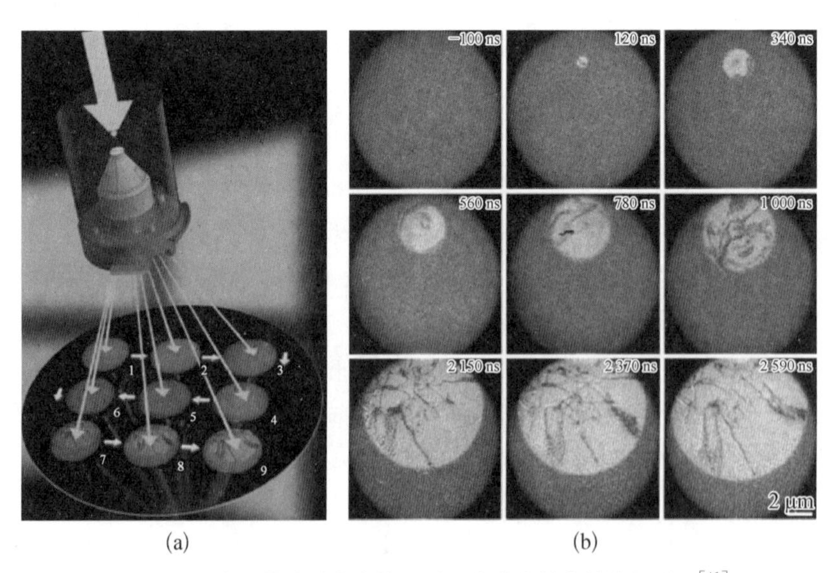

图 2 - 40　电影模式动态电镜实时观察激光触发的结晶过程[41]

(a) 原理示意图；(b) 结晶过程

节。利用约 10 ns 的激光照射在 GeTe 非晶材料上后，同时用 9 个电子束脉冲串可观察激光照射后 3 μm 内晶体成核生长的过程。从图 2-40(b)可以看到，激光照射后大约 100 ns 后形成了第一个晶体区域，随后该区域逐步增加。通过测量晶体区域的边界随时间的变化，可以确定晶体在最初的几百纳秒时间内生长速率大约为 3 m/s，并且随着时间的增加，生长速率在降低。

电影模式动态电镜定量测量了 GeTe 接近熔化温度时的生长速率，揭示了其微观结构的转变。这些实验为更好地理解 GeTe 等其他相变材料的晶体生长提供了新的信息，而对晶体生长过程中基本物理的理解也将有助于改进新型存储材料的设计。

参考文献

[1] Mourou G, Williamson S. Picosecond electron diffraction[J]. Applied Physics Letters, 1982, 41(1): 44-45.

[2] Williamson S, Mourou G, Li J. Time-resolved laser-induced phase transformation in aluminum[J]. Physical Review Letters, 1984, 52(26): 2364-2367.

[3] Rousse A, Rischel C, Gauthier J. Femtosecond X-ray crystallography[J]. Reviews of Modern Physics, 2001, 73(1): 17-31.

[4] Waldecker L, Vasileiadis T, Ernstorfer R, et al. Coherent and incoherent structural dynamics in laser-excited antimony[J]. Physical Review B, 2017, 95(5): 054302.

[5] Siwick B, Dwyer J, Jordan R, et al. Ultrafast electron optics: Propagation dynamics of femtosecond electron packets[J]. Journal of Applied Physics, 2002, 92(3): 1643.

[6] Ernstorfer R, Harb M, Hebeisen C, et al. The formation of warm dense matter: experimental evidence for electronic bond hardening in gold[J]. Science, 2009, 323(5917): 1033-1037.

[7] Aidelsburger M, Kirchner F, Krausz F, et al. Single-electron pulses for ultrafast diffraction[J]. Proceedings of the National Academy of Sciences of the United States of America, 2010, 107(46): 19714-19719.

[8] Gliserin A, Walbran M, Krausz F, et al. Sub-phonon-period compression of electron pulses for atomic diffraction[J]. Nature Communications, 2015, 6: 8723.

[9] Gao M, Jiang Y, Kassier G, et al. Single shot time stamping of ultrabright radio frequency compressed electron pulses[J]. Applied Physics Letters, 2013, 103: 033503.

[10] Oudheusden T, Pasmans P, Van der Geer S, et al. Compression of subrelativistic space-charge-dominated electron bunches for single-shot femtosecond electron diffraction[J]. Physical Review Letters, 2010, 105: 264801.

[11] Kealhofer C, Schneider W, Ehberger D, et al. All-optical control and metrology of

electron pulses[J]. Science, 2016, 352(6284): 429 - 433.

[12] Hebeisen C, Sciaini G, Harb M, et al. Grating enhanced ponderomotive scattering for visualization and full characterization of femtosecond electron pulses[J]. Optics Express, 2008, 16(5): 3334 - 3341.

[13] Hada M, Pichugin K, Sciaini G. Ultrafast structural dynamics with table top femtosecond hard X-ray and electron diffraction setups[J]. European Physical Journal Special Topics, 2013, 222: 1093 - 1123.

[14] Park H, Wang X, Nie X, et al. Direct and real-time probing of both coherent and thermal lattice motions[J]. Solid State Communications, 2005, 136(9): 559 - 563.

[15] Siwick B, Dwyer J, Jordan R, et al. An atomic-level view of melting using femtosecond electron diffraction[J]. Science, 2003, 302(5649): 1382 - 1385.

[16] Lou H, Wang X, Cao Q, et al. Negative expansions of interatomic distances in metallic melts[J]. Proceedings of the National Academy of Sciences of the United States of America, 2013, 110(25): 10068 - 10072.

[17] Recoules V, Clerouin J, Zerah G, et al. Effect of intense laser irradiation on the lattice stability of semiconductors and metals[J]. Physical Review Letters, 2006, 96(5): 055503.

[18] Lindenberg A, Larsson J, Sokolowski-Tinten K, et al. Atomic-scale visualization of inertial dynamics[J]. Science, 2005, 308(5720): 392 - 395.

[19] Harb M, Ernstorfer R, Hebeisen C, et al. Electronically driven structure changes of si captured by femtosecond electron diffraction[J]. Physical Review Letters, 2008, 100(15): 155504.

[20] Zijlstra E, Walkenhorst J, Garcia M. Anharmonic noninertial lattice dynamics during ultrafast nonthermal melting of InSb[J]. Physical Review Letters, 2008, 101(13): 135701.

[21] Zier T, Zijlstra E, Kalitsov A, et al. Signatures of nonthermal melting[J]. Structural Dynamics, 2015, 2(5): 054101.

[22] Baum P, Yang D, Zewail A. 4D visualization of transitional structures in phase transformations by electron diffraction[J]. Science, 2007, 318(5851): 788 - 792.

[23] Morrison V, Chatelain R, Tiwari K, et al. A photoinduced metal-like phase of monoclinic VO_2 revealed by ultrafast electron diffraction[J]. Science, 2014, 346(6208): 445 - 448.

[24] Wall S, Yang S, Vidas L, et al. Ultrafast disordering of vanadium dimers in photoexcited VO_2[J]. Science, 2018, 362(6414): 572 - 576.

[25] Ihee H, Lobastov V Gomez U, et al. Direct imaging of transient molecular structures with ultrafast diffraction[J]. Science, 2001, 291(5503): 458 - 462.

[26] Kumar V. Understanding the focusing of charged particle beams in a solenoid magnetic field[J]. American Journal of Physics, 2009, 77(8): 737.

[27] Muller D. Structure and bonding at the atomic scale by scanning transmission electron microscopy[J]. Nature Materials, 2009, 8: 263.

[28] Plemmons D, Suri P, Flannigan D. Probing structural and electronic dynamics with ultrafast electron microscopy[J]. Chemistry of Materials, 2015, 27(9): 3178 - 3192.
[29] Bostanjoglo O, Elschner R, Mao Z, et al. Nanosecond electron microscopes[J]. Ultramicroscopy, 2000, 81: 141 - 147.
[30] Domer H, Bostanjoglo O. High-speed transmission electron microscope[J]. Review of Scientific Instruments, 2003, 74(10): 4369 - 4372.
[31] Lobastov V, Srinivasan R, Zewail A. Four-dimensional ultrafast electron microscopy[J]. Proceedings of the National Academy of Sciences of the United States of America, 2005, 102(20): 7069 - 7073.
[32] LaGrange T, Armstrong M, Boyden K, et al. Single-shot dynamic transmission electron microscopy[J]. Applied Physics Letters, 2006, 89: 044105.
[33] Feist A, Bach N, Rubiano N, et al. Ultrafast transmission electron microscopy using a laser-driven field emitter: Femtosecond resolution with a high coherence electron beam[J]. Ultramicroscopy, 2017, 176: 63 - 73.
[34] Baskin J, Park H, Zewail A. Nanomusical systems visualized and controlled in 4D electron microscopy[J]. Nano Letters, 2011, 11(5): 2183 - 2191.
[35] Barwick B, Flannigan D, Zewail A. Photon-induced near-field electron microscopy [J]. Nature, 2009, 462: 902 - 906.
[36] Yurtsever A, Baskin J, Zewail A. Entangled nanoparticles: discovery by visualization in 4D electron microscopy[J]. Nano Letters, 2012, 12(9): 5027 - 5032.
[37] Priebe K, Rathje C, Yalunin S, et al. Attosecond electron pulse trains and quantum state reconstruction in ultrafast transmission electron microscopy [J]. Nature Photonics, 2017, 11(12): 793 - 797.
[38] Hemsing E, Stupakov G, Xiang D, et al. Beam by design: Laser manipulation of electrons in modern accelerators[J]. Review of Modern Physics, 2014, 86(3): 897 - 941.
[39] Stupakov G. Using the beam-echo effect for generation of short-wavelength radiation [J]. Physical Review Letters, 2009, 102(7): 074801.
[40] Xiang D, Stupakov G. Echo-enabled harmonic generation free electron laser[J]. Physical Review Special Topics-Accelerators and Beams, 2009, 12: 030702.
[41] Santala M, Reed B, Raoux S, et al. Irreversible reactions studied with nanosecond transmission electron microscopy movies: Laser crystallization of phase change materials[J]. Applied Physics Letters, 2013, 102(17): 174105.

第3章 兆伏特电子产生及测量

千伏特超快电子衍射与超快电子透镜的时空分辨率主要受限于空间电荷力。为了降低空间电荷力的影响，人们采用了降低脉冲内电子的个数、缩短电子源与样品的距离等方法；另一个有效降低空间电荷力的方法是提高电子能量。运动的电子会产生电流，电流会产生磁场，而磁场力会在很大程度上抵消电场力；电子的速度越接近光速，则磁场力与电场力抵消得越多，空间电荷力越弱。对于速度为0.99倍光速的电子，其动能约为3 MeV，可以方便地利用光阴极微波电子枪产生。光阴极微波电子枪通过调节梯度，可方便地产生2～5 MeV动能的电子，是目前兆伏特电子产生的最主要模式，也是各大自由电子激光装置电子源的首选方案。尽管高的加速梯度和兆伏特的能量有效降低了空间电荷力，但是电子在阴极附近的空间电荷力以及传输过程中的空间电荷力仍然会导致电子束脉宽在100 fs量级；为了获得更短的电子束，一般需要利用脉宽压缩技术。此外，超短电子束的测量也非常重要，从一定程度上可以说，我们能产生多短的电子取决于我们能测量到多短的电子；如果无法测量，也就难以确定用于产生这样的电子的各个元件的参数。

3.1 光阴极微波电子枪

电子枪一般指产生较低能量(一般小于几个兆电子伏特)的电子束的装置。常用的电子枪的阴极发射机理有热发射、光发射和场致发射，后续加速电场类型有直流高压、微波场和脉冲高压等。使用热发射的电子枪统称热阴极电子枪，根据后续加速电场类型又可以细分为热阴极直流高压电子枪和热阴极微波电子枪。使用光发射的电子枪统称为光阴极电子枪，根据后续加速电场类型，光阴极电子枪又可分为光阴极直流高压电子枪、光阴极脉冲高压电子枪和光阴极微波(常温及超导)电子枪。

历史上用于产生短电子束脉冲的电子枪有热阴极直流高压电子枪、热阴极微波电子枪、光阴极直流高压电子枪、光阴极微波电子枪等。对于热阴极电子枪,虽然有一定的手段(如次谐波聚束系统、α 磁铁压缩等)来提高电子束的亮度,但是与光阴极电子枪比起来,能得到的电子束的亮度仍有数量级的差距。此外,只有依赖激光产生的电子束才与激光有着严格的同步关系,更便于应用到泵浦-探测实验中。由于这些优点,目前的自由电子激光和兆伏特超快电子衍射几乎全都采用光阴极微波电子枪。

光阴极微波电子枪依靠光电效应产生能量为电子伏特量级的电子,并利用微波场将电子束加速到兆伏特能量,其系统包括激光器(一般包括锁模振荡器、再生放大器或者其他放大器)、微波腔(一般为 $n+1/2$ 耦合腔链)、微波系统(包括主振、固态微波放大器和速调管)、同步系统(包括快响应光电二极管、鉴相器等)、螺线管磁铁等。激光器产生百飞秒到几十皮秒脉宽的激光束,经过倍频后,照射在光阴极上;如果激光光子能量大于光阴极的逸出功,那么部分被光子激发后的电子将能够从光阴极表面逃逸出来成为自由电子。合理选择激光照射在光阴极上的时刻,则电子发射出来时刚好感受到半腔中加速相位的微波场,这样电子能够在微波场中得到加速;由于半腔和整腔中的微波场是反相的,电子运动到整腔中感受到的也是加速相位,电子在微波电子枪中处于持续加速状态。光阴极微波电子枪中,光电发射最大的发射电流密度仅受限于由微波场强决定的空间电荷限制电流发射密度。对于 100 MV/m 的微波场强和 10 ps 的发射时间,由空间电荷力限制的发射电流密度可以达到 10 kA/cm^2,因为光阴极微波电子枪适合发射百安培甚至千安培的窄脉冲电子束,在自由电子激光和兆伏特超快电子衍射中有着不可替代的作用。

由于光阴极微波电子枪的高电流发射密度,电子束在阴极表面由于密度较高具有很强的空间电荷效应,因此需要很高的加速梯度将其从阴极表面迅速加速至相对论能量以降低空间电荷力的影响,否则纵向的空间电荷力会降低甚至阻止尾部电流的发射,使得电子束在纵向分布上会相对激光分布形成扭曲,且横向的空间电荷力会使得电子束尺寸迅速增长,破坏横向发射度,这些都会造成电子束亮度不可逆转的降低。工作在 S 波段(2 856 MHz)的微波电子枪具有很高的加速梯度(约为 100 MV/m),且足够大的束流孔径便于激光的导入和抑制电子束尾场,成为目前光阴极电子枪的主流选项。

美国布鲁克海文国家实验室(BNL)自20世纪80年代中期开始发展S波段常温光阴极微波电子枪，先后发展了4代光阴极微波电子枪。第一代光阴极微波电子枪采用1.5个单元(cell)的驻波结构，工作在加速效率最高的π模。阴极材料镀在一个可替换的插头上，阴极接头与半腔端面利用扼流结构形成电边界。微波功率利用波导的TE_{01}模式分别对半腔和整腔直接进行馈入，抑制了0模的激发。第二代光阴极微波电子枪由BNL与Grumman公司合作发展，目标是一把高占空比(1%，2 μs，5 kHz)的电子枪，采用3.6 cell驻波结构，增加了水冷以带走约100 kW的平均热功率，腔体材料采用了机械强度更高的GlidCop-25(一种铜和氧化铝的合金)以解决热应力和形变等问题，并在其表面电镀铜以增强导电性。此外，对首腔的长度也重新进行了设计，由2.6 cm延长至3.5 cm，形成了著名的0.6 cell首腔设计，不仅增强了首腔内的微波聚焦力，从而减小了枪出口电子束的散角，还使得电子束的最优发射相位往0°靠近，从而使得首腔内的束长压缩得以增大一倍。第三代光阴极微波电子枪由BNL、UCLA和SLAC合作，目标是发展能够满足类似LCLS硬X射线波段自由电子激光要求的电子源(1 nC电荷量和1 mm·mrad归一化发射度)。更低的发射度对抑制非轴对称微波场和提高阴极表面梯度提出了更高的要求，电子枪基于第一代枪型进行了许多改进，采用了1.6 cell驻波结构。为了降低加速场的非轴对称性，电子枪去除了半腔功率耦合孔，同时对腔内所有孔洞结构进行了对称化设计，大大减小了类TM_{110}模式对发射度的破坏。由于波导只对整枪进行功率耦合，不能抑制0模的激发，因此采用增大腔间束流孔耦合度，扩大π模与0模的频率间隔的方法来抑制0模。第一代电子枪的阴极接头与半腔端面的密封采用了扼流结构，虽然解决了阴极面电流隔断的问题，但阴极接头处的高场强会造成高功率下的打火，进而影响阴极表面梯度的进一步提高。为此，第三代电子枪将阴极接口从高场强、低电流区域移到了低场强、高电流区域，即从半腔端面中央移到了腔壁处，利用Helicoflex密封圈进行电密封和真空密封，从而大大提高了阴极面加速梯度(>100 MV/m)。为了提高第三代电子枪的重复频率，BNL与日本的KEK合作发展了能够工作在50 Hz的电子枪，阴极和腔体内增加了水冷结构以带走约1 kW的热功率。

为了满足世界首台硬X光波段自由电子激光装置的需求，SLAC对BNL型1.6 cell的电子枪重新进行了微波和热处理改进，进一步抑制了破坏发射度

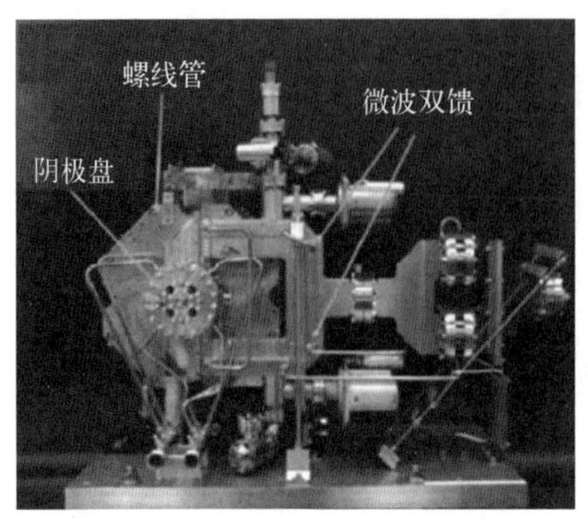

图 3-1　LCLS 型光阴极微波电子枪

的 0 模和多极场，降低了耦合孔处的脉冲发热温升，制造了能够稳定工作在 120 Hz 的高梯度 LCLS 电子枪，如图 3-1 所示，驱动了世界上第一台硬 X 射线自由电子激光装置，并实现了在 0.15 nm 波长饱和出光。该电子枪的改进主要包括扩大 π 模与 0 模的频率间隔以进一步抑制 0 模在 π 模频率下的激发及对发射度的影响；双馈加跑道形的功率耦合腔设计以抑制多极场，尤其是四极场；减小微波脉冲长度，过耦合设计缩短微波建场时间，以及改变耦合孔的取向和圆角设计来降低局部的表面电流等，成功将耦合孔处的脉冲发热温升降低到 50℃以下；为了降低打火的可能性，去除了插入式的频率调谐杆和阴极 Helicoflex 垫圈。LCLS 型光阴极微波电子枪是目前国际上性能最好的通用型 S 波段电子枪。

3.1.1　光阴极微波电子枪发射度理论

光阴极微波电子枪最早由美国洛斯阿拉莫斯国家实验室于 1985 年研制成功。此后三十年间，光阴极微波电子枪在理论上和技术上都得到了很大的发展，理论与技术的发展相互促进。理论上，Kim 首先发展了解析的理论[1]，明确了电子束横向发射度的各个贡献因素，其中主要贡献的是三项：电子的初始热发射度、由于空间电荷力导致的发射度增长以及由于微波场导致的发射度增长。该理论解析了光阴极微波电子枪中电子的横向和纵向动力学，给出了电子束的能量、能散、微波聚焦效应形成的纵向发射度、线性微波效应形成的横向发射度、空间电荷效应形成的横向和纵向发射度等的近似解析解，指出减小电子束尺寸可以降低微波效应发射度，减小电子束的纵横比可以减小空间电荷效应发射度。

热发射度代表光电子发射后由电子横向动量引起的电子束离开阴极时就已经具有的初始发射度。热发射度与发射时电子束的横向均方根尺寸成正比，与初始光电子的横向动量均方根成正比。对于金属阴极，一般可以用三步模型来描述光电子的发射过程，即电子首先吸收光子的能量跃迁至新的能级；随后电子获得额外的动能，按照这个能量从被光子激发的位置漂移至阴极表面；最终动能超过某个阈值的电子可克服表面势垒出射到真空中。进一步假设发射的电子各向同性，则电子的初始热发射度正比于初始光电子动能的平方根。

基于此，可通过匹配激光的光子能量与材料的功函数，降低光电子的动能来降低电子束热发射度[2]。如图 3-2(a)所示，瑞士 PSI 的研究人员利用光参量放大器提供的波长可调谐紫外激光测量了铜、钼、铌等金属阴极的热发射度，结果显示通过增加激光的波长（降低光子能量）可降低光电子动能进而降低金属阴极的热发射度，与理论预期一致。

值得指出的是，按照三步模型，降低光电子动能后阴极的量子效率也会显著降低，且量子效率正比于光电子动能的四次方，因此如果热发射度降低至原来的 1/2，则量子效率会降低至原来的 1/16，对产生 nC 级电荷量造成困难。此外，也不能无限制地降低光电子动能，当光子能量与功函数相比拟时，光电子的动能受温度限制，一般室温时对应的光电子动能约为 25 meV；到一定程度后继续降低光子能量，光电子的热发射度也不会降低。LBNL 对此温度效应限制的热发射度进行了研究，如图 3-2(b)所示，当电子的溢出动能小于 25 meV 时，电子的热发射度曲线变得平坦；室温限制了光电子热发射度的下限，大约为 0.2 mm · mrad/mm(rms①)。近期通过降低阴极的温度降低热发射度，以及利用特殊量子材料等发射的各向异性的电子降低热发射度的新方

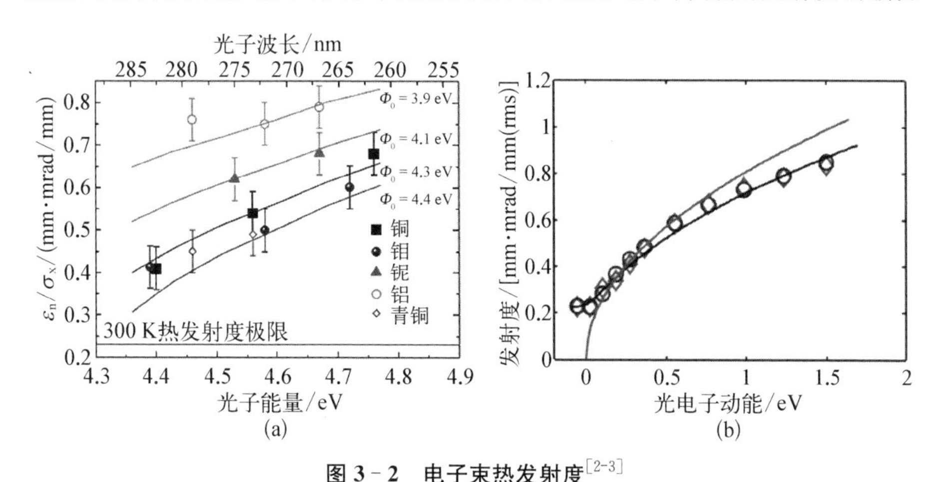

图 3-2　电子束热发射度[2-3]

(a) 光子能量的影响；(b) 光电子动能的影响

① rms 指 root mean square，均方根。

法也逐步发展起来，这类方法具备进一步大幅降低热发射度的潜力，不过仍需要实验证明其在 100 MV/m 梯度微波场中的稳定性和寿命。

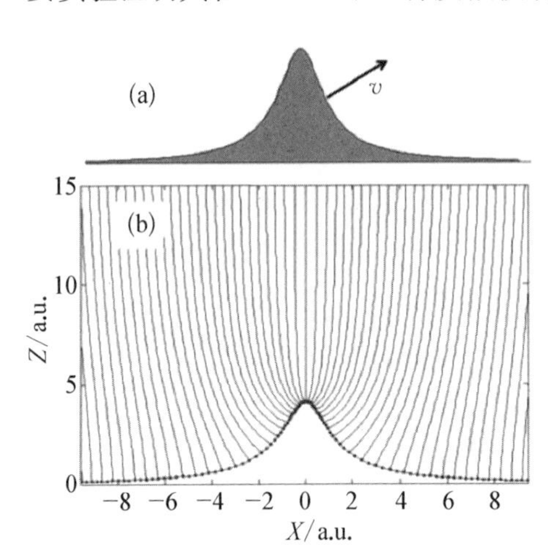

图 3-3　表面粗糙度增加电子束热发射度

(a) 改变光电子的发射角；(b) 引入横向电场

此外，表面粗糙度会使得距离阴极表面纳米到微米量级的区域内存在横向杂散电场(见图 3-3)，此杂散电场将导致电子横向动量的增加并最终增加电子束的发射度，一般这部分发射度的贡献也归入热发射度中。受表面粗糙度的影响，光阴极枪阴极表面的电场强度并非越高越好，一般认为超过数百 MV/m 后纳米尺度的发射度的贡献会占较大的比例。

电子枪中不同微波相位的电子束切片感受到的线性轴对称横向射频场的散焦作用不相等，该效应导致不同切片的电子束相空间旋转速度不一样，会引起发射度增长，一般称为射频发射度(RF emittance)。射频相位效应导致电子束具有“扇子形(fans like)”相空间，Kim 理论给出了电子束在电子枪中运动的射频发射度的表达式。此外，射频发射度的贡献也来自微波场的偶极子分量和四极子分量；为降低此项贡献，LCLS 电子枪采用双馈的方式降低了偶极子分量对发射度的影响，同时通过将枪型变为跑道形降低了四极子分量的贡献，因此成为目前 S 波段光阴极微波电子枪最主流的枪型。

空间电荷力导致的发射度增长主要来自库仑场的非线性，因为线性的空间电荷力类似于散焦螺线管磁铁，只会造成相空间的旋转，而不会造成发射度的显著增加。由于光电效应的响应时间非常快，电子从吸收光子到逃逸到真空中的时间在 10 fs 以下，因此最初的光电子分布主要取决于激光分布。通过对激光整形，可以产生不同分布的电子，进而通过控制空间电荷力的非线性降低空间电荷力导致的电子束发射度增长。比如，图 3-4(a)为模拟得到的初始不同分布电子的相空间，最常规的高斯分布的电子相空间非线性最重，相空间面积最大，对应发射度最大；均匀分布电子的相空间和发射度次之；椭球分布的电子相空间线性度最好，对应的发射度也最小[4]。

对于三维椭球分布的电子，最直接的方法是将激光整形为三维椭球[5]。另外一种方法利用初始非常短且横截面具备一个明锐边缘的激光产生超短电子束，并利用空间电荷力的膨胀效应，电子会自动演化为准三维椭球分布，如图 3-4(b)所示[6]。该方法不需要对激光分布进行复杂的整形，不过受限于阴极的镜像电荷影响，该方法仅能产生电荷量较低的椭球电子。

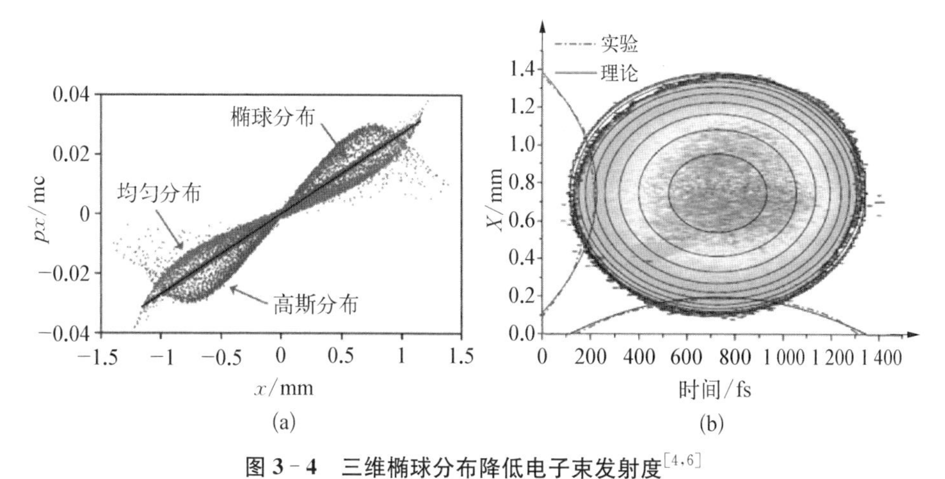

图 3-4　三维椭球分布降低电子束发射度[4,6]

(a) 相空间;(b) 利用空间电荷力自扩张获得的椭球分布

3.1.2　面向自由电子激光的光阴极微波电子枪

光阴极微波电子枪最早是为提高自由电子激光装置中电子束的亮度而研制的。在 20 世纪 90 年代，学术界广泛认为驱动 X 光波段的自由电子激光首先需要由光阴极微波电子枪产生 1 nC 电荷量、10 ps 脉宽和 1 mm · mrad 归一化发射度的电子，再利用磁压缩器在高能量时将脉宽压缩至数十分之一，最终获得峰值流强在 kA 的高亮度电子束用于在磁铁波荡器中产生超短超强 X 光；因此最早的光阴极微波电子枪均是为 1 nC 电荷量和 10 ps 脉宽的电子优化。

由于高电荷量的电子束横向尺寸较大，且脉宽较长，因此存在较大的空间电荷力导致的发射度增长及射频发射度增长。为此，面向自由电子激光的光阴极微波电子枪的主要优化目的是提高加速梯度，让电子用尽量短的时间加速到相对论能量；同时优化微波场的分布，尽量降低射频发射度的增加；此外，也需要尽量提高电子束在电子枪出口的能量，以进一步降低发射度的增长。

以这方面最成功的 LCLS 电子枪为例，首先通过增加 0 模和 π 模的间隔(从传统 BNL 型电子枪的 3.4 MHz 增加为 15 MHz)，降低了 0 模场对发射度增长的影响。通过对称双馈的方法，消除了二极场的影响[见图 3-5(a)]。通过将传统的圆形腔体变为跑道形腔体，即两个半圆分别往两边拉，中间存在一个较短的直线区域，抑制了四极场分量的影响[见图 3-5(b)]。同时采用优化的耦合器设计等实现了较高的梯度和较高的重复频率(可稳定运行在 120 Hz，可承受的平均热功率约为 2 kW)。根据模拟结果，首腔最佳的长度为 0.6 cell，电子束产生之初的最佳微波相位为 30°，在此相位产生的电子在电子枪出口能散和发射度最低，同时在电子枪出口获得最高的动能。通过降低能散，也降低了螺线管磁铁的色差(即不同能量电子束获得不同强度的聚焦效果)对电子束发射度的影响。

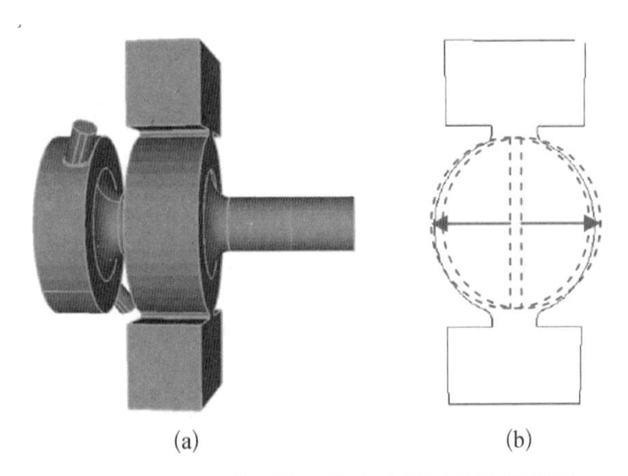

图 3-5 LCLS 电子枪双馈和跑道形腔体示意图

(a) 对称双馈型腔体模型；(b) 跑道形腔体示意图

在后续的模拟和调试中发现电子束发射度对电子枪螺线管磁铁的四极场分量较为敏感，故 LCLS 项目后来在螺线管磁铁中增加了四极场校正线圈，通过调节该线圈的强度，将四极场分量对发射度的增长大幅降低[见图 3-6(a)]。最终在优化驱动激光纵向和横向分布、优化电子束不同切片的匹配等大量调试工作后，LCLS 获得了 1 nC 电荷量和 1 mm·mrad 归一化发射度的指标[7][见图 3-6(b)]。该电子枪对 LCSL 成功在 0.15 nm 波段饱和出光起到了不可或缺的作用。

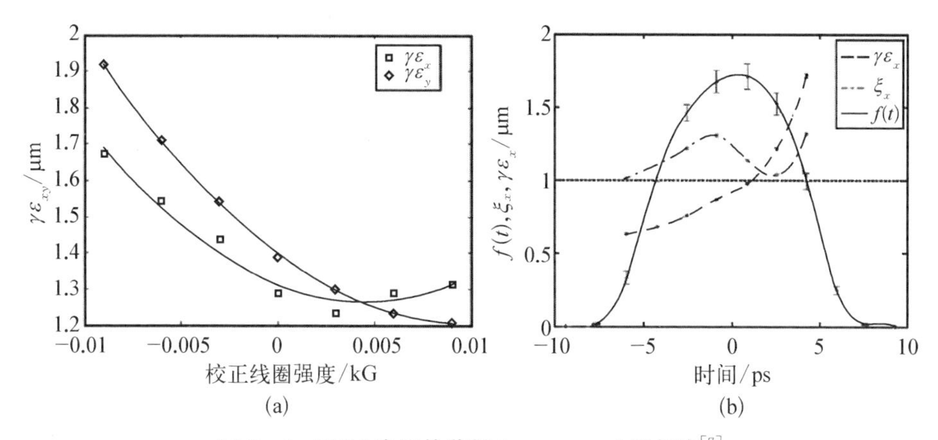

图 3-6　LCLS 电子枪获得 1 mm·mrad 发射度[7]

(a) 四极场分量影响；(b) 切片发射度和匹配因子

3.1.3　面向超快电子衍射的光阴极微波电子枪

值得指出的是，后续的研究表明，自由电子激光的性能与电子束亮度密切相关，而电子束亮度可认为正比于电子束峰值电流，反比于电子束发射度，因此高的电荷量并不意味着电子束亮度就自动变高。进一步的研究表明，适当降低电子束电荷量反而有利于提高电子束亮度，增加自由电子激光的峰值功率。基于此，LCLS 后来采用 250 pC 的电荷量作为运行的基本模式，后续的自由电子激光装置也基本放弃了 1 nC 的高电荷量模式，纷纷采用 200 pC 左右的中等电荷量模式。事实上进一步降低电荷量至 20 pC 可继续提高电子束亮度[8]，进而使得自由电子激光的输出获得更高的峰值功率；然而随着脉宽的缩短，20 pC 模式下总的 X 光子数目仍然会低于 250 pC 的情况，故对光子通量占主要作用的实验，LCLS 一般运行在 250 pC 模式，而对于需要极高的峰值功率或者极短的 X 光脉冲的实验，则运行在 20 pC 的低电荷量模式。

兆伏特超快电子衍射对光阴极微波电子枪的需求与自由电子激光迥异。首先，兆伏特超快电子衍射所需的电荷量一般在 1 pC 以下，比自由电子激光的电荷量低 2～3 个数量级；较小的横向和纵向电子束束斑使得电子枪里射频发射度的贡献可忽略。其次，低电荷量也使得空间电荷力导致的发射度增长较小，电子束发射度主要受热发射度限制。再次，由于兆伏特超快电子衍射的电子束在电子枪出口直接用于研究样品的动力学过程，并不像自由电子激光装置存在数百米的传输和色散段(传输过程中暗电流会由于横截面更大更容易损失，同时也可在色散段增加准直孔等有效降低暗电流），因此超快电子衍射的电子枪要求暗电流足够低，尤其对气态样品等需要长时间积分的弱信号，暗电流本底会对超快电子衍射应用造成严重影响。最后，传统 1.6 cell 电子枪里电子在枪出口获得最高能量和最小飞行时间的相位并不重合，这会导致电子束运行在能散最小相位时的飞行时间依赖于初始的相位，则微波与激光同步的相位抖动会导致电子束到达时间抖动。因此，尽管自由电子激光后来运行在 250 pC 模式，并不要求对初始为 1 nC 电荷量设计的电子枪进行修改（电荷量是最初设计值的 1/4），兆伏特超快电子衍射特殊的需求和迥异的参数则要求对传统光阴极微波电子枪进行特殊的优化设计。

以上海交通大学专门为兆伏特超快电子衍射研制的 2.3 cell 光阴极微波电子枪为例，其采用 0.4：0.9：1 的构型，即首腔长度为 0.4 cell，中间腔长度为 0.9 cell，最末端为 1.0 cell。此新构型电子枪与传统 1.6 cell 光阴极微波电子枪的场分布如图 3－7 所示。

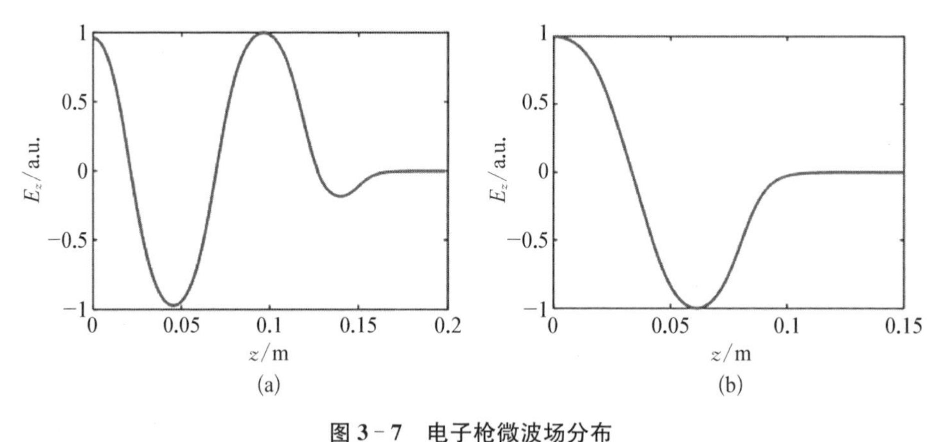

图 3－7　电子枪微波场分布

（a）2.3 cell 新构型电子枪；（b）1.6 cell 传统电子枪

首先，通过增加加速距离（从约 10 cm 增加到约 15 cm），降低了产生兆伏特电子所需的微波场梯度，进而大幅降低暗电流（暗电流的强度与电场梯度呈指数关系）。其次，通过此特殊构型，在电子枪出口获得最高电子能量和最低飞行时间的相位均调谐约为 63°（见图 3－8）。

对于此特殊优化的电子枪，运行在该最佳相位时其性能类似于直流枪，即微波相位的抖动不引入能量和时间抖动。而传统 1.6 个单元的电子枪则在梯度降低后在电子枪出口获得最大动能的相位减小至约 15°，同时最短飞行时间

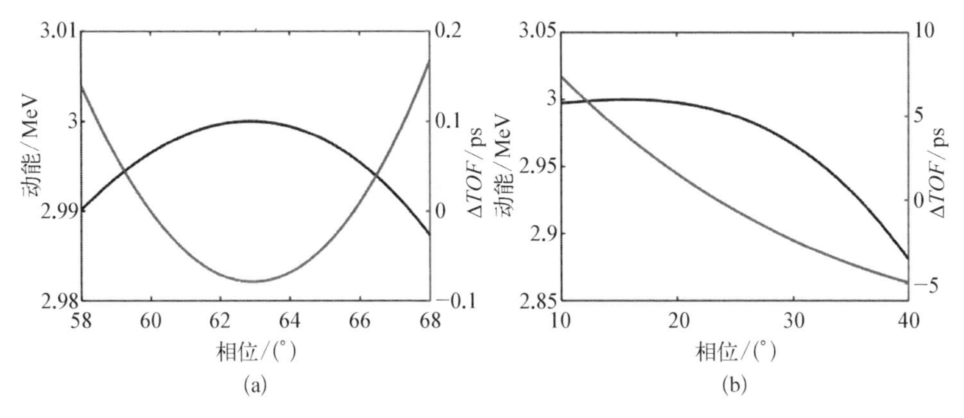

图 3-8　电子枪出口电子束动能和飞行时间分布

(a) 2.3 cell 新构型电子枪；(b) 1.6 cell 传统电子枪

相位约为 50°；较大的相位差别使得传统电子枪如果运行在能量最高的相位（微波相位抖动不影响电子束能量）则微波相位抖动会造成飞行时间的抖动，而如果运行在飞行时间最短的相位（微波相位抖动不影响电子束飞行时间）则微波相位抖动会造成电子束能量的抖动，进而影响螺线管磁铁对电子束的聚焦效果，最终影响衍射斑的品质。

这两个迥然不同的特点也会造成电子束飞行时间对微波幅值和相位抖动存在非常不同的依赖关系。对于新构型 2.3 cell 电子枪来说，当运行在能量最高相位时，由于飞行时间不依赖于相位抖动，故电子枪出口的飞行时间只与微波幅值有关[见图 3-9(a)]。图中模拟了 100 个电子，这些电子产生时微波的相位相对于参考相位可在−0.2°～0.2°范围内随机选择，同时微波的幅值也允许在−0.1%～0.1%范围内随机选择。从图 3-9(a)可见，对新构型 2.3 cell 电子枪，电子束飞行时间与电子束能量存在一一对应的线性依赖关系；或者说当运行在 63°相位时，电子枪具有确定的动量压缩因子，即图 3-9(a)中数据的斜率。对于 1.6 cell 电子枪，如图 3-9(b)所示，随机分布的 100 个电子选择能量最高相位时（同样的微波幅值和相位抖动），在电子枪出口的到达时间与电子能量的依赖关系不再是一条直线，而是分散在较大的区域；或者说当运行在能量最高相位时，电子枪并不具有确定的动量压缩因子。为理清相关物理，在图 3-9(b)中我们模拟了 10 个初始相位相同，但是微波幅值差别间隔为 0.02%的电子，其到达时间和能量的关系如图中黑色圆圈所示；可见对这些电子，其具有与 2.3 cell 中电子类似的依赖关系。图中灰色方框为初始幅值相同，但是相位差别间隔为 0.04°的电子飞行时间与能量的关系；由于运行在能量最高的相位，因此相位的差别并不造成电子束能量差别(灰色方框具有相同能量)，但是由于该相位并不对应于飞行时间最短的相位，因此飞行时间与相位具有强烈的依赖关系。最终导致电子的能量与飞行时间不具备确定的依赖关系，不利于获得更高的时间分辨率。

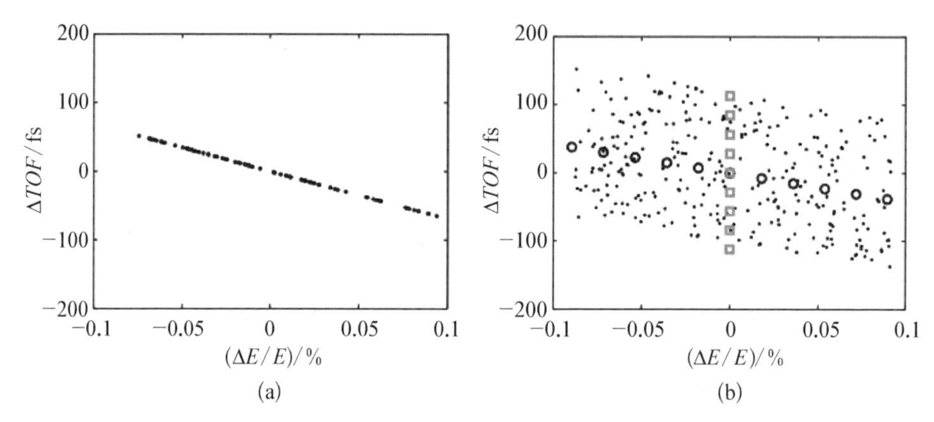

图 3-9　电子枪出口电子束动能与飞行时间分布模拟结果

(a) 2.3 cell 新构型电子枪；(b) 1.6 cell 传统电子枪

通过缩短首腔的长度，将最佳相位从 15°推高至 63°，则电子产生之初对应的电场强度获得了大幅提高，更有利于产生高品质电子。此外，更长的加速距离降低了梯度及电子枪的功率密度，电子枪更大的面积也使得可以增加更多的水冷系统(如上海交通大学 2.3 cell 电子枪采用 9 路水冷通道，传统 1.6 cell 电子枪仅有 3 路水冷通道)，便于该电子枪运行在更高的重复频率。

3.2　束团压缩技术

超短电子束在同步辐射、自由电子激光、激光尾场加速等领域都有重要的应用，在兆伏特超快电子衍射中也是获得高时间分辨率的关键。目前在多家基于光阴极微波电子枪的兆伏特超快电子衍射装置上都已经获得了 100～200 fs(rms)的时间分辨率；在这个时间分辨能力下，很多重要的原子尺度的瞬态变化都可以观察到，但是研究更多固体中的快过程以及在气体和液体中发生的时间尺度在 100 fs 以下的瞬态过程仍非常具有挑战性。兆伏特超快电子衍射相比 keV 量级的低能超快电子衍射的最大优点是光阴极微波电子枪将电子束加速到了接近光速，因此降低了电子束在传播的过程中空间电荷力对电子束横向尺寸以及纵向束长的影响。尽管如此，在阴极附近光电子刚开始产生时电子束的动能仍然接近于零，因此空间电荷力依然会对电子束的脉宽展宽有明显的作用。尤其在利用超快电子衍射研究不可逆过程的时候(即样品在每次激光泵浦下都会被破坏)，需要采集单发衍射斑。为了采集到信噪比足够的单发衍射斑，往往要求单个电子脉冲中包含 $10^6 \sim 10^7$ 个电子。这个电荷量下的电子脉冲在阴极附近以及加速完成出枪后的漂移过程中都会持续受到空间电荷力的影响而不断展宽：电子束在阴极附近时能量低，空间电荷力对头部的电子做正功使得其能量增加，而对尾部的电子做负功使得其能量减少，因此加速过程中电子束头部的速度逐渐高于尾部(称为正能量啁啾)，由于速度的差别会导致飞行时间的差别，则电子束头部与尾部的距离会逐渐拉开，对应于电子束的脉宽增加。此外，在正能量啁啾的情况下，电子束完成加速飞出电子枪后脉宽仍会逐渐增加。需要指出的是，通过增加电子枪的加速梯度以及优化电子枪的出射相位都可以在一定程度上进一步抑制空间电荷力的作用，但在上述较高的电荷量下效果都比较有限，空间电荷力都会占主导作用。总之，单纯依靠光阴极微波电子枪本身很难获得同时具有一定电荷量且束长短于 50 fs(rms)甚至短于 10 fs(rms)的电子束。因此在电子束脉宽被空间电荷力展宽后，重新将其压缩到百飞秒以下甚至十飞秒以下有着重要的意义，这也是进一步拓展兆伏特超快电子衍射应用范围的必然要求。

3.2.1 基于微波聚束腔的脉宽压缩

利用微波聚束腔对电子束进行束长压缩是最常见的压缩方法之一，其基本物理过程如图 3-10 所示，图中从左到右电子束的演化过程如下：(a) 在空间电荷力作用下自由展宽，此时电子束具有一定的正能量啁啾[电子束头部(黑色)能量高于尾部(灰色)]；(b) 电子束经过聚束腔实现能量啁啾反转，电子束沿聚束腔微波的零相位通过聚束腔，因此电子束中心能量不变，但是束团头部被减速，尾部被加速，因此电子束能量啁啾由正变负(电子束头部能量低于尾部)；(c) 具有负能量啁啾的电子束在直线节中自由漂移，在样品处刚好尾部高能电子束追上头部的低能电子束，实现完全压缩；(d) 完全压缩后，束团中高能电子束超越低能电子束，在进一步的漂移中电子束脉宽会重新增长，由完全压缩变为过压缩，不过由于泵浦-探测只发生在样品处，因此超过样品后的脉宽增加并不影响超快电子衍射的时间分辨率。

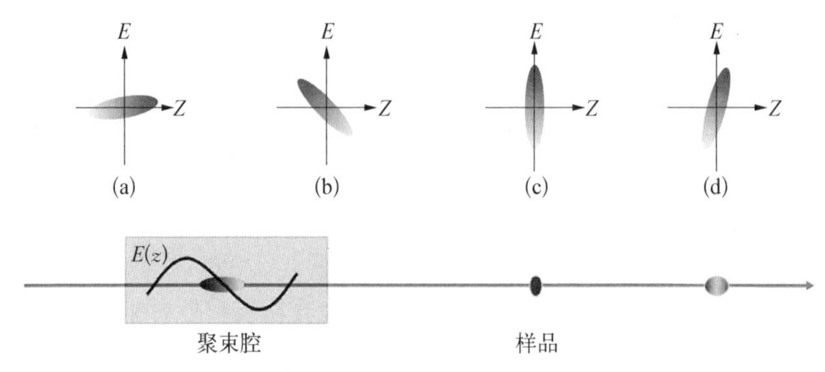

图 3-10　微波聚束腔束流压缩过程

电子束脉宽压缩过程的束流动力学可进行如下的分析：选取束团中任意两个距离为 Δd 的电子，设它们的平均速度和速度差归一化到光速后分别为 β 和 $\Delta\beta$，则在长度为 L 的自由漂移节之后这两个电子的间距变化量可以表示为

$$\Delta z = \int_0^L z' \mathrm{d}z = \int_0^L \frac{\Delta\beta}{\beta}\mathrm{d}z \tag{3-1}$$

式中，$\frac{\Delta\beta}{\beta}$ 可以展开为

$$\frac{\Delta\beta}{\beta} = \frac{1}{\beta}\frac{\partial\beta}{\partial\gamma}\Delta\gamma + \frac{1}{2\beta}\frac{\partial^2\beta}{\partial^2\gamma}\Delta\gamma^2 + \frac{1}{6\beta}\frac{\partial^3\beta}{\partial^3\gamma}\Delta\gamma^3 + \cdots \tag{3-2}$$

式中，γ 和 $\Delta\gamma$ 都以相对论下的洛伦兹因子为单位，代表电子的平均能量和能量差。在能量差为小量，且平均速度 β 接近 1 的情况下，则只考虑以上展开式的第一项，可以得到间距变化量与相对能量差的关系为

$$\Delta z = \frac{L}{\gamma^2}\frac{\Delta E}{E} \tag{3-3}$$

式(3-3)中 L/γ^2 在束流动力学中一般定义为 R_{56}，也称为动量压缩因子。从式(3-3)也可以得到在 L 的距离内完全压缩，也就是 $\Delta d = -\Delta z$ 对应的条件为

$$\frac{\Delta E}{\Delta d} = -\frac{\gamma^2}{L}E \tag{3-4}$$

从式(3-4)可以看到，在一定的压缩距离和一定的电子中心能量条件下，

等式的右边为一个常数，因此微波聚束腔为了使电子束完全压缩需要给电子束一个与实验参数相关的线性能量啁啾，并且与电子束中心能量呈平方关系。需要指出的是，上述推导没有考虑脉宽压缩过程中的空间电荷力，实际过程中为了得到优化的压缩效果，聚束腔需要给出的能量啁啾量要比理论值大一些，因为压缩过程中空间电荷力会对电子束头部加速、对电子束尾部减速，即空间电荷力会引入一定的正啁啾。此外，空间电荷力在压缩过程中由于会继续对电子束头部做正功、对尾部做负功，因此电子束在压缩过程中的能散会比刚离开聚束腔时小，该效应可用于在实验中确定电子束沿 0°相位还是 180°相位通过聚束腔。比如在没有偏转腔的条件下，电子束沿 0°相位和 180°相位通过聚束腔时电子束中心能量都不发生改变，但是由于空间电荷力会引入一定的正能量啁啾，因此电子束沿 0°压缩相位通过聚束腔时最终的能散会比沿 180°相位通过时小。

影响压缩后最短脉宽的因素主要有以下几个方面：① 压缩前电子束内部纵向位置与能量关系的非线性(非线性能散)；② 压缩前电子束的切片能散，也就是同一个纵向位置处电子能量分布；③ 压缩距离的大小和电子束能量，即压缩过程中的动量压缩因子，该因子需与聚束腔施加给电子束的能量啁啾匹配。电子束的非线性能散主要来自电子枪中微波的非线性，以及非线性的空间电荷力。在初始电子束足够短(忽略微波场的非线性)以及忽略电子束相空间的非线性后，完全压缩后电子束的最短压缩脉宽 σ_t 主要与电子束离开聚束腔后的切片能散 σ_E 和压缩距离有关，即

$$\sigma_t = \frac{L}{c\gamma^2}\frac{\sigma_E}{E} \tag{3-5}$$

也就是说，为了获得更短的脉宽，应该降低电子束的切片能散，并且缩短脉宽压缩的距离，这同时要求增加聚束腔的梯度以增大经过聚束腔后的负能量啁啾。

上海交通大学建设的兆伏特超快电子衍射装置包括 S 波段(2 856 MHz)的电子枪和 C 波段(5 712 MHz)的聚束腔，其中聚束腔距离样品大约 1.5 m。脉宽压缩实验中利用微波聚束腔压缩电子束的典型结果如图 3 - 11 所示，其中，图(a)为不同聚束腔电压下测量的电子束时域分布，图(b)为对应的电子束纵向相空间分布。

图 3 - 11 中第一行为聚束腔关闭的情况，由于空间电荷力的影响，电子束头部能量高于尾部($t<0$ 代表电子束头部，$t>0$ 代表电子束尾部)，电子具有

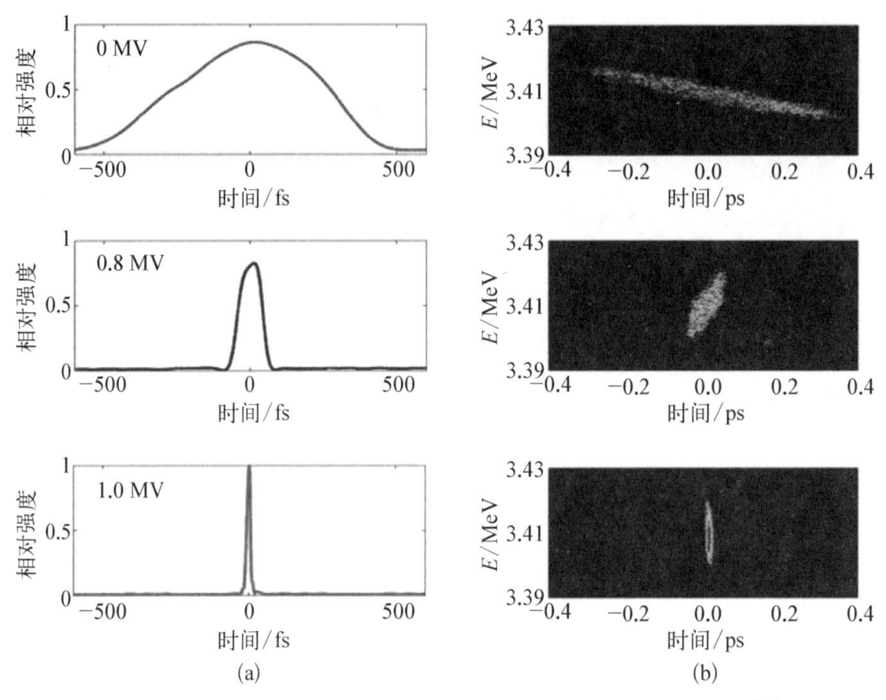

图 3-11　不同聚束腔电压下电子束时域分布和纵向相空间分布[9]

(a) 不同聚束腔电压下的电子束时域分布；(b) 电子束纵向相空间分布

正的能量啁啾，电子束脉宽约为 230 fs(rms)。第二行为聚束腔电压约为 0.8 MV 的情况，由于聚束腔的作用，电子束头部能量低于尾部，电子具有负的能量啁啾，电子束脉宽被压缩至约 30 fs(rms)；此时的聚束腔电压低于最佳压缩时的值，相应的电子束处于欠压缩的状态。第三行为聚束腔电压约为 1.0 MV 的情况，聚束腔在电子束相空间中产生幅度合适的负的能量啁啾，在测量点电子束尾部恰好追上电子束头部，实现完整压缩，此时电子束脉宽被压缩至约 6 fs(rms)，这也是目前同能区所获得的最短电子束[9]。

3.2.2　基于尾场的脉宽压缩

除微波聚束腔外，也可以利用其他形式的时变电场对电子束纵向相空间进行操控以产生负的能量啁啾用于脉宽压缩，原则上只要该电场能与电子束交换能量使得电子束尾部能量比头部能量高，则均可以在直线节中对电子束进行脉宽压缩。发展微波聚束腔的替代方案主要来自两方面的需求。首先，微波聚束腔一般需要单独的微波系统，包括调制器、速调管、微波低电平系统等，规模和造价较高。其次，微波聚束腔压缩脉宽的过程中会由于微波的相位抖动造成电子束的飞行时间抖动，这对于运行在积分模式下的超快电子衍射非常不利，甚至可能起不到提高超快电子衍射时间分辨率的目的。

微波聚束腔压缩电子束过程中引入时间抖动的来源是微波的相位抖动。如图 3-12 所示，理想情况下电子束应该沿微波的零相位通过聚束腔（状态B），这样微波场不改变电子束中心能量（即电子束平均飞行时间保持恒定），而只是改变头部和尾部的电子束能量，使得其与束团中心一起同时到达样品。然而由于微波相位的抖动，电子束团中心可能感受到加速（状态 C）或者减速（状态 A）相位，进而导致电子束中心能量的改变，并且电子的平均速度也会进一步发生改变，最终导致电子束到达样品的时间不一样（加速相位会早到，减速相位则会晚到）。

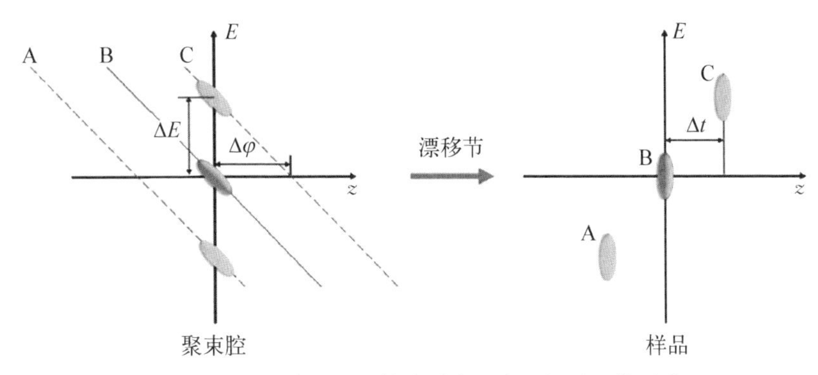

图 3-12　聚束腔相位抖动对电子束飞行时间的影响

理论分析表明，在忽略空间电荷力的条件下，微波的相位抖动与压缩后的电子束到达时间抖动具有相同的数值；而在考虑空间电荷力的条件下，由于需要更强的微波场，最终电子束的时间抖动甚至会大于微波场的相位抖动。微波相位抖动的来源主要包含两项，一项来自激光与微波的同步精度，一般在数十飞秒；另一项来自微波放大过程中引入的相位抖动。一般来自晶振源的微波功率在毫瓦量级，经过高性能的固态放大器放大至数百瓦后一般引入的相位抖动也在 10 飞秒左右；此后微波在速调管中进一步放大至兆瓦后微波的相位抖动会增加至 100 飞秒量级。速调管的工作原理可以简化为三个过程：能量调制—密度调制—输出功率。首先，低能量电子束与固态放大器输出的微波在谐振腔中相互作用，低能电子束获得周期为微波波长的能量调制。然后，电子被高压调制器产生的百千伏量级的高压加速，同时在漂移过程中形成群聚。最后，间隔为微波周期的密度调制电子束在谐振腔中释放微波能量，类似于自由电子激光中的相干辐射。此过程中的相位抖动主要来自电子束聚束飞行的时间，而该时间取决于高压调制器的高压值。受限于目前的高压调制器技术，一般高压的幅值抖动在 0.001%～0.05%范围内，因此尽管激光和微波的同步精度可以做到 10 fs 量级，经过速调管放大后，聚束腔中的微波相位抖动一般在 100 fs 量级，最终导致压缩后的电子束存在较大的时间抖动。

通过上面的讨论，不难发现，压缩过程中时间抖动来自电子与产生能量啁啾的微波场无法精确同步，故存在相位抖动。相比于这类主动式的聚束腔，利用电子束产生的尾场来操控电子束的被动式的方法，则由于尾场由电子束产生，不存在相位抖动的问题，可在对电子束脉宽压缩的同时不引入额外的时间抖动。然而需要指出的是，电子束自身产生的尾场无法用于在漂移节中对自身进行压缩，这是由于能量守恒要求单电子的尾场格林函数一定是类似余弦的分布(即单电子的尾场只能对该电子减速，不能加速)，而电子束的尾场可以通过电子束的分布与单电子的尾场格林函数卷积获得，其卷积的结果在近程(如图 3-13 中黑色区域)一定是减速场，且强度随距离增加，也就是说头部电子产生的尾场一定是对自己和后面的电子进行减速，且对后面的电子减速更多。作为对比，在图 3-13 中灰色区域，即在电子束后面时，尾场的斜率出现反号；尽管尾场仍然对该区域的电子减速，但是由于尾场在靠近头部的地方更强，则对头部的减速更大，最终灰色区域的电子会获得负的能量啁啾，因此可在进一步经过一段漂移节后获得压缩。如果利用一个电子束(驱动电子束)产生尾场，同时在尾场的特定区域(图 3-13 中灰色区域或之后间距为尾场波长的区域)增加一个待压缩电子束，则该待压缩电子束可被尾场操控获得负能量啁啾，进而获得脉宽压缩。此外，如果驱动电子束和待压缩电子束产生自同一束激光，则二者具有严格的同步关系，驱动电子束产生的尾场与待压缩电子束之间不存在相位抖动，即实现了在压缩过程中不引入额外的时间抖动。

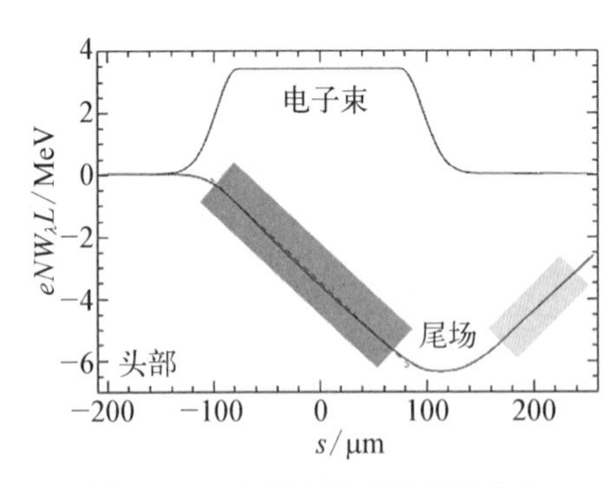

图 3-13　电子束产生的尾场分布

为产生尾场，一般采用金属皱褶结构或介质管结构。以介质管为例，其基本结构如图 3-14 所示，由金属层、介质层和空心通道组成。假设介质层的内

外半径分别为 a 和 b，介质层的相对介电常数为 ε，电子以速度 v 从介质管空心通道中心飞过，由于介质层的存在，当电子的速度足够快，满足 $v/c > \varepsilon^{-\frac{1}{2}}$ 时，会产生切伦科夫辐射。由于所产生的辐射场群速度小于电子的飞行速度，因此辐射主要在电子的尾部，故称为尾场。

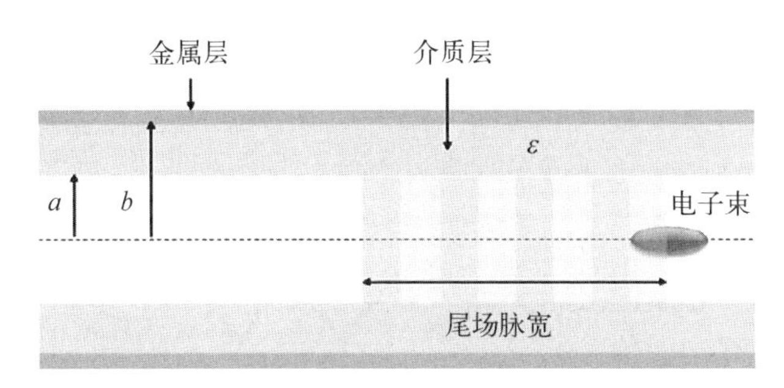

图 3－14　典型的用于产生尾场的介质管结构

尾场的周期、强度、相速度和群速度与介质层的厚度、金属层的厚度、介质层的介电常数以及电子束的具体分布有关，最终产生的尾场的脉冲宽度则还与介质管的长度有关。以 $a=0.8$ mm，$b=0.98$ mm，以及相对介电常数为 3.8，长度为 5 cm 的介质管为例，利用 CST 软件模拟得到的单电子尾场时域和频域分布如图 3－15 所示。从图中可见，单电子的尾场包含了基频为 0.6 THz 的尾场辐射并存在数个不同中心频率的高阶模式，因而尾场的形式并不是简单的正弦交变信号；尾场总体呈现余弦函数的特征，强度最大的模式为 0.6 THz 的基模。

对于一个电子束团的尾场，可通过电子脉冲分布与单电子的尾场卷积获

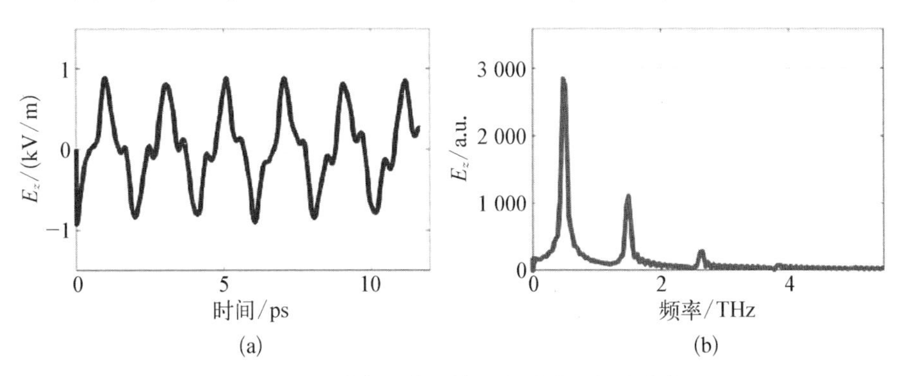

图 3－15　单电子产生的尾场时域及频域分布

(a) 时域；(b) 频域

得。很显然，电子束团尾场的强度与束团的电荷量以及时域分布有关，一般来说，电子脉冲中的电子数目越多则尾场越强，同时脉冲内更多的电子也会因为空间电荷力的影响使得脉冲展宽，最终高阶模式的尾场也会被卷积效应平均掉，从而可能产生更单频的正弦交变的尾场辐射，类似于微波聚束腔的电磁场分布，只不过波长更短、频率更高。比如，如图 3－16 所示，我们利用 GPT 软件模拟了初始电荷量分别为 0.1 pC 和 1.0 pC 的电子束在距离阴极约 1.0 m 处时的电荷纵向分布，并将该分布与图 3－15 中的单电子尾场格林函数卷积，得到了各自通过 5 cm 长介质管时所产生的尾场分布。

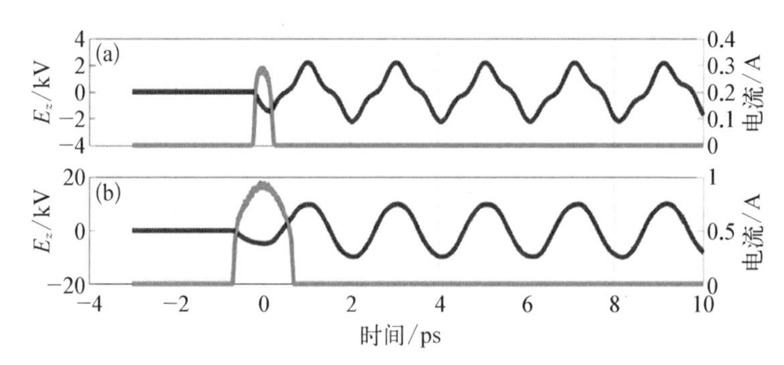

图 3－16　电流分布和相应的尾场分布

(a) 0.1 pC 驱动电子；(b) 1.0 pC 驱动电子

从图 3－16 中可见，当电荷量为 0.1 pC 时，空间电荷力较弱，因此电子束的脉宽维持得比较短；电子束电流分布包含较多的高频分量，因此在尾场中激发出了多个尾场模式。然而由于总电荷量低，尾场的幅值也较低，难以用于压缩电子束；同时尾场的梯度非线性较强，难以用于产生脉宽压缩所需的线性能量啁啾。当电荷量为 1.0 pC 时，空间电荷力会导致电子束脉宽增加，同时降低电流分布包含的高频分量，最终卷积的结果使得总的尾场分布呈现准单频的正弦波。同时，更高的电荷量也使得尾场的幅值更大，较为线性的能量梯度也有利于在电子束相空间中产生线性的能量啁啾，有望用来压缩兆伏特能量的电子束脉冲。

如前所述，为实现电子束的脉宽压缩，所需的能量啁啾应当与压缩所需的直线节动量压缩因子匹配；类似地便要求微波场积分梯度须定值。在图 3－11 中利用 1 MV 的 5 712 MHz 微波场实现了对电子束脉宽压缩；当微波场替换为 0.6 THz 的尾场后，由于频率增加 100 倍，故所需的尾场电压可降低 100 倍。由此可见，图 3－16(b)中的尾场幅值(约为 10 kV)可用于对 3 MeV 的电子束进行脉宽压缩，而这个方法也于近期得到了实验验证，如图 3 - 17 所示。在该实验中，首先利用激光在光阴极微波电子枪中产生两个电子束，其中在前面的是 1 pC 的驱动电子束，其作用是在介质管中产生尾场；在后面的是电荷量约为 10 fC 的待压缩电子束，其位于尾场的合适相位时可与尾场交换能量并在相空间中产生负的能量啁啾。

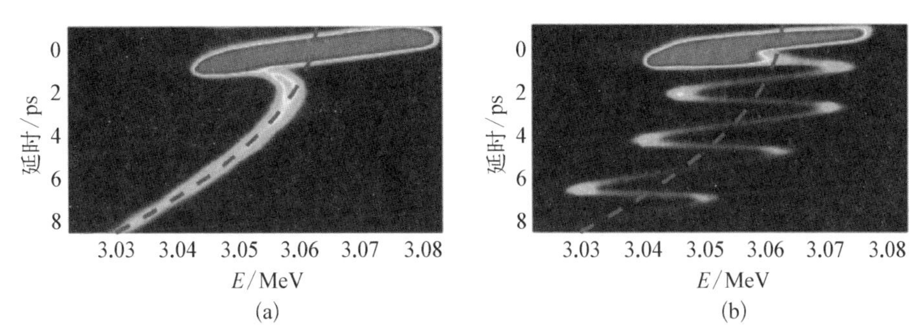

图 3 - 17　改变待压缩电子束延时去测量驱动电子束的尾场[10]

(a) 无介质管；(b) 有介质管

图 3 - 17(a)所示为没有介质管时，改变待压缩电子束和驱动电子束(图中浅灰色区域)的时间延时测量得到的二者的时间与能量的关系图，图中虚线为微波场的分布。从图 3 - 17(a)中可见，改变待压缩电子束延时时其基本按照微波场的幅值改变能量，在待压缩电子束很靠近驱动电子束时由于库仑排斥力的影响，其能量会进一步降低，因此偏离虚线。图 3 - 17(b)所示为驱动电子束和待压缩电子束均从介质管通过的情况，由于待压缩电子束的能量改变正比于尾场的幅值，因此测量到的振荡的能量分布就对应于尾场的不同周期的分布；此时取决于待压缩电子束相对于驱动电子束的延时，待压缩电子束既可被尾场加速，也可被尾场减速，还可以位于零相位用于产生负的能量啁啾。

当待压缩电子束位于合适的相位时，通过改变驱动电子束的电荷量可以较为方便地控制尾场幅值进而控制在待压缩电子束纵向相空间中产生的能量啁啾的大小，以实现对待压缩电子束的脉宽操控。图 3 - 18 所示为电子束的压缩结果，实验中将探测电子束放在尾场的零相位上，距离驱动电子束的头部约为 1.5 倍尾场周期。

图 3 - 18 所示为实验中连续改变驱动电子束的电荷量所测量到的待压缩电子束的纵向相空间分布。图 3 - 18(a)为没有驱动电子束的情形，此时待压缩电子束受自身的空间电荷力的作用，头部的能量略大于尾部的能量，因此呈

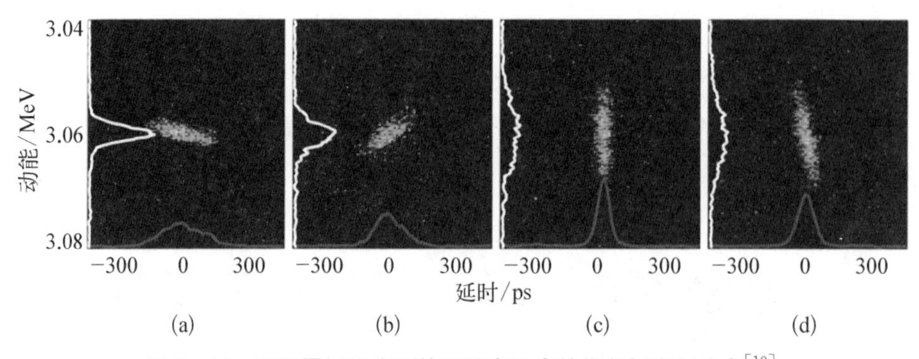

图 3-18　不同尾场强度下待压缩电子束的纵向相空间分布[10]

(a) 未压缩;(b) 欠压缩;(c) 完全压缩;(d) 过压缩

现正能量啁啾的相空间分布。当驱动电子束的电荷量逐渐增加至 0.6 pC 时，待压缩电子束获得负能量啁啾并且脉宽减小，如图 3-18(b)所示，由于此时相空间仍未旋转至完全垂直状态，故电子束处于欠压缩的状态。当驱动电子束的电荷量增加至 0.9 pC 的时候，可以在 3-18(c)中看到，电子束获得的能量啁啾正好使电子束在测量处脉宽最短，相空间处于垂直状态，电子束实现完全压缩。进一步增加电荷量至 1.3 pC 则会使得能量啁啾大于压缩需要的值，相空间旋转超过垂直状态，进而电子束脉宽增加，处于过压缩状态，如图 3-18(d)所示。

需要指出的是，在该实验里尾场的幅值仅为 10 keV，比图 3-11 中的微波聚束腔电压低了 2 个数量级。由于电子束与电磁波作用后产生的能量啁啾正比于能量改变量，反比于电磁波的波长，因此此处由于尾场的频率约为 0.6 THz，高于微波 2 个数量级，故利用 10 keV 的能量增益也可产生足够的负能量啁啾用于压缩电子束脉宽。在此实验中，电子束脉宽被压缩到了 10 fs 以下，此处仅利用 1 pC 的低电荷量电子和一段 5 cm 长的介质管便实现了原先需要较高规模和造价才能实现的微波聚束腔的功能。

另外，尾场压缩电子束还有一个优势就是待压缩电子束与驱动电子束具有严格的时间同步关系，因此待压缩电子束可精确地位于尾场的零相位，自身的中心能量不会改变，也就是压缩过程中不引入额外的时间抖动。这使得尾场压缩电子束不仅可用于提高超快电子衍射时间分辨率，也可用于等离子体尾场加速。等离子体加速可提供比微波加速高 3 个数量级的加速梯度，是最有可能大幅度减小加速器规模以及降低造价的先进加速方式。然而经过 40 多年的发展，等离子体加速所产生的电子束在能量稳定性和能散等方面与传统加速器仍有较大的差距，究其原因，主要是等离子体具有内在的不稳定性。

而如果将等离子体的加速与电子的产生分离开，特别是将具有稳定的电荷量和能量的电子束外注入等离子体中进行加速，则有望大幅提高等离子体加速所产生的电子束的能量稳定性并降低能散。为实现该目的，外注入的待加速电子束须满足两个苛刻的条件。如图 3－19 所示，第一，外注入的待加速电子束脉宽须远短于等离子体尾场的波长，即这些电子须感受到近似相同的相位，否则不同相位的电子感受到不同强度的尾场，最终也会获得不同的能量增益，造成电子束能散较大。第二，外注入的待加速电子束的注入时间须与产生尾场的驱动电子束严格同步，否则注入时间存在差别时（见图 3－19 中空心圆圈），待加速电子束将感受到不同的尾场，进而最终获得不同的能量，导致电子束能量抖动较大。

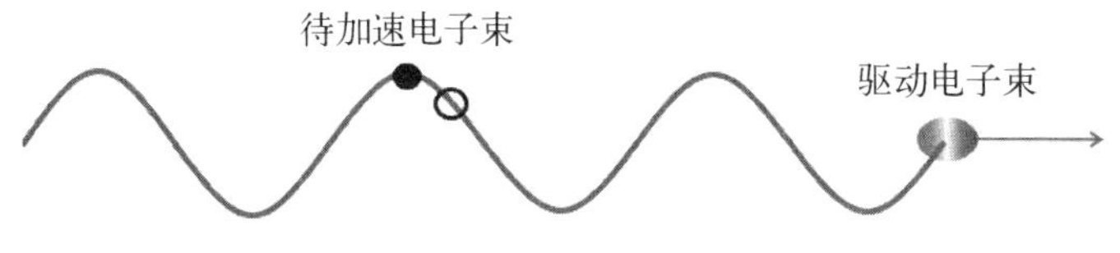

图 3－19　外注入模式等离子体加速

由于驱动电子束和外注入的待加速电子束一般来自不同的加速器，因此要满足上述两个苛刻条件仍然面临较大的挑战，这也限制了等离子体加速所产生的电子束的性能提升。基于介质管的尾场压缩则有望解决这个挑战：只要在等离子体加速前增加一段基于介质管的压缩系统，则可同时压缩待加速的外注入电子束的脉宽以及其与驱动电子束的时间抖动，使得压缩后的待加速电子束脉宽和时间抖动均远小于等离子体尾场波长，进而实现稳定的等离子体加速。

如图 3－20(a)所示，待加速的电子束与驱动电子束一起注入介质管中，假设此时待加速的电子刚好位于合适的延时，则其感受到零相位的介质管尾场，获得负的能量啁啾的同时其中心能量不变；进一步经过一个包含四个偏转磁铁的磁压缩器后，待加速电子束脉宽被压缩，同时合理选择介质管参数可使得待加速电子束与驱动电子束处于合适的延时；之后驱动电子束在等离子体中产生尾场用于加速待加速电子。此时待加速电子同时满足时间抖动和脉宽的要求，经过等离子体加速后可以获得较低的能散和较高的能量稳定性。

如图 3－20(b)所示，当外注入的电子束在注入时与驱动电子束存在时间误差时，外注入的电子束不再感受零相位的介质管尾场，因此其中心能量发生改变。此处假设电子的注入时间较晚一点，则外注入电子在获得负能量啁啾的同时会被介质管尾场加速，由于中心能量变高，因此其通过磁压缩器的时间

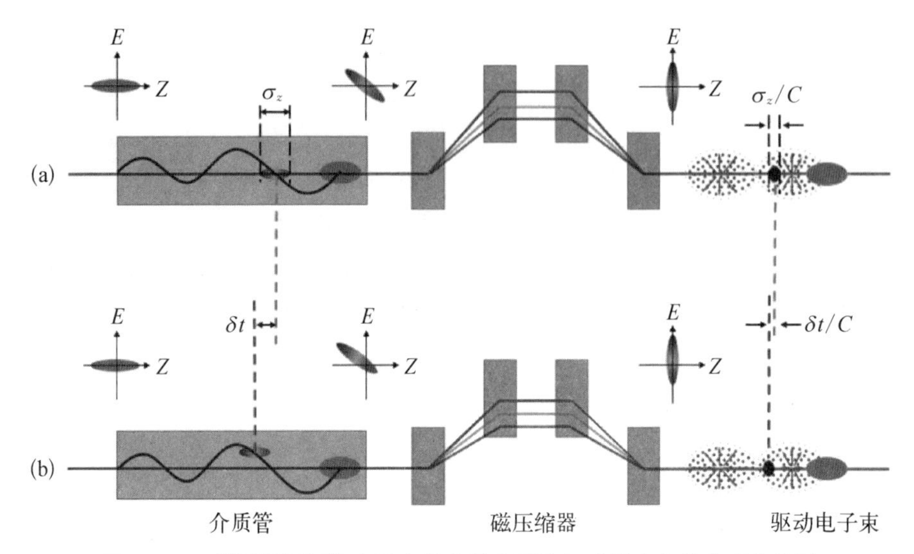

图 3-20　利用尾场压缩电子束提高等离子体加速所产生的电子束品质

(a) 无注入时间抖动；(b) 有注入时间抖动

变短，进而会往前追赶驱动电子束，最终的结果是其在脉宽压缩的同时，初始与驱动电子的时间延时误差也获得了同比例压缩，之后的等离子体加速仍会获得高的能量稳定性和低的能散。因此可以认为，增加介质管尾场压缩电子束以后，外注入电子的脉宽和注入时间误差只需要小于半个波长即可保证压缩后与驱动电子束严格同步，大幅降低了在外注入模式等离子体加速中获得高品质电子束的要求。

3.2.3　基于空间电荷力的脉宽压缩

根据库仑定律，电场力强度与电荷量成正比，与电荷之间距离的平方成反比。在兆伏特超快电子衍射和超快电子透镜中，一般单个电子束脉冲包含几万到几百万个电子，电子之间由于库仑相互作用而互相排斥。在电子脉冲内部，总的来说，库仑力加速头部的电子，减速尾部的电子，因此在飞行的过程中，电子束脉宽由于库仑排斥力而展宽，这最终限制了电子束的最短脉宽。

通常而言，展宽的电子束可以通过微波聚束腔压缩，也可以利用尾场压缩。正如前面提到的，任何一个随时间变化的电场，只要其能与电子束有效地交换能量并在电子束相空间中产生负的能量啁啾，均可以用于压缩电子束脉宽；事实上库仑排斥力在一定条件下也可以用于压缩电子束脉宽。

如图 3-21 所示，考虑两束驱动电子束(灰色阴影区域)，电荷量为

4.5 pC,束长为 2.4 ps(FWHM),其对应的不同纵向位置上的库仑电场纵向分量如图中实线所示。首先从图 3-21(a)可以看到,电子束内部的纵向库仑电场斜率与外部的相反。在电子束内部(灰色阴影区域),电场斜率为正,该电场使头部的电子加速,使尾部的电子减速;此时电子束形成了正能量啁啾分布,这也解释了电子束脉宽展宽效应。而电子束外部则是一个非线性的斜率为负的电场,其作用与内部电场相反,即如果在该电子束外面放置一个低电荷量的电子束的话,其空间电荷力会在待压缩的低电荷量电子束相空间中形成负能量啁啾,可以用于在直线节中对电子束进行脉宽压缩。

对于图 3-21(a)的情况,灰色阴影区域为产生空间电荷力的驱动电子束,电子束头部对应右边,当待压缩电子束在驱动电子束前面时,待压缩电子束被后面的驱动电子的库仑排斥力往前推,由于力的方向与运动方向相同,故空间电荷力做正功,待压缩电子束被加速。而尾部更接近驱动电子束的部分,相比于头部,感受到更强的加速场,会得到更高的能量增益,故最终会在待压缩电子束相空间中形成负的能量啁啾。如图 3-21(b)所示,当待压缩电子束在驱

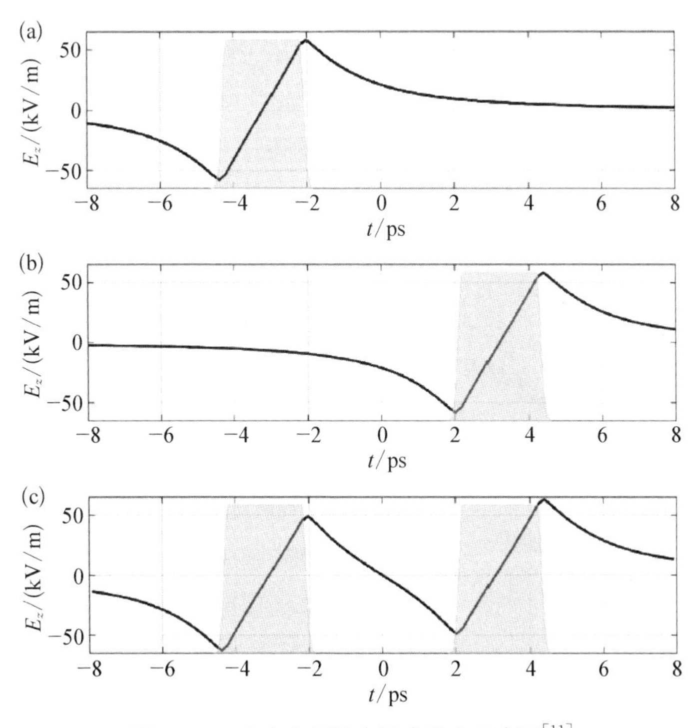

图 3-21　库仑力压缩电子束脉宽示意图[11]

(a) 驱动电子束位于后面;(b) 驱动电子束位于前面;(c) 两个驱动电子束

动电子束后面时，待压缩电子束被前面的驱动电子的库仑排斥力往后推，由于力的方向与运动方向相反，故空间电荷力做负功，待压缩电子束被减速。而头部更接近于驱动电子束的部分，与尾部相比，感受到更强的减速场，故能量会降低更多，最终也会在待压缩电子束相空间中形成负的能量啁啾。因此只要待压缩电子束不与驱动电子束重合，驱动电子束的库仑力总是在待压缩电子束相空间中产生负的能量啁啾，而待压缩电子束总是可以被压缩。

单个驱动电子束虽然可以实现电子束的压缩，但存在以下几方面的缺点：① 该电场具有显著的非线性，导致待压缩电子束的能量啁啾具有较大的非线性，限制压缩后所能获得的最短电子束束长；② 由于待压缩电子束所处的位置电场强度不为零，因此电子束中心能量会由于驱动电子束电荷量等参数的抖动而发生改变，进而可能引起压缩后飞行时间抖动的增加；③ 单个驱动电子产生的压缩电场梯度较低，需要较高的电荷量方能实现对电子束的压缩。

更佳的利用空间电荷力压缩电子束脉宽的方法是采用两个对称的驱动电子束。如图 3 - 21(c)所示，在两束驱动电子束中间区域，负能量啁啾的非线性基本上相互抵消，可产生较为线性的负能量啁啾。从对称性上看，待压缩电子束的中心位于零场强处，这与待压缩电子束通过聚束腔的零相位类似；因为两束驱动电子束可由同一束激光脉冲产生，因此其电荷量、束斑大小和束长的变化对于两个驱动电子束都是一样的，这使得待压缩电子束的中心在压缩的过程中始终位于零场强，即中心能量没有改变，有利于避免引入额外的时间抖动。此外，两束驱动电子束产生的电场强度是单个驱动电子束的两倍，这也降低了产生足够高的能量啁啾对驱动电子束电荷量的需求。

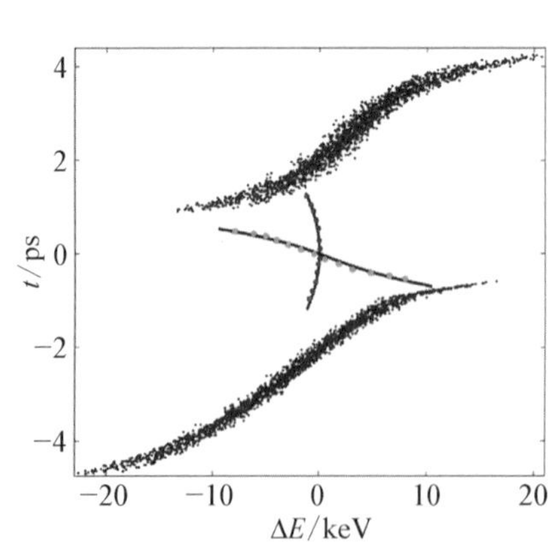

图 3 - 22 测量纵向空间电荷力对应的空间电荷力尾场势[11]

利用库仑排斥力压缩电子束的关键是产生合适的纵向电荷力分布，进而在待压缩电子束相空间中产生负能量啁啾。图 3 - 22 所示为利用待压缩电子束作为探针，对两个驱动电子束中间的纵向空间电荷力分布进行测量的结果。类似于尾场中测量尾场势(wake potential)的方法，改变待压缩电子束的延时，测量其能量改变，则对应于测量自电子源飞行到测量点的过程中空间电荷力与之持续相互作用引起的能量增益。从图 3 -

22中可以看到，当不存在驱动电子束时，待压缩电子束随时间的能量改变类似于余弦函数(图中黑色圆点)，其能量主要受光阴极微波电子枪中微波场的影响(改变延时就改变了待压缩电子束感受到的微波场分布)，故能量与时间的关系存在二阶的关联，对应于余弦函数泰勒级数展开的平方项。而在两个驱动电子束均存在的条件下，改变延时获得的待压缩电子束的能量分布如图中浅灰色圆点所示，电子束的能量改变主要由空间电荷力决定，且在两个驱动电子束中心附近($t=0$)呈线性分布；相应的电子束获得较为线性的能量啁啾，可在进一步的漂移后获得脉宽压缩。

图3-23所示为不同驱动电子束电荷量下的三个电子的纵向相空间测量结果，其中上下两个纵向相空间分布分别表示前后的驱动电子束，中间的分布为探测电子束的纵向相空间。从图中可见，当驱动电子束电荷量较低时，如图3-23(a)所示，前后驱动电子束对自身以及对待压缩电子束的库仑作用基本上可忽略不计，此时驱动电子束纵向相空间分布与电子枪中微波电场的余

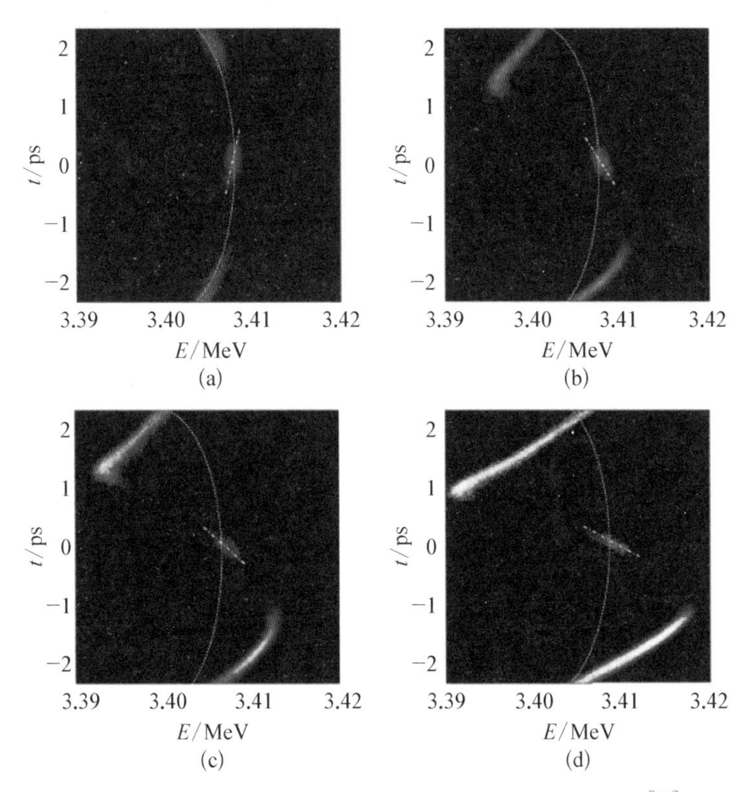

图3-23 不同驱动电子束电荷量下的电子束纵向相空间[11]

(a) 0.2 pC；(b) 3.2 pC；(c) 4.5 pC；(d) 6.7 pC

弦曲线一致(图中白色曲线)。尽管待压缩电子束的电荷量小于驱动电子束，但由于其更短的束长和更小的束斑，待压缩电子束电荷密度高于驱动电子束，这导致待压缩电子束相空间具有一定的正能量啁啾。当驱动电子束的电荷量逐渐增加时，驱动电子束的库仑力对探测电子束产生压缩效果，如图 3-23(b)、(c)、(d)所示。驱动电子束纵向相空间的正啁啾越来越大，束长展宽越来越大；相反地，待压缩电子束纵向相空间则从正啁啾逆时针旋转为负啁啾，漂移一段距离后电子束束长被压缩。此外，在该实验里也证明了相对于微波聚束腔压缩的情况，库仑排斥力压缩电子时不引入额外的时间抖动，因为待压缩电子束中心能量不改变。

3.3 超短电子束测量

超短电子束在自由电子激光、激光尾场加速以及超快电子衍射和超快电子成像等多个领域都有着重要的应用，如何精确测量相对论能量的超短电子束的时域分布和相对于激光的到达时间是发展和优化各种超短电子束产生方法的关键。本节将介绍几种常见的超短相对论电子束的测量方法。由于相对论能量的超短电子束的时间信息一般不易直接测量，因此在测量中往往将时间信息与其他的更容易观察到的物理量进行耦合得到电子束的时间信息。总体来说，测量方法可以分为频域的方法和时域的方法，时域的方法通常将电子束时间信息转化为能量信息、位置信息等。

3.3.1 基于频谱信息反推电子束脉宽

对于电脉冲信号，其时域信号和频谱信号满足傅里叶变换关系，一般在时域和频域里对其描述是等价的。定性来说，对于时域越窄的信号，其频谱越宽，因此通过测量电子束所产生的辐射的信号的频谱可以反推电子束的脉宽，而在一定假设的条件下则可能利用频谱数据对电子束的时间分布进行重建，而不仅仅是获得脉宽的信息。

束团总的辐射功率可以通过将各个电子的辐射功率叠加得到，表示为

$$\begin{aligned} P(\omega)_{\mathrm{b}} &= \mathrm{const}\sum_{k=1}^{N}\sum_{j=1}^{N} E_0 E_0^{*}\, \mathrm{e}^{\mathrm{i}(\omega t+\varphi_k+\phi_k)}\,\mathrm{e}^{-\mathrm{i}(\omega t+\varphi_j+\phi_j)} \\ &= P(\omega)_{\mathrm{e}}\Big(N+\sum_{k=1}^{N}\sum_{j=1,\ j\neq k}^{N}\mathrm{e}^{\mathrm{i}\varphi_k}\,\mathrm{e}^{-\mathrm{i}\varphi_j}\Big) \end{aligned} \tag{3-6}$$

式中，E_0 和 $P(\omega)_e = \text{const}\, E_0 E_0^*$ 是单个电子辐射场的幅值和辐射功率，$\varphi_k = 2\pi z_k/\lambda$ 和 $\varphi_j = 2\pi z_j/\lambda$ 分别是位于 z_k 和 z_j 处的电子的辐射场和束团中心电子的辐射场的相位差，z_k 是电子距离束团中心的距离，ϕ_k 是第 k 个电子的辐射场的初始相位。考虑到各个电子在辐射过程中的动力学行为相同，因此在推导式(3-6)的过程中，假设了各个电子辐射场的初始相位相同。

因为电子个数足够多，所以传统的模型将电子束看成连续规则的流体，假设电子束团的纵向分布为 $NS(z)$，这样式(3-6)的离散叠加可以变换为连续积分，表示为

$$\sum_{k=1}^{N}\sum_{j=1}^{N} e^{i\varphi_k} e^{-i\varphi_j} = N^2 F(\omega) \tag{3-7}$$

式中，$F(\omega)$ 称作束团的形状因子，对于 rms 长度为 σ 的高斯分布，形状因子为 $F(\omega) = \exp(-4\pi^2\sigma^2/\lambda^2)$；对于全长为 l 的均匀分布的束团，形状因子为 $F(\omega) = [\sin(\pi l/\lambda)/(\pi l/\lambda)]^2$。这样电子束团与单个电子的辐射功率的关系为

$$P(\omega)_b = P(\omega)_e[N + N(N-1)F(\omega)] \tag{3-8}$$

式(3-8)中第一项描述的是非相干辐射，第二项是相干辐射项。一般认为，对于包含多个电子的电子束团的辐射，当辐射波长小于束团长度时，辐射是非相干的，辐射功率正比于束团内的电子数，此时的频谱不依赖于电子束长度；而当辐射波长大于束团长度时，辐射是相干的，辐射功率正比于电子个数的平方，此时的频谱依赖于电子束长度。相干辐射由于携带了大量束团时间结构的信息，因此广泛地用于电子束长度测量。

如前所述，通过测量电子束产生的相干辐射频谱可反推电子束的长度。最广泛的用于脉宽测量的辐射是渡越辐射(transition radiation)，一般可通过电子束穿过微米厚度的金属薄膜产生。比如，图 3-24 所示是利用相干渡越辐射测量激光等离子体加速所产生的电子束的辐射频谱，通过与模拟的不同 rms 长度电子束的频谱对比，可确定电子束的脉宽为 1.5～2.0 fs；结合实验中所测量的电子束的电荷量(约为 15 pC)，可以确定激光等离子体加速产生了峰值流强为 3～4 kA 的电子束，与自由电子激光中经过两级磁压缩器获得的峰值流强相当[12]。

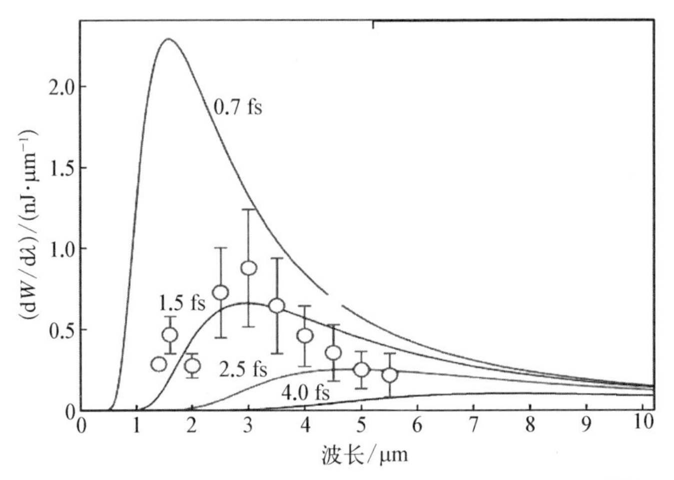

图 3-24　相干渡越辐射测量激光等离子体加速电子脉宽[12]

3.3.2　基于频谱信息重建电子束时域分布

通过假设束团为高斯分布，测量电子束的辐射频谱并与理论对比，可获得电子束的 rms 长度；然而实际的电子束分布往往不是高斯分布，所产生的辐射谱也可能具有很多微结构，直接与理论对比并不一定能获得准确的束长信息。比如自由电子激光装置中的飞秒电子束一般通过多级磁压缩器获得，电子束在加速过程中累积的能量-位置的非线性关系一般会导致压缩后的电子束纵向分布很不规则，与高斯分布存在较大的区别。因此精确测量电子束纵向分布相比简单估计束团长度对于评估束团的峰值电流以及优化装置性能具有更重要的意义。

理论上对一个量在时域或者频域进行测量是等价的。比如假设电子束在时域下的分布为 $S(z)$，其对应傅里叶变换为 $\hat{S}(\omega)$，表示为

$$\hat{S}(\omega)=\int_0^{\infty}\mathrm{d}zS(z)\mathrm{e}^{ikz}=\rho(\omega)\mathrm{e}^{i\psi(\omega)} \tag{3-9}$$

如果能够测量所有频率分量的幅值 $\rho(\omega)$ 和相位 $\psi(\omega)$，则利用逆傅里叶变换可以得到时域下的分布 $S(z)$。但是在实际频域测量时，探测器只对信号的幅度响应，丢失了相位信息，不能使用逆傅里叶变换获得电子束的分布。为获得相位信息，可以借鉴光学领域测量材料复折射率以及 X 光衍射测量晶体结构等利用幅值获得相位的方法。首先可以将式(3-9)改写为

$$\ln\hat{S}(\omega)=\ln\rho(\omega)+i\psi(\omega) \tag{3-10}$$

假设 $\ln\hat{S}(\omega)$ 在上半平面不存在零点，并且在 $\omega\to\infty$ 时的极限为零，则实部和虚部满足 Kramers - Kronig 关系，相位可以在一定程度上由幅度确定。利用这种方法可以从测量到的辐射谱密度获得对应的相位：

$$\psi(\omega)=-\frac{2\omega}{\pi}P\int_0^{\infty}\frac{\ln\rho(x)}{x^2-\omega^2}\mathrm{d}x \tag{3-11}$$

进而束团分布可以通过下式重建[13]：

$$S'(z)=\frac{1}{\pi c}\int_0^{\infty}\mathrm{d}\omega\sqrt{F(\omega)}\cos[\psi(\omega)-\omega z/c] \tag{3-12}$$

为了检验上述计算方法的有效性，可以进行简单的数值模拟验证。比如图 3 - 25 所示为对高斯分布和均匀分布的电子束分别计算频谱，然后利用频谱计算相位，再按照式(3 - 12)重建获得的电子束分布。对于对称的高斯分布，如图 3 - 25(a)中所示，重建出的束团分布 $S'(z)$ 与束团的真实分布 $S(z)$ 完全一致。对于均匀分布，如图 3 - 25(b)中所示，因为均匀分布的电子束在头尾处变化剧烈，包含了非常多的高频分量，而在重建中使用的频率在高频处有所截断，因此类似于吉布斯效应，重建出的束团分布包含一些伪起伏，不过宏观来说重建出的电子束与真实的电子束分布仍然吻合得较好。

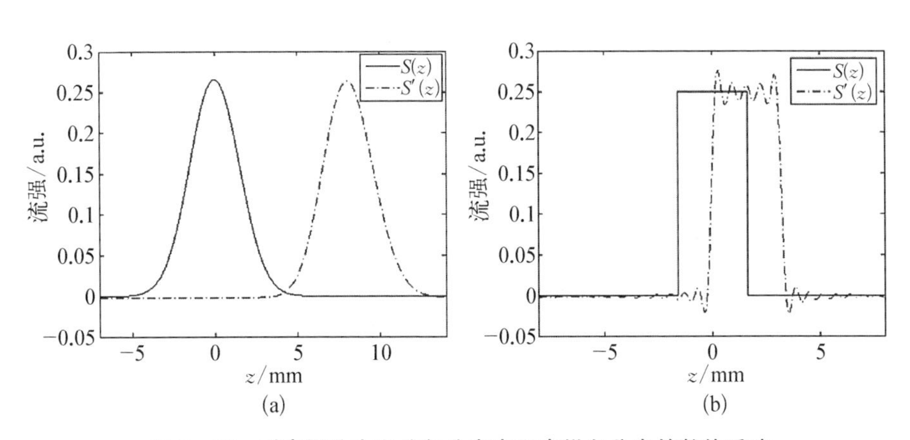

图 3 - 25　对高斯分布和均匀分布电子束纵向分布的数值重建

(a) 高斯分布；(b) 均匀分布

对于非对称的双高斯束团，当强度较大的高斯分布在前面时，如图 3 - 26(a)所示，重建出的束团分布与真实分布完全一致。当强度较大的高斯分布在后面时，如图 3 - 26(b)所示，重建出的束团与真实束团的镜像束团一致，即头尾互换,这主要是因为束团与其镜像束团的傅里叶变换满足共轭关系,具有完全相同的模,仅仅是相位符号相反,而探测器无法感知二者的区别。因此利用此方法重建出的束团形状并不是唯一的,需要借助其他诊断方法来确定真实的束团形状到底是重建出的形状还是其对应的镜像分布。

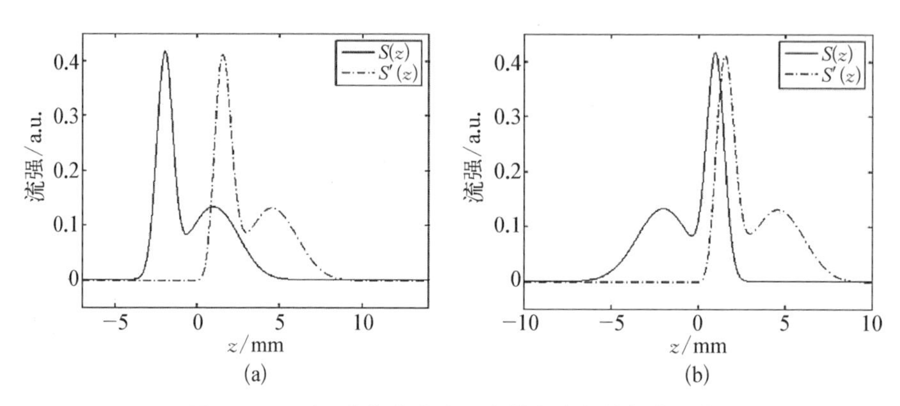

图 3-26　对双高斯分布电子束纵向分布的数值重建

(a) 强度较大的高斯分布在前;(b) 强度较大的高斯分布在后

对于电子束的频谱信息,一般可通过两种方法获得,一种是干涉仪法,另一种是频谱仪法。对于干涉仪法,常用的有迈克尔逊干涉仪以及 Martin-Puplett 干涉仪,其构造如图 3-27 所示。电子束与辐射靶作用产生相干辐射,电子束与靶的交点处为相干辐射的源点;发散的相干辐射经过束流管道外面的离轴抛物面镜转换为平行光进入干涉仪。干涉仪的基本原理是利用分束器将辐射一分为二,迈克尔逊干涉仪一般使用半反半透的膜作为分束器,而

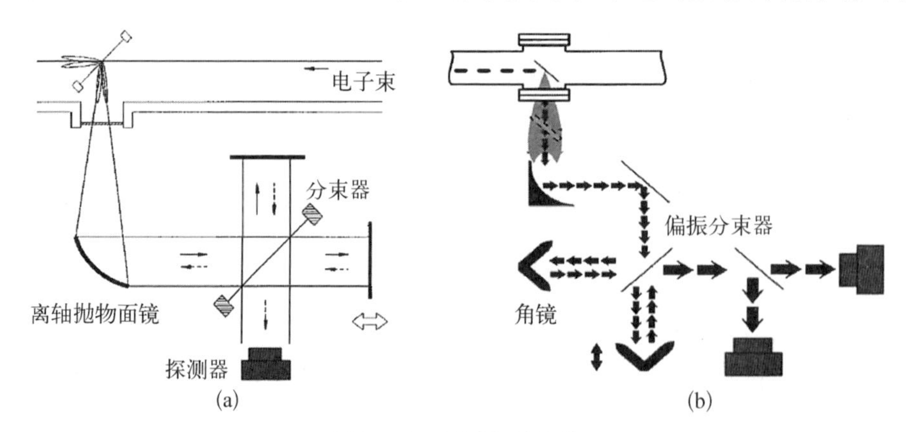

图 3-27　干涉仪的构造

(a) 迈克尔逊干涉仪;(b) Martin-Puplett 干涉仪

Martin - Puplett 干涉仪则使用金属丝偏振片作为分束器。经过分束、延时和合束后，辐射光被探测器测量，改变两束辐射的光程，测量不同光程的探测器响应则可以得到自相关曲线，其傅里叶变换对应于辐射频谱。

2008 年，清华大学的研究团队与中国工程物理研究院的团队合作，利用相干衍射辐射实现了对电子束时域分布的无阻拦测量[14]，图 3 - 28 所示为实验中利用工作在失相模式的 Martin - Puplett 干涉仪获得的自相关曲线及重建的电子束时域分布。在该实验中，电子束产生自 L 波段光阴极微波电子枪，之后被加速到 14 MeV；通过调节微波的相位在电子束相空间中产生负的能量啁啾，并利用磁压缩器对电子束脉宽进行压缩。值得指出的是，这是我国首个运行的磁压缩器，在调试磁压缩器时电子束脉宽测量起到了眼睛的作用，为磁压缩器的调试和优化起到了不可或缺的作用。

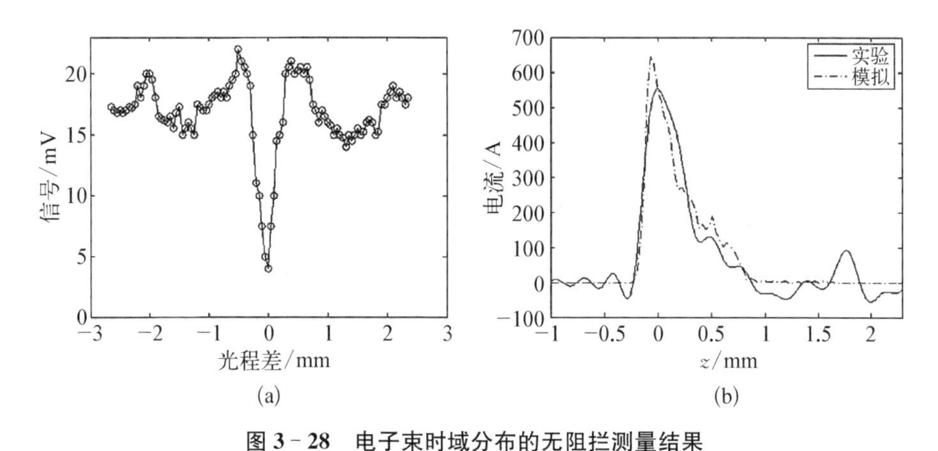

图 3 - 28　电子束时域分布的无阻拦测量结果

(a) 自相关曲线；(b) 重建的电子束时域分布

第二种获得辐射光频谱的方法是利用色散元件(如光栅)将不同频率分量的辐射在空间分开，然后利用探测器直接测量各个频率分量的强度。以光栅为例，一般光栅的分光范围为其中心频率的 50%，因此当要测量足够宽的频谱范围时，需要多个光栅串联，每个光栅覆盖一定的频率范围。图 3 - 29 为利用 5 个不同周期的光栅结合 120 个探测器通道，同时获得 5～400 μm 范围内的辐射谱信息，并对电子束时间分布进行重建的结果[15]。

利用偏转腔测量的电子束分布计算得到的频谱分量如图 3 - 29(b)中黑色实线所示，对比光谱仪的结果可见，在低频分量区域二者吻合得较好，而在高频分量区域，光谱仪测量的结果高于偏转腔的结果。考虑到高频区域光栅和

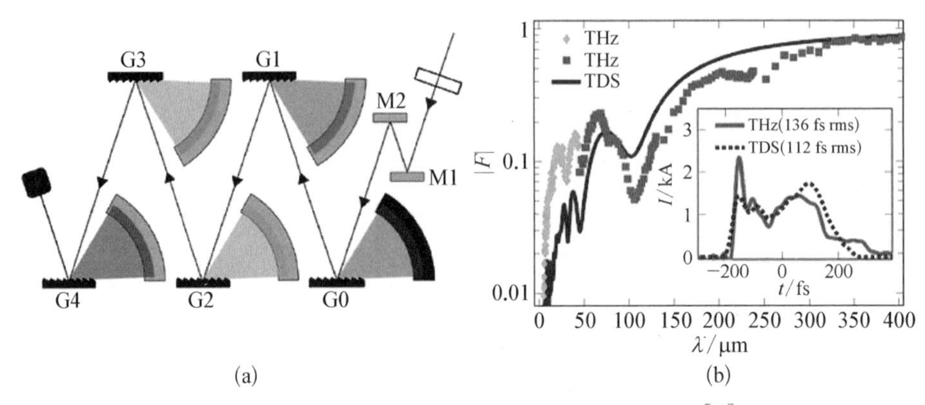

(a) (b)

图 3-29 利用多通道光谱仪重建电子束时间分布[15]

(a) 示意图;(b) 测量的电子束频率分布和重建结果

探测器的响应范围是 5～44 μm,而偏转腔受限于分辨率,一般较难分辨出微米尺度的束流微结构,因此通常认为该波段分量光谱仪的测量结果更准确。不过定性来说,二者得到的束流时间分布非常接近,这也从侧面说明利用频谱计算相位并重建电子束时间分布获得的结果是可信的。

3.3.3 条纹相机测量电子束时域分布

除频域下测量频谱反推电子束脉宽或重建其时域分布外,更直接的方法是在时域下测量电子束的时间信息,其中最常用的方法是条纹相机。条纹相机最早用于测量光脉冲的时域分布,当用于电子束脉宽测量时,首先利用相干渡越辐射、切伦科夫辐射等方法产生与电子束时域分布近似的光脉冲,如图 3-30 所示;之后光脉冲照射在光阴极上产生光电子,由于光电效应的响应时间短于 1 fs,因此产生的光电子时域分布与光脉冲的分布一致,即与初始的电子束分布一致;最后光电子被时变电场偏转后由测量屏测量,不同时间的电子感受到不同的偏转力,进而出现在测量屏的不同位置,通过测量测量屏上光

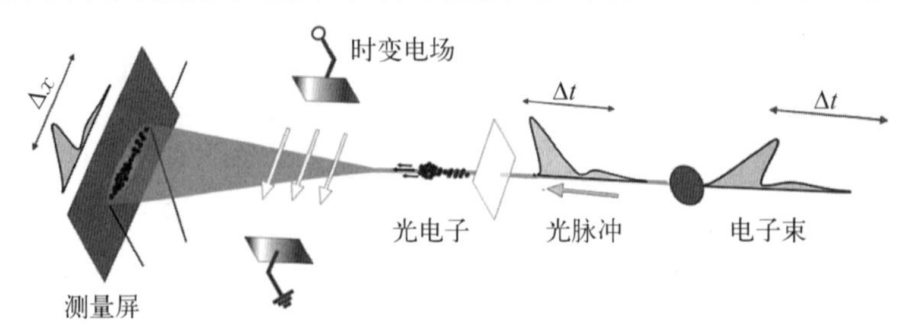

图 3-30 条纹相机测量电子束时域分布示意图

电子的空间分布就可得到最初电子束的时间信息。

条纹相机的时间分辨率主要受限于光脉冲传输过程中的脉宽展宽、光电子的能散和空间电荷力导致的脉宽展宽以及时变电场的偏转梯度和测量屏的空间分辨率。通过降低光脉冲的带宽可减小传输过程中的脉宽展宽效应,进一步结合小孔降低光电子密度和尺寸,并增加偏转电场的梯度,目前条纹相机用于测量电子束分布时获得了约 200 fs 的时间分辨率[16]。进一步提高时间分辨率可以考虑将产生时变电场的偏转极板替换为微波腔,利用微波更高的频率和更强的电场提供更高的偏转梯度。

值得指出的是,既然条纹相机可以将激光脉冲转化为同样长度的电子脉冲,那么自然可以直接利用这些电子开展超快科学研究。基于此,Mourou 等拆掉了条纹相机的偏转极板,利用条纹相机中的电子产生了高品质衍射斑,并最终开辟了超快电子衍射这一新的研究领域。

3.3.4 零相位法测量电子束时域分布

零相位法(zero-phasing)测量电子束时域分布的原理与条纹相机类似,只不过将偏转极板替换为微波腔,相应地并不是把时间信息转化为角度(位置)信息,而是把时间信息转化为能量信息。实际使用时,将电子束沿零相位通过微波腔,在电子束能量较高且可忽略空间电荷力的条件下,可认为电子束纵向位置不发生改变,这样电子束的能量改变与位置有着线性的对应关系,进一步经过一个能谱仪后,电子束的横向位置就与初始的时间一一对应,通过测量沿零相位通过微波腔后的能量分布,就可以反推初始的电子束时域分布。

比如利用啁啾-延迟的方法可以对激光的包络产生调制,进而产生密度调制的电子束,通过改变两束激光的延迟,则可以控制密度调制的频率。图 3-31 所

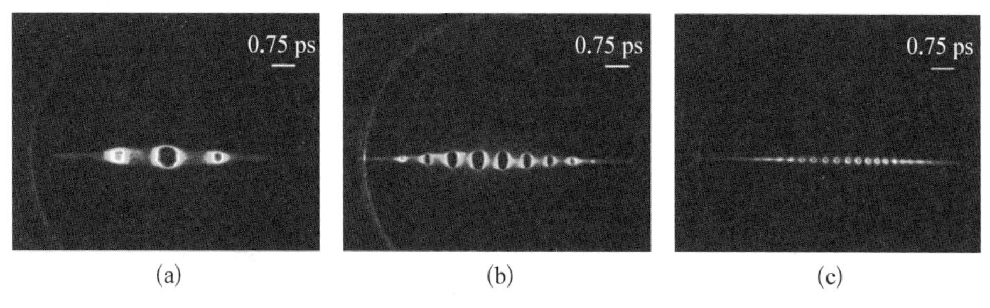

图 3-31 利用零相位法测量的电子束脉冲串分布[17]

(a) 电子束间隔 2.5 ps;(b) 电子束间隔 0.9 ps;(c) 电子束间隔 0.4 ps

示为利用零相位法测量的不同激光延迟下产生的密度调制的电子束分布[17]，这些电子束可进一步通过相干渡越辐射等机制产生多周期窄带宽太赫兹脉冲。由于零相位法的分辨率较高，故其也广泛用于研究电子束的微束团不稳定性。

用零相位法测量电子束时域分布时的时间分辨率主要受限于电子束的能散、微波腔的波长和幅值，以及能谱仪的能量分辨率。简单地说，由于零相位法是通过测量电子束能量分布来反推电子束时域分布，因此需要微波腔施加给电子束的能散远大于电子束的初始能散，否则无法判断测量得到的能散到底是由于电子束长度带来的，还是其本身的能散。很显然，电子束越短，则由于微波腔施加的能散增加越小，越不容易精确测出其时域结构。

分析表明，只需要在微波腔前面增加一段色散元件，同时让色散元件与微波腔施加的能量啁啾满足一定关系，则可以大幅提高零相位法的时间分辨率，使得其时间分辨率不再受限于初始能散[18]。假设电子束初始的纵向相空间分布为 (z_0, δ_0)，则经过一个色散元件并沿零相位经过一段微波腔后其相空间变为

$$\begin{bmatrix} z_1 \\ \delta_1 \end{bmatrix} = \begin{bmatrix} 1 & 0 \\ h & 1 \end{bmatrix} \begin{bmatrix} 1 & R_{56} \\ 0 & 1 \end{bmatrix} \begin{bmatrix} z_0 \\ \delta_0 \end{bmatrix} = \begin{bmatrix} 1 & R_{56} \\ h & 1+hR_{56} \end{bmatrix} \begin{bmatrix} z_0 \\ \delta_0 \end{bmatrix} \tag{3-13}$$

当合理选择色散元件的动量压缩因子和微波腔增加的能量啁啾使得满足 $1+hR_{56}=0$ 时，有 $\delta_1 = hz_0$，即电子束的最终能量只取决于最初的纵向位置，而与初始的能量没有关系；此时时间分辨率不再受限于初始的能散，可大幅提高零相位法测量电子束时域分布的时间分辨率。利用该巧妙的方法，人们测量了自由电子激光中间隔为 60 μm 的 21 MeV 能量的微束团的分布，如图 3-32 所示。

需要指出的是，近期利用改进后的零相位法成功测量了光学波段的微束团，实现了优于 2 fs 的超高时间分辨率[19]。以自由电子激光中常用的 HGHG

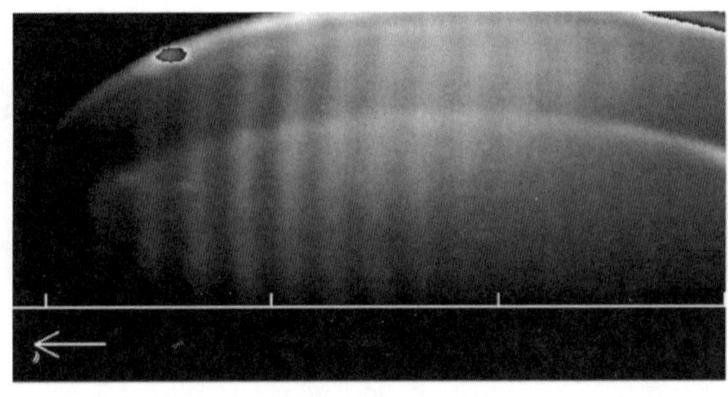

图 3-32　利用改进后的零相位法测量自由电子激光中的微束团[18]

(high-gain harmonic generation)技术为例,激光首先与电子束在波荡器中相互作用产生能量调制,经过一个色散元件后能量调制转换为密度调制。取决于能量调制的幅度,电子束经过色散元件后可能由于能量调制过大,进而产生密度的过调制。当能量调制为最优值时,如图 3-33(a)所示,能量调制刚好转化为密度调制,电子束相空间沿垂直方向立起来,相应地获得最佳的密度调制[见图 3-33(c)中实线];而当能量调制过大时,如图 3-33(b)所示,同一个周期内能量增加和能量减少的电子移动距离过大,在相空间立起来后会继续移动,造成过调制,此时的密度调制反倒变小[见图 3-33(c)中虚线]。

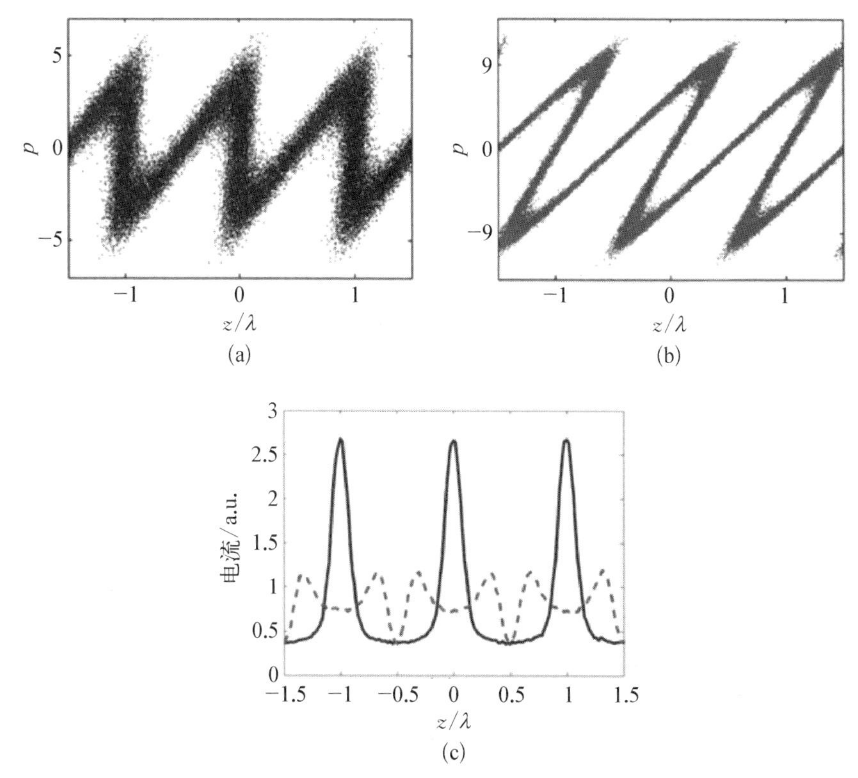

图 3-33　激光在不同能量调制幅度时的相空间和密度分布[19]

(a) 优化值;(b) 过调制;(c) 密度分布

当这些密度调制的电子束进一步经过一个色散元件以及微波腔后,电子束的时间分布可以转化为能量分布,并最终经过能谱仪转化为空间分布。图 3-34 所示为不同激光能量调制下的电子束在激光频率的聚束因子和最终在能谱仪测量屏上的电子束分布的模拟结果。从图中可见,对于优化的激光能量调制值，如图 3－34(a)所示，聚束因子近似为高斯分布，束团中心获得最佳的密度调制的微束团；对于激光能量调制值略高的情况，如图 3－34(b)所示，由于束团中心感受到更高的能量调制，故处于过调制的状态，束团中心聚束因子低，反倒是束团头部和尾部刚好感受到最佳的能量调制，产生密度调制

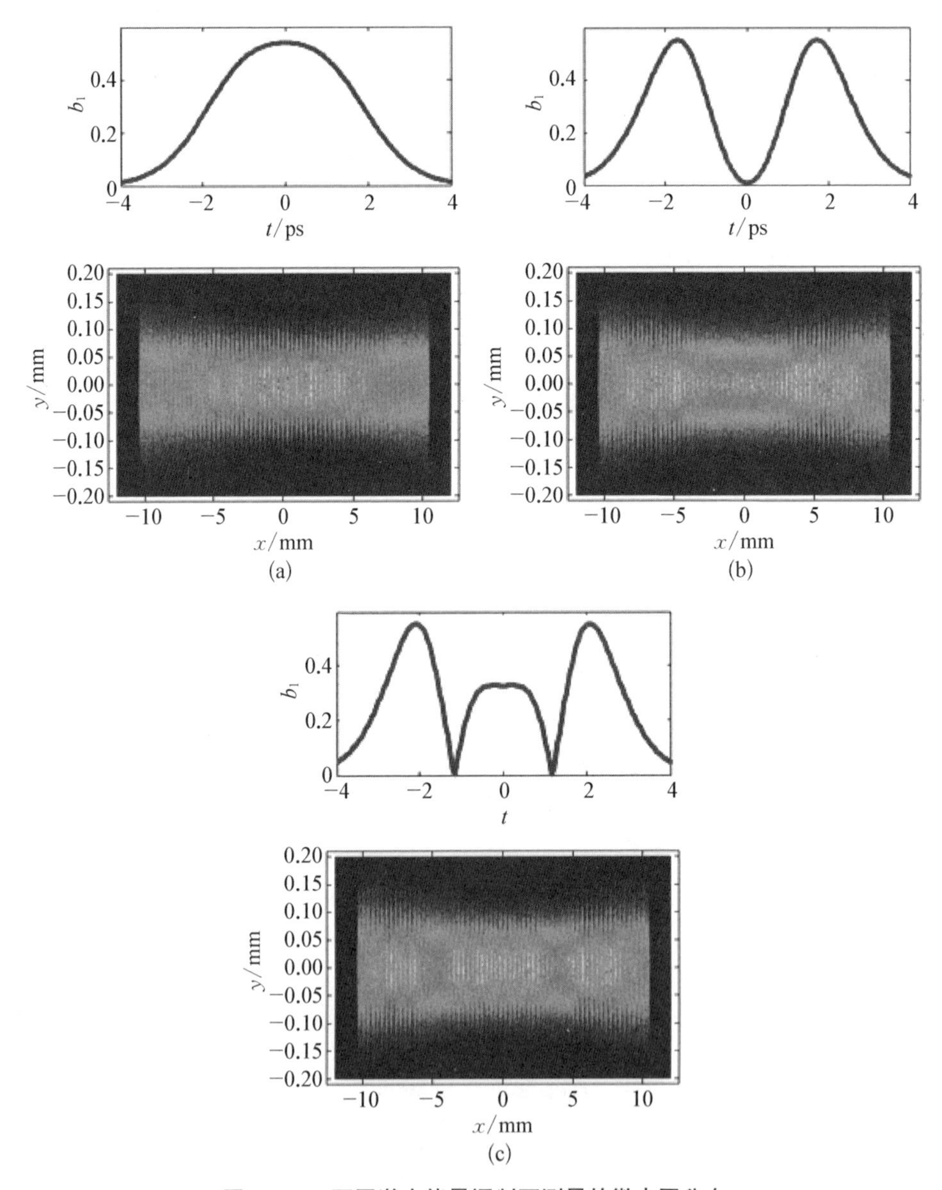

图 3－34　不同激光能量调制下测量的微束团分布

(a) 优化值；(b) 优化值的两倍；(c) 优化值的三倍

最大的微束团；进一步增加能量调制则可能产生更为复杂的聚束因子分布，如图 3－34(c)所示，微束团也呈现交替分布的模式。

120 MeV 的电子束与激光作用后密度分布的测量结果如图 3－35 所示，确实在能量调制合适时得到束团中心密度调制最强、头尾逐渐降低的分布[见图 3－35(a)]；而在过调制情况下束团中心反而密度调制低，束团两端密度调制高[见图 3－35(b)]。利用该高时间分辨率，对微束团分布的测量还揭示了自由电子激光领域的一些重要问题的机制。比如在意大利 FERMI 自由电子激光的调试中发现当种子激光功率较大时，自由电子激光输出光的频谱会发

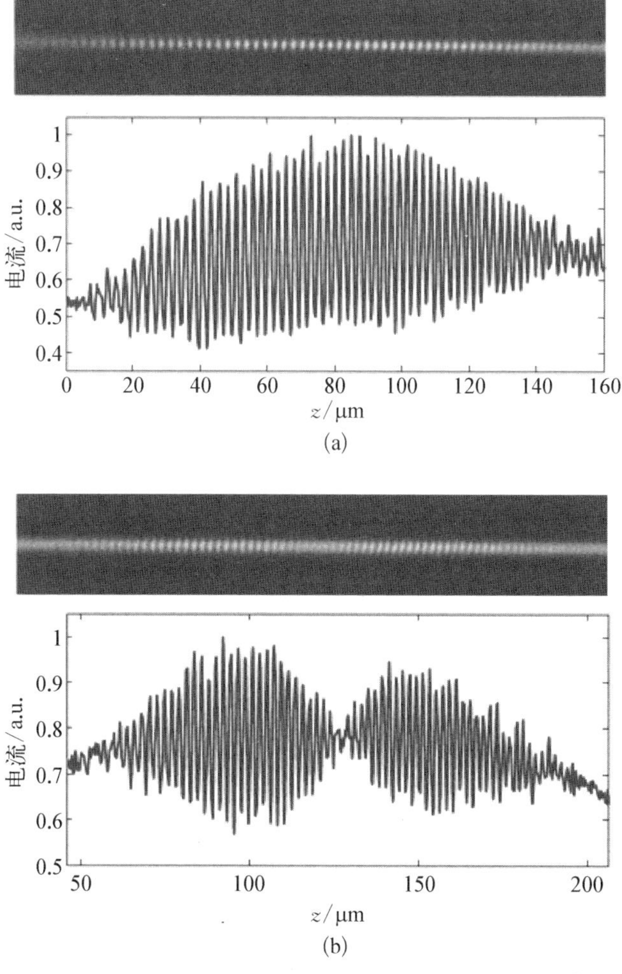

图 3－35 120 MeV 的电子束与激光作用后的密度分布[19]

(a) 最佳能量调制；(b) 过调制

生分裂现象，即由单一的频谱分裂为两个频谱。关于该频谱分裂现象，国际上有多种解释：一种认为种子激光频谱存在啁啾；另一种解释认为即便种子激光不存在啁啾，由于电子束的纵向相空间存在非线性，也可能产生频谱分裂现象。然而受时间分辨能力限制，在频域下仅依靠测量频谱与种子激光功率的关系难以得到确定的答案。

对微束团的直接测量则证明了在激光没有啁啾的情况下，电子束纵向相空间的非线性也能导致频谱分裂。比如当电子束具有非线性能量啁啾时(电子束头部和尾部能量低于电子束中心)，由于电子束中心过聚束，聚束因子较小，故不对频谱产生贡献；头部和尾部处于最佳的聚束状态，头部由于电子束的负啁啾导致激光产生的密度调制被压缩，而尾部由于电子束的正啁啾导致激光产生的密度调制被拉伸，最后形成频谱分裂。可见，束长时域分布的测量不仅用于确定电子束参数，也可为很多重要问题的研究提供新的信息和解决思路。

3.3.5 微波偏转腔测量电子束时域分布

微波偏转腔法是测量相对论能量电子束束长的最常见方法之一，由于先进的高功率微波技术和成熟的微波腔体设计，利用微波偏转腔测量电子束束长可以获得很高的时间分辨率。其基本原理如图 3-36 所示，微波偏转腔的主要工作原理是给电子束施加一个时变的横向偏转力，让电子束不同纵向位置的电子获得与其位置相关的横向动量。具有不同横向动量的电子继续沿着受到调制后的方向传播，不同传播方向的电子最终打在下游的一个探测屏的不同位置并被记录下来。偏转腔中的偏转场往往是正弦交变的，且设计工作波长一般远大于待测电子束的纵向长度；这样当电子束沿零相位经过偏转腔时，电子束受到的偏转力与时间呈线性关系，可以将电子束的时间信息线性地转化为角度信息。

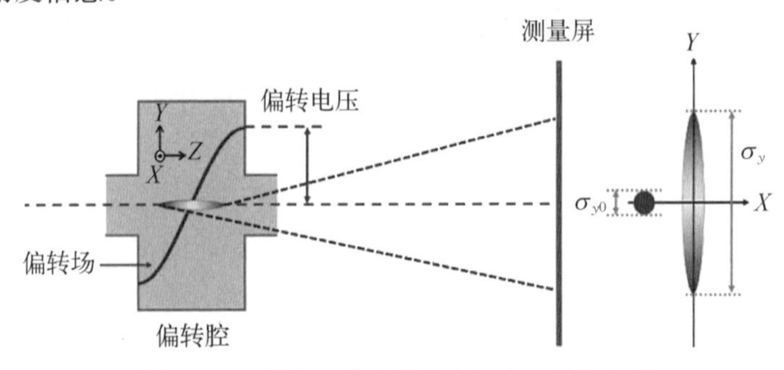

图 3-36 微波偏转腔测量电子束束长原理图

将电子束经过偏转腔后获得的最大横向洛伦兹力的积分定义为偏转电压V，设偏转腔的工作频率为f，偏转腔与探测屏的距离为L，电子束的中心能量为E，则电子束经过偏转腔后在探测屏上y方向的位置与电子束在偏转腔处时间t的关系为

$$Y(t)=\frac{V}{E}\cdot\sin(2\pi ft)\cdot L\approx\frac{2\pi fVL}{E}\cdot t \tag{3-14}$$

由上式可知，偏转场电压越高，频率越高，偏转后漂移距离越远，则电子束因为束长的原因在探测屏处的束斑尺寸就越大，就越容易获得更高的时间分辨率。一般将式(3－14)中$2\pi fVL/E$定义为固定实验条件后的偏转腔的偏转梯度K，实验中一般通过改变偏转腔的微波相位对K进行标定，即分别在一定范围内改变微波相位，测量对应的电子束中心在测量屏的位置变化，可以得到时间和位置的关系系数。从式(3－14)可以看出，该方法的分辨率会受到电子束本征发散角引起的其在探测屏上的本征束斑大小σ_{y0}的影响，因此电子束实际在探测屏上的分布是偏转腔的作用与本征束斑分布卷积后的结果。要准确获得电子束的时间信息，可以通过将偏转腔关闭时测量的电子束的分布与偏转腔打开后的分布通过一定的反卷积算法得到。一般说来，当偏转腔打开和关闭电子束的分布都比较符合高斯分布时，电子束的脉宽可以简单地由下式计算：

$$\sigma_{\mathrm{t}}=\sqrt{\sigma_y^2-\sigma_{y0}^2}\Big/K \tag{3-15}$$

需要指出的是，关于微波偏转腔是否能准确测量微波聚束腔压缩后的电子脉冲长度存在一定的争议。电子只在一个特定的纵向位置被完全压缩，在这之前处于欠压缩的状态，而在其之后处于过压缩的状态，因此直观的图像是偏转腔测量的是电子束长度在偏转腔内的平均值，而不是压缩到最短时的束长值。考虑到一般偏转腔长度在数十厘米，而电子束长度在数十厘米的范围内可能变化了数倍，因此其似乎不能用于测量束长剧烈变化的电子束。不过近期的理论分析和实验均表明，当把电子束的完全压缩点调节到偏转腔中心位置时，用偏转腔测量束长的方法仍能比较准确地测出其在偏转腔中心的束长[20]。如图3－37所示，电子束的完全压缩点在偏转腔的中心，在偏转腔的入口

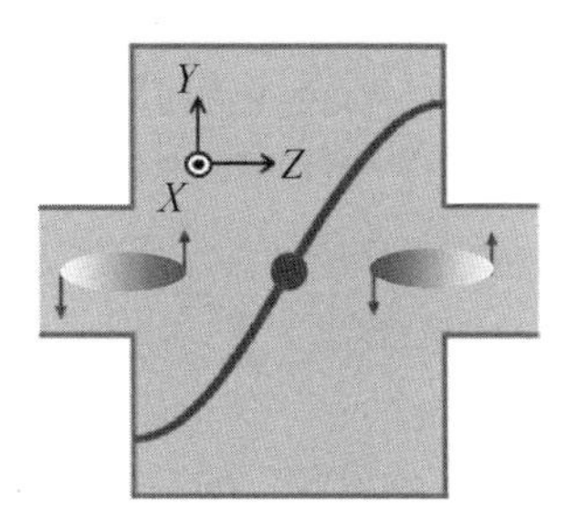

图3－37　微波偏转腔测量压缩过程中的电子束

和出口，电子束都因为欠压缩或者过压缩具有一定的束长，但是由于原来尾部的电子束在这个压缩过程中超过了头部的电子束，头尾电子束位置会互换。在图 3-37 所示的过程中，头部（深灰色）电子束在完全压缩前受到向上的偏转力，在完全压缩后受到向下的偏转力；尾部（浅灰色）的电子束同理，在完全压缩前后感受到了相反的作用力。由于完全压缩的位置在偏转腔中心，上述对称的物理过程中，电子束在非完全压缩时的束长引起的纵向相关偏转被完美抵消，最终整体的偏转效果基本由完全压缩时的束长决定。基于此，微波偏转腔成功用于测量长度在 10 fs 以下的电子束脉宽和时间分布[9-10,20]。

偏转腔测量电子束时间分布的原理与零相位法类似，不同的是偏转腔测量法将电子束时间信息转化为角度（位置）信息，而零相位法则是把时间信息转化为能量信息。因此类似于零相位法时间分辨率受电子束初始的能散限制，偏转腔测量电子束脉宽的时间分辨率受电子束初始散角限制。然而，前面也讨论到，零相位法可以通过增加一个色散段而使得分辨率不再受初始能散限制；我们不禁要问，偏转腔测量电子束时间分布的方法是否可以增加某个元件使得其分辨率不再受初始电子束散角限制呢？答案是肯定的。

如图 3-38 所示，在偏转腔前面增加一个包含二极磁铁和四极磁铁的单元[21]，在偏转腔和测量屏之间增加一个四极磁铁，当满足特定条件时，其可以使得测量屏处获得的电子束分布只与初始电子束脉宽相关，而不依赖于初始的电子束散角。

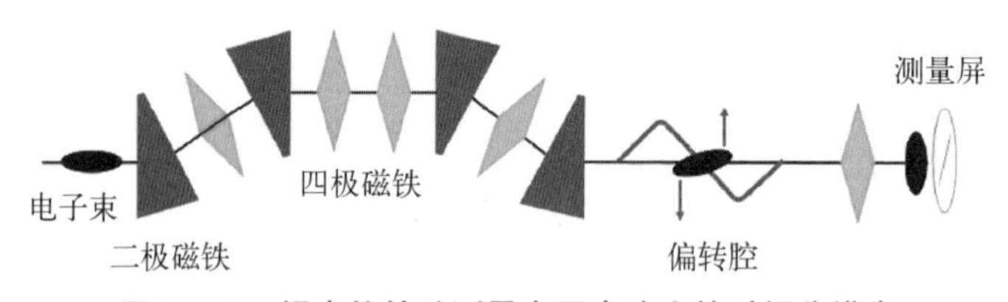

图 3-38　提高偏转腔测量电子束脉宽的时间分辨率

具体来说，偏转腔前面的色散元件应相对于中心具有镜面对称性，假设电子束沿垂直方向偏转，偏转腔也沿垂直方向对电子束施加一个线性的横向力，则忽略不参与耦合运动的水平方向的参数，电子束的初始和最终相空间分布可表示为

$$\begin{bmatrix} y_1 \\ y'_1 \\ z_1 \\ \delta_1 \end{bmatrix} = \begin{bmatrix} -1 & R_{12} & 0 & \eta \\ 0 & -(1+\eta K) & K & 0 \\ 0 & -\eta & 1 & 0 \\ -K & KR_{12} & 0 & 1+\eta K \end{bmatrix} \begin{bmatrix} y_0 \\ y'_0 \\ z_0 \\ \delta_0 \end{bmatrix} \tag{3-16}$$

式中，η 为此元件的色散，K 为偏转腔的系数，四极磁铁的主要作用是将元件的动量压缩因子(R_{56})消为零。由式(3－16)可知，当该元件的色散和偏转腔的系数满足一定的条件，即 $K=-1/\eta$，则有 $y'_1=Kz_0$，即电子束最终的角度只与初始的纵向位置有关，而与初始的垂直位置和角度均无关。类似于前面讨论的改进的零相位法，此改进的偏转腔法也可以大幅提高电子束时间分布测量的分辨率。

比如，图3－39所示为对一个特定分布的电子束的模拟结果，在不考虑相干同步辐射和非相干同步辐射以及其他高阶效应的条件下，改进的偏转腔方法得到的电子束分布与初始的实际分布完全一致；当考虑高阶效应(黑色点划线)和相干同步辐射以及非相干同步辐射的影响后(浅灰色虚线)，电子束的能量分布会由于这些效应发生改变，进而通过高阶效应和纵横耦合影响最后的散角分布，不过总体上仍然获得了非常好的结果，相比不增加该元件时的情况，时间分辨率获得了大幅提高。

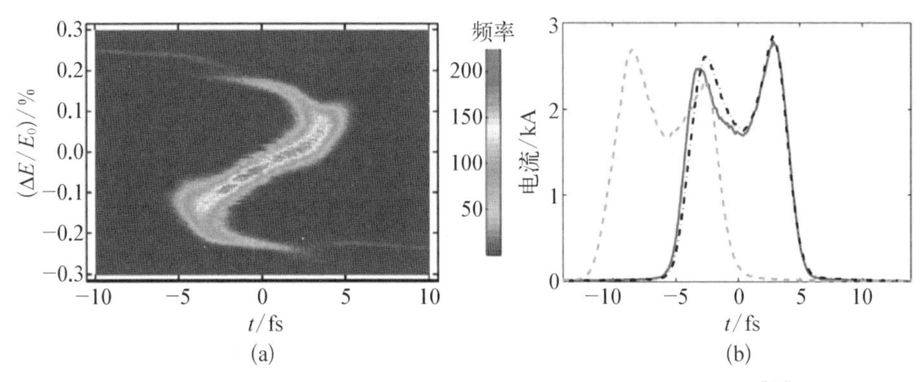

图3－39　电子束纵向相空间(a)及重建的电子束纵向分布(b)[21]

相比前面讨论的各种方法，偏转腔除了可以直接测量电子束纵向分布外，还可以间接测量自由电子激光产生的X光脉冲的时域分布[22]。其基本原理如图3－40所示，电子束在波荡器中产生自由电子激光后继续被偏转腔施加一个随时间变化的横向力，假设该横向力沿水平方向，进一步经过一个垂直方向的能谱仪以后，在最终的测量屏上可以同时看到其时间和能量信息。由于能量守恒的要求，电子束产生X光以后其能量必然会降低；同时由于电子与所产生的X光在波荡器中的持续相互作用，部分电子的能量增加，而另一部分能量降低，即产生自由电子激光的那部分电子的能散会增加。因此，通过测量经过波荡器后的电子束相空间并与不产生自由电子激光输出时的相空间(一般可通过破坏电子在波荡器中的轨道使得电子无法与 X 光精确重合来实现)对比,得到对应的电子能量降低和能散增加部分的电子分布,则对应着所产生的 X 光脉冲的时域分布: X 光能量越高的区域,电子束能量降低越多,能散增加越大。

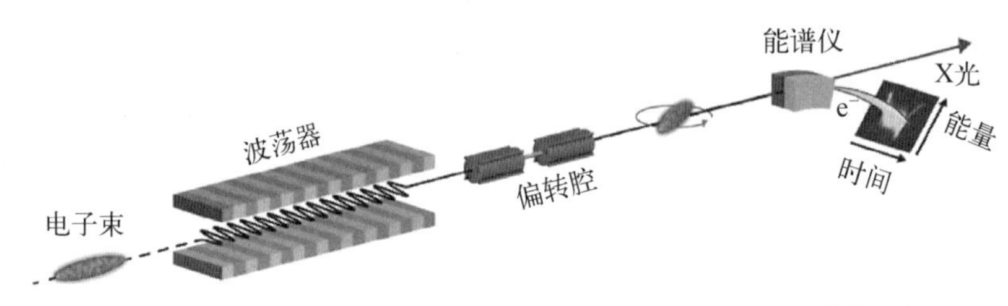

图 3-40　测量自由电子激光中 X 光脉冲的时域分布[22]

该方法测量 X 光脉冲的时间分辨率主要受限于两个因素:一是偏转腔本身的时间分辨率,由于一般产生自由电子激光的电子都处于数吉电子伏特的较高能量,因此需要较高的偏转电压或较高的微波频率方能获得优于 10 fs 的时间分辨率;二是 X 光的滑移效应,由于波荡器中每经过一个周期 X 光都会往前超过电子束一个波长,因此在最后 1～2 个增益长度内的滑移长度会限制其分辨率,该效应对硬 X 射线波段影响较小,但是对软 X 射线往往会限制其分辨率难以突破 1 fs。此外,为了获得明显的能量降低或者能散增加,要求所产生的 X 光的功率足够高,即能量的损失和能散的增加要明显高于能量内禀的抖动以及最初的能散。

图 3-41 所示为在 SLAC 国家加速器实验室利用偏转腔和能谱仪测量 X 光的实验结果,其中,图 3-41(a)所示为利用导向磁铁破坏电子与 X 光的空间重合,使得电子通过波荡器,但是不产生自由电子激光输出时的电子束相空间分布。图 3-41(b)所示的情况为关闭该导向磁铁,使得电子束轨道接近直线,此时会产生自由电子激光的输出,相应的测量到的电子束纵向相空间出现了整体略微的能散增加,特别是对于某个区域(0～4 fs 的区间),电子束能量大幅降低,能散大幅增加,对应于产生 X 光辐射最主要的区域。图 3-41(c)所示为通过比较二者的相空间分布反推的 X 光的脉冲分布,可见 X 光脉冲分布较不规则,这与自放大自发辐射机制较好地吻合,由于 X 光的初始信号来自电子束的自发噪声,故会产生较不规则的时域分布;同时也看到 X 光的主峰脉宽约为 2.6 fs,显示了该办法的高时间分辨率。

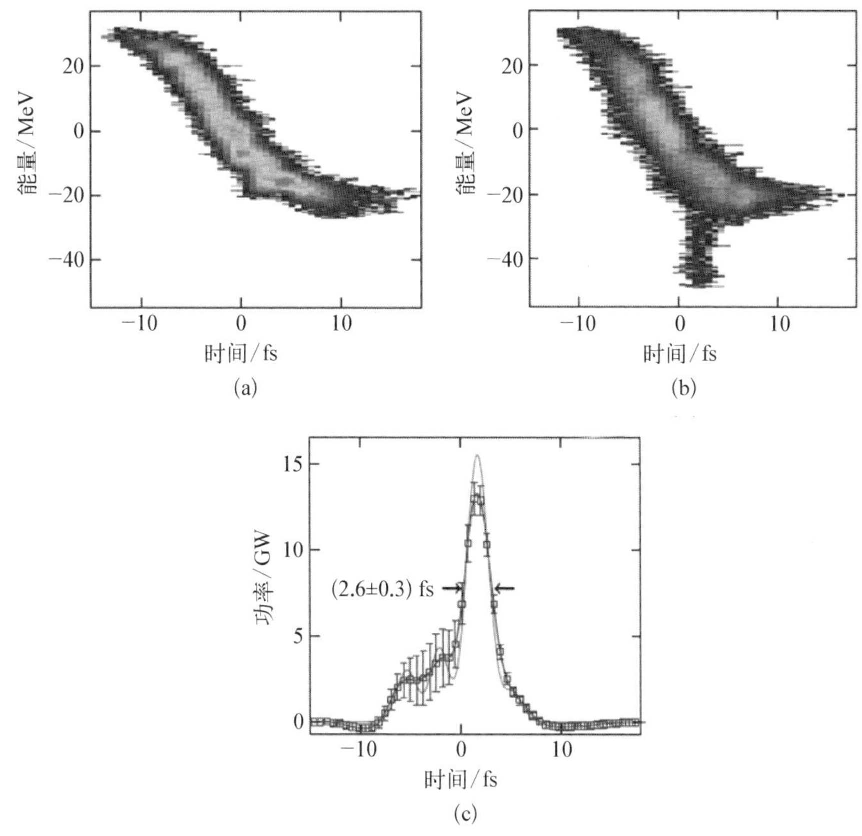

图 3-41　利用偏转腔和能谱仪测量自由电子激光脉宽[22]

(a) 出光前相空间；(b) 出光后相空间；(c) 反推的 X 光脉冲分布

3.3.6　太赫兹偏转腔

偏转腔测量电子束时域分布的时间分辨率正比于偏转电压，反比于偏转场的波长，类似于用于电子束压缩时聚束腔施加给电子束的能量啁啾。如前所述，尽管微波偏转腔可以方便地用于测量电子束脉宽，但是由于需要速调管、调制器等微波系统，因此规模和造价较高。在保持时间分辨率相同的条件下，当使用更高频率的偏转场时，所需的偏转电压则可以同比例降低，比如将偏转腔的工作频率从微波波段提升到太赫兹波段后，所需的偏转电压也从MV 降低到 kV，有望降低此类装置的规模和造价。

在这方面的研究中尤为重要的是利用激光在晶体中产生太赫兹脉冲，进而实现太赫兹波段的偏转腔。除可以测量电子束脉宽外，由于太赫兹脉冲与激光严格同步，因此太赫兹偏转腔也可以用于测量电子束相对于外部激光（比如超快电子衍射中的泵浦激光）的时间抖动，对于优化兆伏特超快电子衍射的时间分辨率具有极其重要的意义；而传统的微波偏转腔则只能测量电子束相对于微波的相位抖动，无法直接测量电子束相对于激光的时间抖动。

光阴极微波电子枪的幅值和相位抖动会引起电子束加速过程和最终能量的不稳定，进一步导致电子束到达样品的飞行时间抖动。在兆电子伏超快电子衍射中，电子束飞行抖动造成泵浦光与探测电子相对时间延时的不确定性，影响实验结果的时间分辨率。特别是在微波聚束腔压缩电子束时，由于微波相位噪声引入的时间抖动更可能抵消脉宽压缩的作用。上述电子束飞行时间的抖动不仅影响了兆伏特超快电子衍射，还影响了很多基于加速器和脉冲电子束的应用，例如自由电子激光、束流驱动的尾场加速等。

相对于外激光的时间抖动信息的测量，对于这些系统的诊断以及优化起着关键性的作用。对于自由电子激光中的吉电子伏特大电荷量电子脉冲，可以利用电子束的横向电场结合电光采样技术对电子束相对于外激光的到达时间进行测量[23]，也可以用太赫兹条纹法（THz streaking）间接测量自由电子激光产生的 X 射线激发的低能光电子的时间抖动[24]。由于太赫兹脉冲与外激光严格同步，而 X 光产生的光电子则与 X 光脉冲严格同步，同时 X 光又与相对论电子束严格同步，因此测量了光电子相对于太赫兹脉冲的时间抖动即知道了电子束以及 X 光相对于外激光的时间抖动。在兆电子伏超快电子衍射中，电子束的电荷量远小于自由电子激光中的电子束的电荷量，因而其横向场不足以产生足够的电光信号；另外，电子束被加速到接近光速，因此对于常规的太赫兹条纹法来说，自由空间中的电场与磁场分量对电子束的作用相互抵消，也不适合测量电子束的到达时间。

为了解决自由空间中太赫兹电场与磁场分量对相对论能量电子束的相互作用几乎抵消的问题，我们可以借鉴超材料近场增强技术，其具体原理如图 3-42 所示。当太赫兹电场入射到宽度远小于其波长的矩形狭缝时（太赫兹电场的偏振态沿短边的方向），由于入射太赫兹电场的激励作用，金属薄膜上的自由电子将形成表面迁移电流并且积累在狭缝

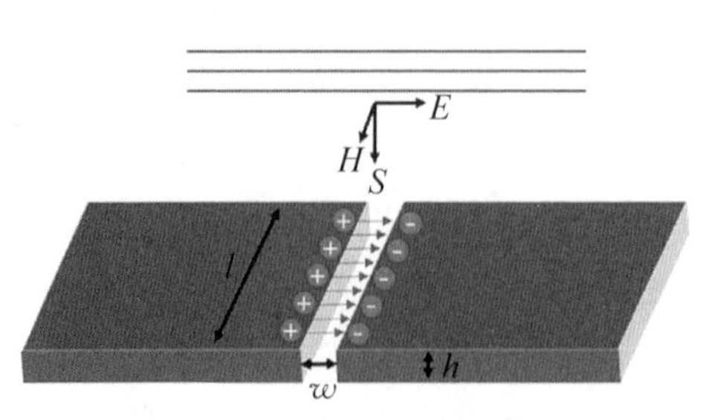

图 3-42　金属薄膜上的亚波长狭缝的场增强原理图

的边缘；此时的狭缝相当于一个电容器，由于此电容器的面间距很小，大量的电荷积累在狭缝中形成的电场往往远远强于入射太赫兹电场，即产生近场增强效应。而对于磁场，则增加的比例较少。因此当相对论电子束通过狭缝时，电场力与磁场力不再抵消，电子可获得较大的横向偏转，类似于工作在太赫兹波段的偏转腔。

理论分析表明，当太赫兹偏振态沿矩形狭缝的短边方向时，太赫兹场分量在波长约等于2倍狭缝长边时增强最多，且增强的比例近似等于狭缝长边与短边的比值[25]。由于只有特定分量的太赫兹场增长最多，因此当单周期宽谱太赫兹脉冲经过狭缝后，将转化为以该特定分量为主的多周期窄带宽太赫兹脉冲，因此这样的狭缝也被用做带通滤波器。

图3－43(a)所示为在厚度为17 μm的厨房用铝箔纸上利用激光加工的方法制备的长200 μm、宽10 μm的狭缝。利用离轴抛物面镜将太赫兹脉冲聚焦到狭缝上，对于不同的狭缝宽度，利用电光采样法测量透过的太赫兹脉冲时域分布如图3－43(b)所示。从图中可见，当没有狭缝时(黑线)，太赫兹场为单周期宽谱的分布，而当有狭缝时，透过的太赫兹场呈多周期分布。相应地，透过的太赫兹场的频域分布如图3－43(c)所示。尽管从总体上看，透过的太赫兹场的最大场强分布大概为入射波的1/10，但是考虑到透射的太赫兹场为多周期，其在特定频率的分量的强度却达到了入射波的1/2。考虑到太赫兹场的焦点尺寸大约为0.4 mm×0.4 mm，而200 μm长、10 μm宽的狭缝的面积仅为

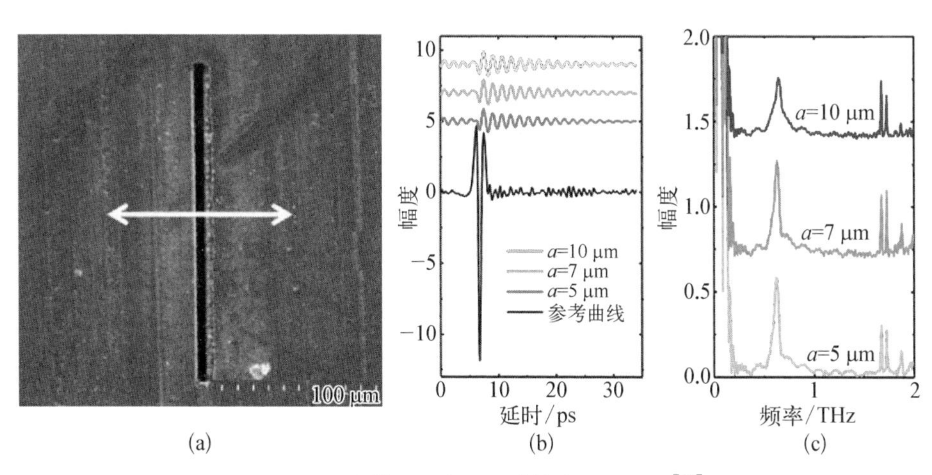

图3－43　太赫兹场在金属狭缝中的场增强[26]

(a) 矩形狭缝；(b) 太赫兹时域分布；(c) 频域分布

太赫兹场焦点面积的1%，却透过了50%的特定频率分量，因此这代表着该频率分量的强度获得了极大的增强。

具体的分析表明，透射的多周期太赫兹场频率约为0.63 THz，近似为狭缝长边对应的频率的一半。按照简单的微波腔共振理论可知，对于矩形波导，当电场方向沿短边方向时，其截止波长刚好为场边的两倍，与图3-43中的实验结果一致。此外，透射的太赫兹场约包含10个周期，代表矩形狭缝的品质因子大约为10，因此用矩形波导的共振理论可以定性地分析近场增强后的太赫兹场分布。

太赫兹场在狭缝中的具体分布可以通过CST等软件模拟获得。以上海交通大学的太赫兹偏转腔实验为例[9]，首先利用激光在铌酸锂晶体中通过波前倾斜的方法产生单周期太赫兹脉冲，利用电光采样法测量得到的太赫兹脉冲时域分布和频域分布如图3-44所示。太赫兹场呈单周期分布，峰值场强约为100 kV/cm，中心频率约为0.6 THz。

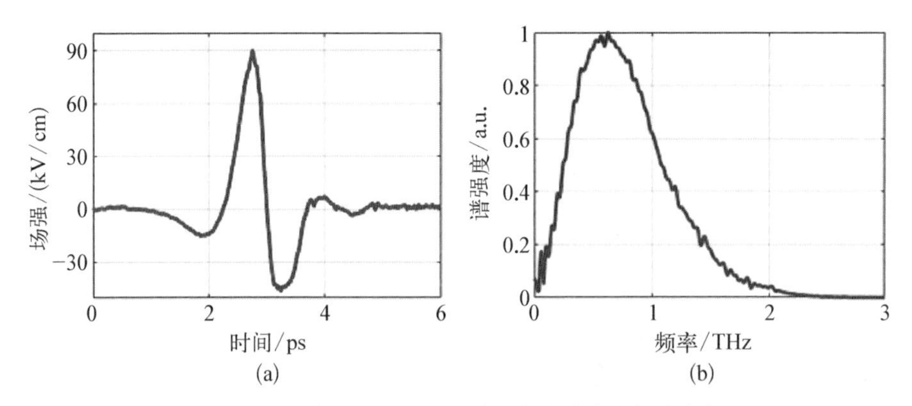

图3-44 基于铌酸锂的太赫兹脉冲时域和频域分布

(a) 时域分布；(b) 频域分布

参考图3-43中的结果，为了得到最大程度的场增强，实验中选择矩形狭缝的宽为250 μm，恰巧为最强频率(0.6 THz中心频率)对应波长的1/2，选择狭缝的高度为10 μm，对应较大的场增强，同时电子束经过10 μm狭缝后散角会降低，也可以提高太赫兹偏转腔测量电子束时间信息的分辨率。将此时域分布作为输入，输入CST软件可以模拟得到狭缝中的太赫兹电场和磁场分布，如图3-45所示。从图中可以看到几个显著的特点：① 单周期太赫兹场变为了多周期，与理论分析一致；② 电场强度获得了大幅提高，峰值场强达到了400 kV/cm；③ 磁场不仅增强的因子较小，其与电场也不再完全同相位，因

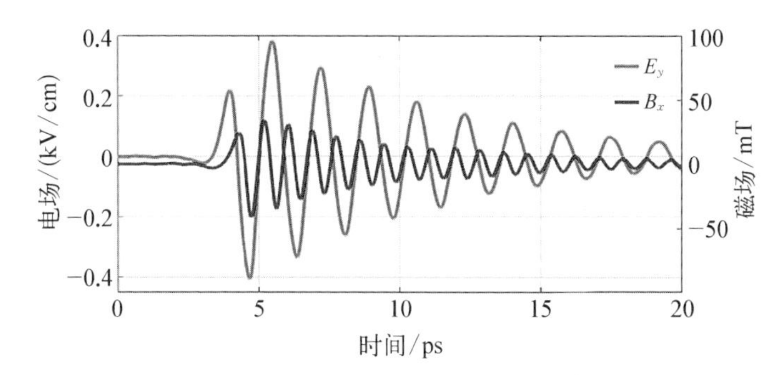

图 3-45　矩形狭缝中的单周期太赫兹电场和磁场分布

此二者产生的横向偏转力并不互相抵消，电子可获得有效横向偏转。

进一步可分别对电场力和磁场力积分，获得电子束通过狭缝时的总偏转力，定性地说，其总体分布与电场分布类似。因此，不同时间到达狭缝的电子会获得不同的横向动量，在一段自由漂移距离之后电子的时间信息将转化为横向位置信息并被束线下游的探测屏记录，这便是太赫兹偏转腔的基本原理。在实际使用时，太赫兹偏转腔相比微波偏转腔有一定的特殊性。第一，微波偏转腔尺寸较大，故只要电子从微波腔通过，便可保证电子与微波场的空间重合；而对于太赫兹偏转腔，由于其场增强区域仅为 10 μm 量级，故需要确保电子与太赫兹脉冲在狭缝处精确的空间重合。第二，微波腔中微波场的存在时间为微秒量级，故微波与电子的时间重合较为容易；而太赫兹偏转腔中太赫兹场仅存在数周期(约为 10 ps 量级)，因此太赫兹脉冲需要与电子实现精确的时间重合，方能实现二者的有效相互作用。

一种典型的实现太赫兹脉冲与电子时空重合的方法包括如下几个步骤。首先，在初步确定电子束的轨道后，可以将电光晶体放置于实验中狭缝所在的位置，优化电光采样中的探测光的横向位置以及电光晶体的纵向位置，调节太赫兹脉冲的聚焦元件(离轴抛物面镜)，控制探测光和太赫兹脉冲相对延迟的平移台，将电光信号优化至最强。这一步保证了探测光与太赫兹脉冲焦点的空间重合以及电光采样探测光与太赫兹脉冲的时间重合。其次，将作用室抽成真空，开展束流实验。比如可以增加电光采样的探测光的能量，并利用透镜将其聚焦到狭缝边缘以便打出等离子体，这样利用超快电子衍射中确定时间零点的方法，改变激光的延时，直到观察到电子束的横向分布明显被激光激发的等离子体中的电磁场扰动的迹象，这一步就确保了电子束与电光采样激光的时空同步。因为电光采样的激光与太赫兹脉冲已经实现了时间同步，因此实现电子与激光时间重合也就是实现了电子与太赫兹脉冲的时间重合。最后，让激光和电子束都通过狭缝，则确保了电子与太赫兹脉冲的空间重合。

在上述步骤之后，就实现了太赫兹脉冲与电子束在狭缝中的时空重合，通过改变电子束与太赫兹脉冲的相对延迟，并测量下游测量屏上的电子分布，就可以得到太赫兹偏转腔对电子的偏转图(见图 3-46)。总体上看，电子束的偏转与图 3-45 中狭缝内的电场分布图类似，当电子早于太赫兹脉冲到达狭缝时(图中延时为 0～3 ps 区域)，电子不受太赫兹场的作用，经过狭缝后散角和横向尺寸保持不变；当电子晚于太赫兹脉冲到达狭缝时，狭缝中存在时间约为 20 ps 的电磁场，会对电子束施加偏转，总体上看偏转呈现单频模式，幅度不断衰减。

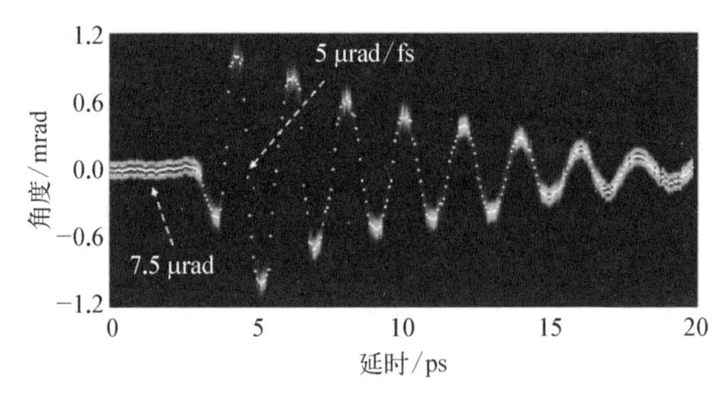

图 3-46　不同延时处太赫兹场对电子束的偏转

太赫兹偏转腔测量电子束脉宽和时间抖动与微波偏转腔在测量范围上有着较大的区别：微波偏转腔由于波长远大于电子束脉宽，故在零相位附近都可以施加给电子束线性的偏转；而太赫兹脉冲由于波长与电子束相比拟，因此线性区仅为波长的 1/4。对于图 3-46 的情形，测量的动态范围仅约为 0.4 ps，只有当电子束脉宽以及时间抖动峰值远小于 0.4 ps 时才能被准确测量。由于测量时将时间信息转化为角度信息，因此分辨率会受到最大偏转梯度和电子束本身的指向抖动和散角的限制。图 3-46 中测得的最大偏转梯度为 5 mrad/fs(见图 3-46 中延时为 4.5 ps 的区域)，没有太赫兹场作用时，电子束的指向抖动为 7.5 μrad，因此利用近场增强技术优化后的亚波长狭缝太赫兹偏转腔对电子束飞行时间的确定精度约为 1.5 fs。

值得指出的是，此处利用太赫兹偏转场对电子束的偏转角度最大约为 1 mrad，对应于 3 MeV 的电子则代表着最大横向偏转电压为 3 keV；考虑到太赫兹偏转场的波长比 C 波段微波短 100 倍，因此其对电子束的偏转力与 C 波段偏转腔的 300 kV 偏转电压类似。由于一般超快电子衍射中已配备飞秒激光，而只需要将飞秒激光注入铌酸锂中便可产生太赫兹脉冲，因此相比微波偏转腔，该方法大幅降低了电子束脉宽和时间抖动测量的规模和造价。

为测量电子束脉宽和时间抖动，可以将电子束与太赫兹脉冲的延时调整至约 4.5 ps 的区域，该区域电子束会受到线性的偏转力作用，具有大约 0.4 ps 的测量范围。在该条件下，进一步测量的经过微波聚束腔压缩后的电子束时间分布数据如图 3 - 47 所示。图 3 - 47(a)中左侧纵坐标轴代表时间，右侧纵坐标轴代表测量精度，可以看到几乎所有电子束的到达时间都落在了线性测量精度优于 3 fs 的测量窗口内(两条虚线之间的部分)；图中白色实线为太赫兹场对电子束的偏转与延时的关系；在脉宽压缩后，电子束的脉宽较短，但是发与发存在较大的时间抖动，且时间抖动的窗口已经远大于压缩后的电子束脉宽。图 3 - 47(b)所示为连续五百发电子到达时间分布的统计结果，用高斯分布(灰色曲线)对这个分布中小于 300 fs 的数据(即测量精度优于 3 fs 的数据)进行拟合，得到电子束与太赫兹脉冲的相对时间抖动的均方根为 140 fs。

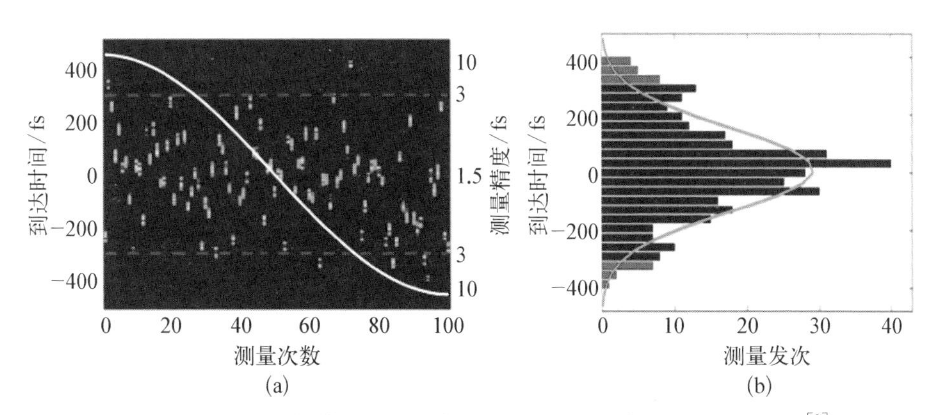

图 3 - 47　太赫兹偏转腔测量聚束腔压缩后的电子束分布及时间抖动[9]

(a) 电子束分布；(b) 电子束到达时间分布

由此可见，微波聚束腔确实在把电子束压缩到数飞秒的同时，把电子束相对于外激光的到达时间抖动增加到了超过 100 fs，如果不对电子束飞行时间抖动进行校正，则微波聚束腔对电子束脉宽的压缩并不会提高超快电子衍射的时间分辨率。类似于自由电子激光中对 X 光时间抖动进行测量-校正的方法，在超快电子衍射中利用太赫兹偏转腔开展泵浦-探测实验的同时测量每一发电子束相对于外激光的到达时间，再把数据按照校正后的延时重新排列，即可消除时间抖动对分辨率的影响，因此太赫兹偏转腔对提高超快电子衍射时间分辨率具有重要的实际意义，同时测量的时间抖动数据也可以用于优化机器各元件性能。

3.3.7 太赫兹示波器

太赫兹偏转腔在实际应用中具有两个明显的缺点：一是使用的亚波长狭缝尺寸较小，束团中的绝大部分电子都被狭缝卡掉了，尽管漏过的小部分电子可以用于电子束脉宽和时间抖动的测量，但是用于超快电子衍射产生衍射斑则会大幅降低信号量；二是由于要求太赫兹偏振态方向沿狭缝的短边方向能形成有效的场增强和偏转，因此其只能形成在一个方向的类似正弦函数形式的偏转，测量的动态范围限制在四分之一太赫兹周期，难以用于更长和更大的时间抖动的电子束时间信息测量。

为此，近年来发展了太赫兹示波器技术，圆满地解决了这两个缺点[27]。在原有太赫兹源基础上，为了增加动态测量范围，可以考虑增加太赫兹偏转的维度。比如，如果将线偏振的偏转改为圆偏振的偏转，则由于整个圆周都感受到相同的偏转力，测量的动态范围就可以从 1/4 波长增加到整个波长。然而，要实现这样的偏转模式，则必须放弃矩形狭缝的方案，必须使得太赫兹脉冲在两个方向都可以与电子有效地相互作用。一种适合的方法是使用具有圆周旋转对称特点的圆形金属介质管来代替具有一维结构特点的亚波长狭缝。如图 3-48(a)所示，这种介质管一般由金属镀层、介质层和中空层组成，与用于产生尾场压缩电子束脉宽的结果类似。如图 3-48(b)和(c)所示，在介质管中注入线性偏振的太赫兹脉冲时可以激发其中的 HEM_{11} 模式（TM_{11} 和 TE_{11} 偶

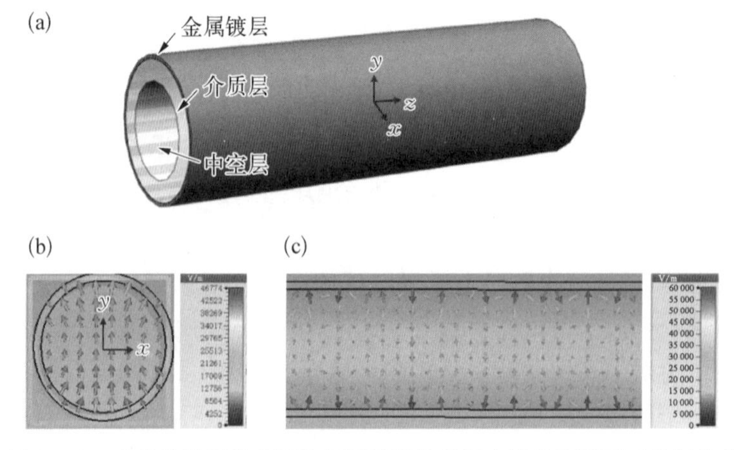

图 3-48 太赫兹波段的金属介质管及线性偏振太赫兹源激励下的场分布

(a) 金属介质管示意图；(b) 场分布

极模式的线性叠加)，选择合适的参数可以使得 HEM_{11} 模式的相速度与电子速度相同，从而实现太赫兹脉冲与电子束的持续相互作用并沿电场方向给予电子束横向偏转。为了实现螺旋偏转，可以考虑同时注入两束太赫兹脉冲，二者的偏振态相互垂直，相位差为 90°，则二者产生的偏转力也相互垂直并且相位差为 90°，总体作用在电子束上时便成为螺旋偏转，类似于两路线偏振电磁波叠加为圆偏振电磁波。需要指出的是，介质管的尺寸一般为数百微米，因此可供绝大部分电子通过，提高了电子的使用效率。同时介质管可提供更长的作用距离(矩形狭缝的作用距离约为狭缝厚度)，使得其在不存在场增强效果的情况下仍然能产生与矩形狭缝相比拟的偏转力。

有了支持多种偏振方向太赫兹脉冲的介质管以后，为了将线偏振太赫兹脉冲转化为两个偏振方向互相垂直的分量叠加而成的圆偏振太赫兹脉冲，既可以搭建两个太赫兹源，也可以使用由一对金属丝偏振片和一对屋脊反射镜(roof mirror)组成的 Martin - Puplett 干涉仪，后者的基本原理如图 3 - 49 所示。屋脊反射镜将入射光的偏振进行镜像对称翻转后沿原方向折回；入射到金属丝偏振片的光中与金属丝排布方向平行的偏振态分量被完全反射，与金属丝垂直的偏振态分量完全透过。在图 3 - 49(b)所示的 Martin - Puplett 干涉仪中，一束竖直偏振的太赫兹脉冲入射这个系统，首先被金属丝偏振片(WGP - 1)一分为二。在 WGP - 1 面内的金属丝方向与入射太赫兹脉冲的偏振方向呈 45°，因此分成两束后的太赫兹脉冲偏振方向互相垂直且能量相等，两种偏振状态分别标记为 1 和 2。两路太赫兹脉冲各经过一个屋脊反射镜后沿原方向返回。出射屋脊反射镜的太赫兹脉冲光的偏振与入射时的偏振方向呈左右镜像对称，因此两路太赫兹脉冲的偏振状态互换，同时在第二个金属丝偏振片(WGP - 2)处仍互相垂直。WGP - 2 的金属丝方向与 WGP - 1 一致，因此原本在 WGP - 1 透射(反射)的能量在 WGP - 2 处全反(全透)，实现了两路太赫兹脉冲的重新合束。将其中一路太赫兹脉冲的屋脊反射镜安装在一个电动平移台上，我们就可以通过调节两路太赫兹脉冲的光程差来控制在 WGP - 2 处合束的两路偏振正交的太赫兹脉冲的光程差，实现对最终输出太赫兹脉冲的偏振态调节。比如可以调节两路太赫兹脉冲的延迟时间至相位差为 90°，则合成的太赫兹脉冲呈圆偏振分布，进一步将其注入大孔径圆形介质波导中，就可以实现对电子束的圆周偏转，大幅提高太赫兹脉冲偏转的实用性和测量的动态范围。当然这个过程也可以理解为两路不同偏振态、不同延时的线偏振太赫兹脉冲分别注入介质管中，分别对电子进行两个正交方向的偏

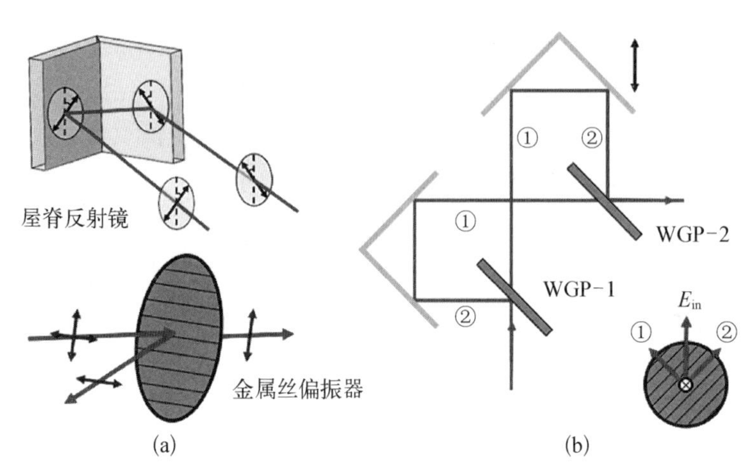

图 3-49 屋脊反射镜和金属丝偏振器操控太赫兹偏振态

(a) 原理图;(b) Martin-Puplett 干涉仪

转,最终电子束感受到的合力仍然为螺旋偏振。

实验中调节 Martin-Puplett 干涉仪的延时将输出的太赫兹偏振态调节为圆偏振,然后将太赫兹脉冲聚焦耦合到镀金介质管中,测量得到的电子束相对太赫兹脉冲不同延时处的分布如图 3-50 所示。从图中可以看到太赫兹脉冲实现了对电子束的二维圆周偏转,图中的三维螺旋曲线可以理解为 X 方向和 Y 方向各自偏转曲线的矢量叠加,图中的曲线仅显示了电子束中心位置的变化。

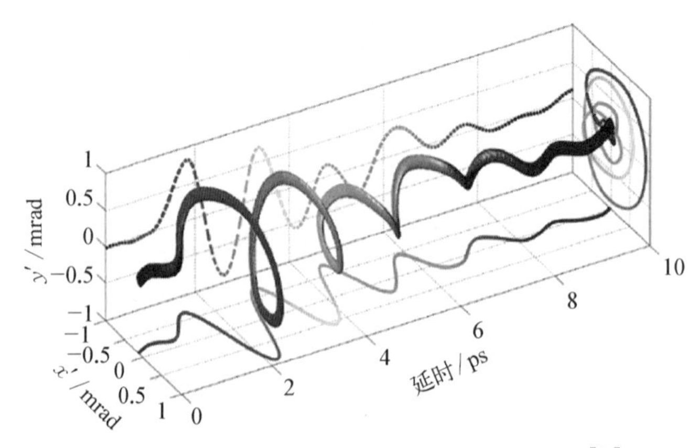

图 3-50 太赫兹示波器对电子束进行螺旋偏转[27]

将曲线分别投影至 $X-t$ 和 $Y-t$ 平面得到电子束在 X 方向和 Y 方向上的偏转分量,仔细分析二者的变化可以发现,二者存在 90°的相位差,对应于两个分量太赫兹脉冲的相位差。将 10 ps 的时间窗口内电子束在 X 和 Y 方向上的运动轨迹投影在 $X-Y$ 平面,可以得到不同半径的螺旋线;由于太赫兹脉冲的包络存在调制,故螺旋线存在不同的半径,这可以进一步将太赫兹示波器测量电子束时间信息的动态范围拓展到数个周期。之所以将该技术称为太赫兹示波器是因为其与传统的示波器有着非常多的相似之处,比如传统示波器是利用两个方向的偏转电压施加在极板上将信号产生的电子束进行偏转,进而以二维的形式显示在屏幕上;此处是利用介质管和太赫兹脉冲实现对相对论电子束的直接二维偏转。

如前所述,调节两路太赫兹脉冲的延时可以改变叠加后的太赫兹脉冲分布,进而实现对电子束不同模式的偏转。图 3-51 所示为改变太赫兹脉冲延时获得的不同偏转模式下的电子束分布。当两路太赫兹脉冲同相位时,叠加得到的太赫兹脉冲仍然为线偏振,太赫兹电场方向沿竖直方向,相应的电子束也沿竖直方向偏转,偏转后的分布呈长条状[见图 3-51(a)];当两路太赫兹脉

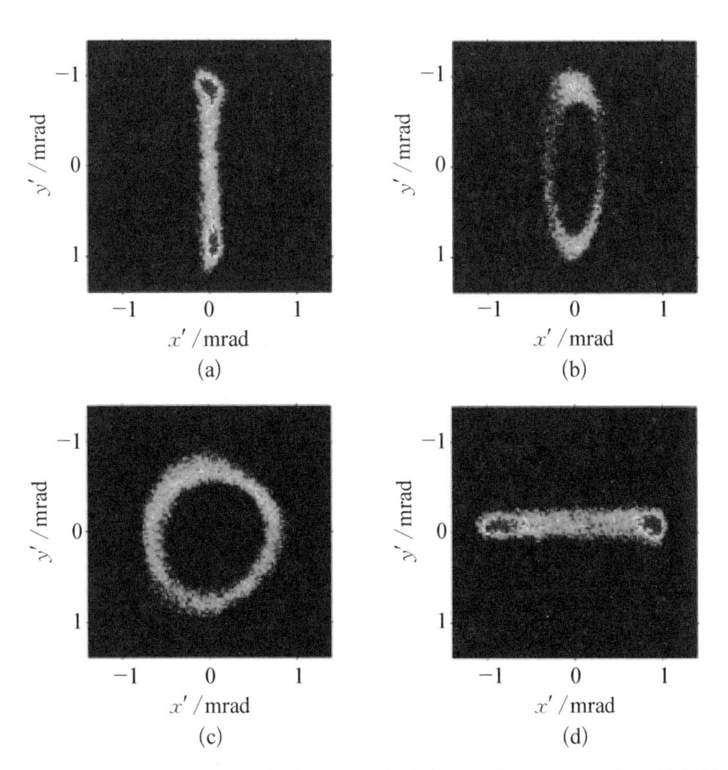

图 3-51　两路偏振态垂直的太赫兹脉冲在不同相位差时对电子的偏转

(a) 0°;(b) 45°;(c) 90°;(d) 180°

冲相位差为 45°时，叠加得到的太赫兹脉冲为椭圆偏振，相应的电子束偏转后的分布呈椭圆形[见图 3-51(b)]；当两路太赫兹脉冲相位差为 90°时，叠加得到的太赫兹脉冲为圆偏振，相应的电子束被偏转后的分布呈圆形[见图 3-51(c)]；而当继续增加两路太赫兹脉冲的延时，使得其相位差为 180°时，叠加得到的太赫兹脉冲仍然为线偏振，相比同相时候的情况，偏振态旋转 90°变为沿垂直方向，相应的电子束偏转也沿垂直方向，偏转后的分布呈水平方向的长条状[见图 3-51(d)]。

螺旋偏转相比线偏转的一大优势是测量的动态范围更大，为证明该优势，实验中产生了 4 个间隔为 0.4 ps 的电子束脉冲串，由于该脉冲串的总长度大于太赫兹脉冲的 1/4 个周期，故利用线偏振太赫兹脉冲进行线偏转难以准确测量其分布。如图 3-52(a)所示，电子束脉冲串的分布取决于电子束相对于太赫兹脉冲的延时，测量结果可能有很大差别。比如当脉冲串的第一个电子束位于太赫兹脉冲的零相位时(见图中深灰色点)，此时第一个和第三个电子束均位于零相位，二者受到近似相同的偏转，最终导致测量到的电子束分布为 3 个鼓包状；而当脉冲串的第一个电子束位于太赫兹脉冲的约 45°相位时(见图中浅灰色点)，此时第一个和第二个电子束感受到相同的正方向的偏转，第三个和第四个电子束感受到相同的反方向的偏转，最终测量到的电子束分布为 2 个鼓包状。而利用太赫兹示波器技术对电子束脉冲串进行螺旋偏转后，四个电子束均匀分布在圆周[见图 3-52(b)]，由于测量的动态范围大于电子束脉冲串的总长度，故太赫兹示波器可以准确地测量电子束脉冲串的分布。

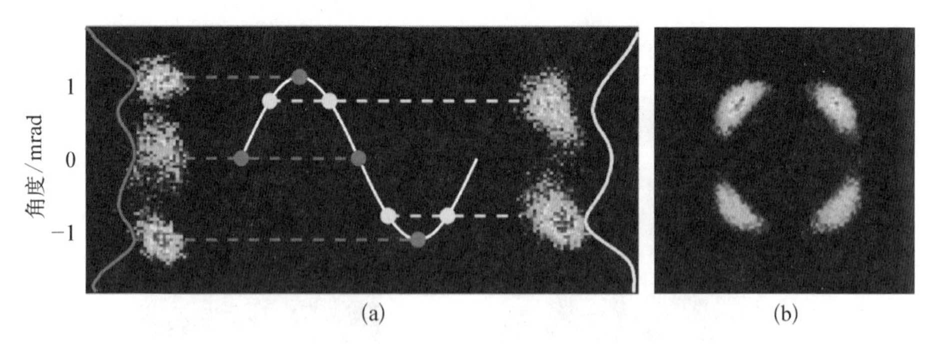

图 3-52　线偏振及圆偏振太赫兹脉冲对电子束的偏转

(a) 线偏振；(b) 圆偏振

利用上述螺旋偏转能实现更大的测量范围，可以对电子束的脉冲压缩过程进行直接观察，比如对半高全宽为 2 ps 的电子束的微波聚束压缩过程的测量如图3-53所示。图3-53(a)所示为微波聚束前,太赫兹脉冲圆周偏转测得的电子束束长信息,可见电子束总长度约为4 ps,得益于太赫兹脉冲包络变化,不同圆圈具有不同的半径,故实验的测量范围获得了进一步增加;图3-53(b)至图3-53(d)所示为逐渐加大微波聚束腔的电压时电子束的压缩情况,可见随着聚束腔电压的提高,电子束头部和尾部分别向束团中间收缩,最终获得了半高全宽为35 fs的超短电子。此太赫兹示波器预计会在兆伏特超快电子衍射中有广泛的应用。

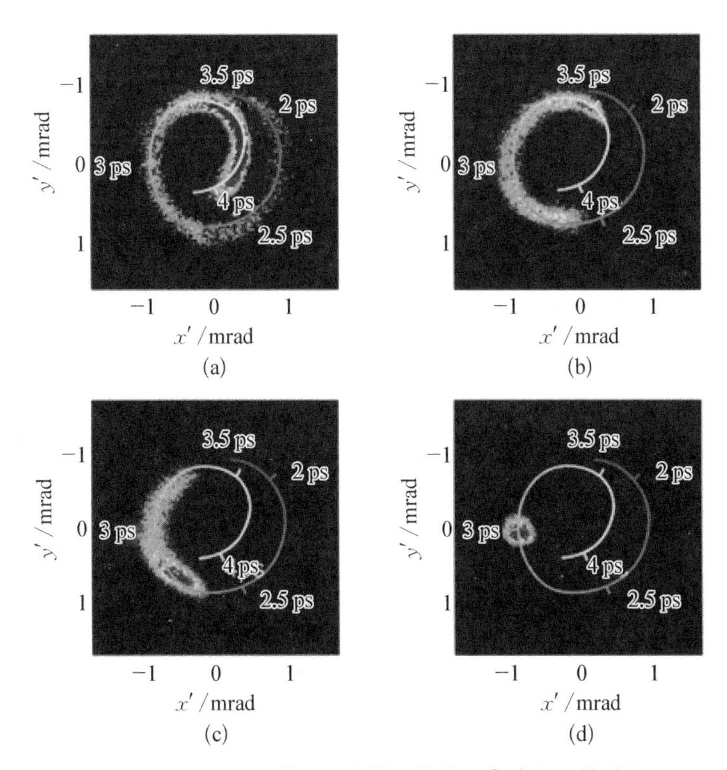

图3-53 利用太赫兹示波器测量电子束脉宽压缩过程

(a) 聚束腔电压为0;(b) 聚束腔电压为0.5 MV;(c) 聚束腔电压为0.8 MV;(d) 聚束腔电压为1 MV

参考文献

[1] Kim K. RF and space-charge effects in laser-driven RF electron guns[J]. Nuclear Instruments and Methods in Physics Research Section A, 1989, 275(2): 201-218.

[2] Hauri C, Ganter R, Le Pimpec F, et al. Intrinsic emittance reduction of an electron beam from metal photocathodes[J]. Physical Review Letters, 2010, 104(23): 234802.

[3] Feng J, Nasiatka J, Wan W, et al. Thermal limit to the intrinsic emittance from metal photocathodes[J]. Applied Physics Letters, 2015, 107(13): 134101.

[4] Luiten O, Van Der Geer S, Loos M, et al. How to realize uniform three-dimensional ellipsoidal electron bunches[J]. Physical Review Letters, 2004, 93(9): 094802.

[5] Li Y, Lewellen J. Generating a quasiellipsoidal electron beam by 3D laser-pulse shaping[J]. Physical Review Letters, 2008, 100: 074801.

[6] Musumeci P, Moody J, England R, et al. Experimental generation and characterization of uniformly filled ellipsoidal electron-beam distributions[J]. Physical Review Letters, 2008, 100(24): 244801.

[7] Akre R, Dowell D, Emma P, et al. Commissioning the linac coherent light source injector[J]. Physical Review Special Topics-Accelerators and Beams, 2008, 11(3): 030703.

[8] Ding Y, Brachmann, A, Decker F, et al. Measurements and simulations of ultralow emittance and ultrashort electron beams in the linac coherent light source[J]. Physical Review Letters, 2009, 102(25): 254801.

[9] Zhao L, Wang Z, Lu C, et al. Terahertz streaking of few-femtosecond relativistic electron beams[J]. Physical Review X, 2018, 8: 021061.

[10] Zhao L, Jiang T, Lu C, et al. Few-femtosecond electron beam with THz-frequency wakefield-driven compression[J]. Physical Reviwe Accelerators and Beams, 2018, 21: 082801.

[11] Lu C, Jiang T, Liu S, et al. Coulomb-driven relativistic electron beam compression[J]. Physical Review Letters, 2018, 120(4): 044801.

[12] Lundh O, Lim J, Rechatin C, et al. Few femtosecond, few kiloampere electron bunch produced by a laser-plasma accelerator[J]. Nature Physics, 2011, 7: 219.

[13] Lai R, Siervers A. Phase problem associated with the determination of the longitudinal shape of a charged particle bunch from its coherent far-ir spectrum[J]. Physical Review E, 1995, 52: 4576.

[14] Xiang D, Yang X, Huang W, et al. Experimental characterization of sub-picosecond electron bunch length with coherent diffraction radiation[J]. Chinese Physics Letters, 2008, 7: 2440.

[15] Behrens C, Gerasimova N, Gerth Ch, et al. Constraints on photon pulse duration from longitudinal electron beam diagnostics at a soft X-ray free-electron laser[J]. Physical Reviews Special Topics — Accelerators and Beams, 2012, 15: 030707.

[16] Uesaka M, Ueda T, Kozawa T, et al. Precise measurement of a subpicosecond electron single bunch by the femtosecond streak camera[J]. Nuclear Instruments and Methods in Physics Research Section A, 1998, 406(3): 371.

[17] Shen Y, Yang X, Carr G, et al. Tunable few-cycle and multicycle coherent terahertz radiation from relativistic electrons[J]. Physical Review Letters, 2011, 107: 204801.

[18] Ricci K, Smith T. Longitudinal electron beam and free electron laser microbunch measurements using off-phase rf acceleration[J]. Physical Reviews Special Topics-Accelerators and Beams, 2000, 3(3): 032801.
[19] Xiang D, Hemsing E, Dunning M, et al. Femtosecond visualization of laser-induced optical relativistic electron microbunches[J]. Physical Review Letters, 2014, 113: 184802.
[20] Maxson J, Cesar D, Calmasini G, et al. Direct measurement of sub-10 fs relativistic electron beams with ultralow emittance[J]. Physical Review Letters, 2017, 118(15): 154802.
[21] Xiang D and Ding Y. Longitudinal-to-transverse mapping for femtosecond electron bunch length measurement[J]. Physical Reviews Special Topics-Accelerators and Beams, 2010, 13: 094001.
[22] Behrens C, Decker F, Ding Y, et al. Few-femtosecond time-resolved measurements of X-ray free-electron lasers[J]. Nature Communications, 2014, 5: 3762.
[23] Cavalieri A, Fritz D, Lee S, et al. Clocking femtosecond X rays[J]. Physical Review Letters, 2005, 94(11): 114801.
[24] Grguras I, Maier A, Behrens C, et al. Ultrafast X-ray pulse characterization at free-electron lasers[J]. Nature Photonics, 2012, 6: 852.
[25] Garcia-Vidal F, Moreno E, Porto J, et al. Transmission of light through a single rectangular hole[J]. Physical Review Letters, 2005, 95: 103901.
[26] Park D, Choi S, Ahn Y, et al. Terahertz near-field enhancement in narrow rectangular apertures on metal film[J]. Optics Express, 2009, 17(15): 12493.
[27] Zhao L, Wang Z, Tang H, et al. Terahertz oscilloscope for recording time information of ultrashort electron beams[J]. Physical Review Letters, 2019, 122: 144801.

第4章
兆伏特超快电子衍射

利用光阴极微波电子枪产生速度大于0.99倍光速的电子,通过降低空间电荷力的影响,可大幅提高超快电子衍射的时间分辨率;目前国际上10余台兆伏特超快电子衍射均采用光阴极微波电子枪作为电子源。受限于各装置的微波幅值与相位稳定性及各装置布局的不同,绝大部分装置目前仅开展了静态衍射斑的测量和简单的原理实验验证,目前仅美国SLAC国家实验室和上海交通大学的装置开展了较有挑战性的应用实验。

本章将介绍兆伏特超快电子衍射装置的构造、相关技术及典型应用,将重点关注难以在千伏特超快电子衍射开展的相关研究。

4.1 装置构造及基本元件概述

兆伏特超快电子衍射装置结构如图4-1所示,包括激光系统、微波系统、激光微波同步系统、电子枪、样品室和探测系统等。

4.1.1 激光系统

激光系统通常采用基于钛宝石的飞秒激光器(商业产品脉宽为25～35 fs FWHM),其输出的飞秒激光脉冲分为两束,一束用于泵浦激光驱动样品的动力学过程,另一束作为飞秒电子束的驱动激光经过三倍频后入射到电子枪的光阴极上,通过光电效应产生超快电子脉冲。激光器一般包括振荡器、放大器、泵浦源和压缩器。振荡器利用锁模技术输出低峰值功率的飞秒激光脉冲串(如79.33 MHz,具体频率取决于振荡器的腔长);放大器用于将激光脉冲能量进一步放大;泵浦源波长一般短于激光的输出波长,其用于将晶体中的粒子数反转,用于在放大器中提高输出激光的能量,而其重复频率决定激光的输出

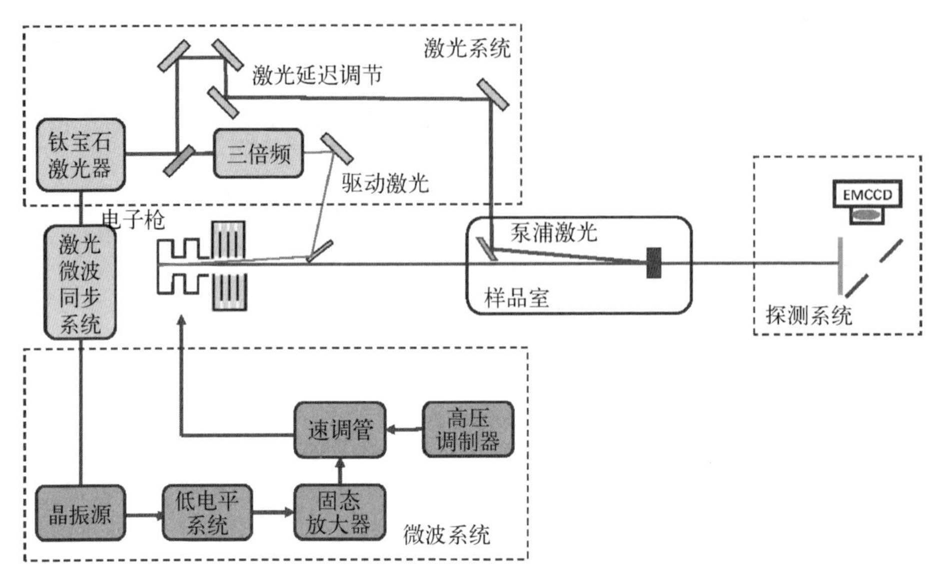

图 4－1　兆伏特超快电子衍射装置示意图

(一般为 10～1 000 Hz)；为了降低晶体中的峰值功率，放大器中的激光一般会被展宽到数百皮秒，因此压缩器的作用是在放大后将激光重新压缩回数十飞秒，这便是啁啾脉冲放大和压缩技术，该技术的发明人 Mourou 和 Strickland 获得了 2018 年诺贝尔物理学奖。此外，人们一般也会在泵浦激光的光路上增加平移台用于改变激光的光程以实现调节激光与电子束在样品处的时间延时。泵浦激光也可以用于产生太赫兹脉冲以便测量电子与激光的时间抖动等信息(如第 3 章中介绍的太赫兹偏转腔和太赫兹示波器等技术)。

为确保激光系统的长期稳定运行，激光室除了需要进行洁净处理，还需保持恒温恒湿的状态。图 4－2(a)为上海交通大学超快电子衍射与成像实验室的激光室实物图，通过在激光室周围增加约 50 cm 厚的缓冲层，首先将缓冲层内的温度控制到±1℃，进而可方便地将激光器所在区域的温度控制在±0.1℃的范围内，有利于确保激光器的长期稳定运行。同时应增加空调系统出风的面积以降低风速，避免气流对激光传输的扰动，一般高稳定激光系统要求风速小于 0.5 m/s。

微波系统以晶振源信号为时钟，激光系统以激光振荡器的信号作为自己的时钟，因此还需要利用激光微波同步系统将二者的频率锁定在一起，这样才能保证每次激光照射在阴极时所产生的光电子都感受到同样的微波场相位。以常规的振荡器频率为 79.3 MHz 的激光系统为例，首先从激光振荡器输出的激光中分出大约1%的能量，通过光电二极管采样，转化为79.3 MHz的脉冲信号；然后经过乘法器(×36)将激光的频率信号转化为2 856 MHz，这样与晶振源输出的2 856 MHz微波频率基本一致；进一步将两路信号输入鉴相器用于测量二者的相对相位变化；最终将鉴相器输出的误差信号转换为电信号，控制激光振荡器中的压电陶瓷，从而微调振荡器腔长，就可以使得激光与微波相位同步。

如图4-2(b)所示，利用信号分析仪可测量激光微波同步系统的噪声功率谱，其中浅灰色为激光振荡器自由运行时的结果，深灰色为微波晶振源参考信号的结果，可见二者存在较大差别，对应的时间抖动为14 ps。利用激光微波同步系统锁定后，振荡器的噪声功率谱如图中黑色曲线所示，其与晶振源信号的时间抖动低于40 fs，系统的控制带宽约为3 kHz；该同步精度可满足兆伏特超快电子衍射的装置需求，对提高时间分辨率和降低时间抖动极其重要。

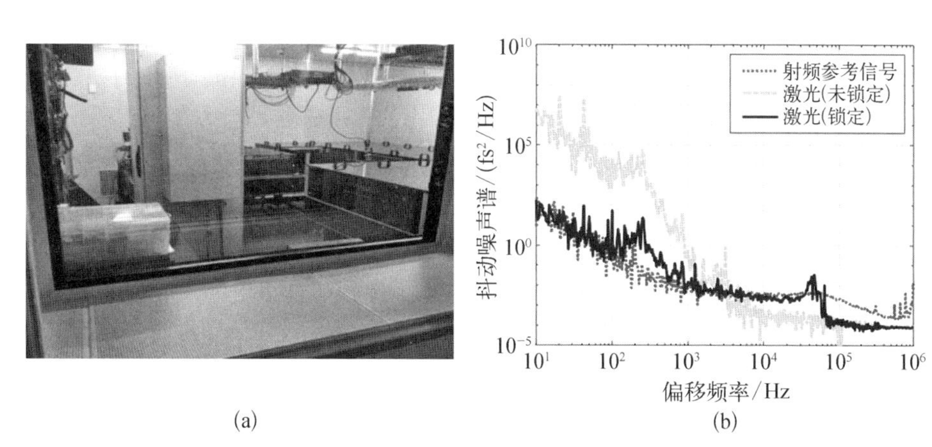

图4-2　典型的激光室布局及激光微波同步系统噪声功率谱

(a) 恒温布局；(b) 相位噪声功率谱

激光与微波同步后需进行三倍频至266 nm方能产生光电子，这是因为目前绝大部分光阴极微波电子枪均采用纯铜材料作为光阴极，而铜的功函数为4.3～4.6 eV，因此需要驱动激光波长在紫外波段才能使得光子能量高于铜的功函数，继而通过光电效应产生光电子。通常对800 nm激光进行三倍频的过程包括倍频与和频两个过程，倍频过程相对简单，只需要输入一路800 nm激光即可实现，而和频则需要在该过程中同时考虑参与和频的两路激光的空间重合与时间重合。通常有两种模式可以实现和频：第一种是先将基频光(800 nm)与倍频光(400 nm)分开，通过光学延时器同步，再合束；第二种方式是基频光与倍频光不分开，在倍频后的光路利用双折射晶体提供延时补偿和频。前者光路相对复杂，但对光学元件（如波片）要求低；后者光路简单，但对光学元件要求高。目前第二种方式应用得更为广泛，一般基频光和倍频光经过冰洲石做成的延时片补偿群速度失配引起的时间分离，然后再利用双色波片转动基频光的偏振方向，使其与倍频光偏振方向一致，最后再经过相位匹配的晶体进行三倍频。

在获得紫外激光后，往往会根据具体需求对紫外激光的脉宽和横向分布再次进行调整。比如当降低电荷量后，如果忽略空间电荷力和电子枪中的压缩效果的影响，可近似认为所产生的电子束脉宽与紫外激光脉宽相当；此时为降低电子束脉宽就需要首先降低紫外激光的脉宽。在三倍频的过程中，由于晶体的色散效应，紫外脉冲的宽度往往会大于 800 nm 激光，因此可以在产生紫外激光后利用光栅对紫外光进行再次压缩以获得更短的脉宽。为降低空间电荷力的影响，一般也需要紫外激光在横向均匀分布，这既可以利用专门的光斑整形系统实现，也可以利用小孔仅选择高斯分布激光中的中心平顶部分实现。

考虑到飞秒激光在远距离传输过程中受到很多限制，比如自相位调制、自聚焦，甚至成丝等，即使理论峰值功率密度没有达到空气自聚焦的阈值，也会由于空气扰动等因素引起局部自聚焦效应，影响光束品质。因此，在超快电子衍射中，一般应当将压缩前带有啁啾的数百皮秒脉宽激光从激光室传输至实验大厅后，再就近对激光脉宽进行压缩，这样可避免传输高功率激光可能带来的品质下降。此外，由于激光的传输距离一般为几米甚至十几米，为了最大程度消除因为衍射造成的激光横向分布的变化，同时降低激光长距离传输带来的指向性问题，应采用像传递的方法把初始激光横向分布成像在光阴极面上。这种采用像传递原理的传输光路等效于缩短激光的传输距离，从而大大抑制了由于激光系统指向稳定性带来的在光阴极面上的位置抖动，提高了电子束流的稳定性。

4.1.2 微波系统

微波系统产生高功率的脉冲微波，通过波导传输馈入电子枪，在电子枪中激发起交变的电磁场。通过利用其电场与电子束的相互作用，可以实现对电子束的加速。作为探针，电子束在能量稳定性、电荷量稳定性、飞行时间的稳定性、空间位置稳定性等方面具有较高要求，因此除要求激光系统具有高稳定性外，一般也要求微波系统具有较高的幅值和相位稳定性。微波系统主要包括晶振源、低电平系统、固态放大器、速调管和高压调制器，以下分别介绍其功能。

晶振源能输出连续稳定的微波，是整个系统的参考源。因为其输出是作为整个微波系统的种子信号，所以晶振源输出微波的频率、幅度和相位都要求具有非常高的稳定性，一般晶振源的相位噪声需要达到 25 fs。晶振源对环境变化比较敏感，需要工作在恒温环境中，并且应避免较大的机械振动干扰。

晶振源输出的微波信号功率在毫瓦量级，一般首先经过放大器放大到 100 W 的量级，该信号进一步被速调管放大到兆瓦级以便在电子枪中建立 60～100 MV/m 梯度的电场用于快速将电子加速到相对论能量。速调管由热阴极、聚焦线圈、微波腔和收集极组成。高压调制器的输出电压用于加速热阴极产生的电子。获得能量的电子在经过第一个微波腔时被固态放大器输出的微波进行速度调制，经过一段距离的漂移，速度调制转变为密度调制。随后电子再经过第二个微波腔，通过与腔中的微波场相互作用，将电子能量传递给微波场，经过能量耦合器输出微波，实现微波功率的放大功能。随后电子打在收集极上，将剩余动能转化为热能。速调管对微波功率的放大可以达到 10 万倍。以上海交通大学兆伏特超快电子衍射装置为例，其使用的速调管在 50 W 微波输入的情况下，输出功率可达到 5 MW。

高压调制器用于将市电转化为百千伏的脉冲高压以驱动速调管。速调管工作时，高压调制器在其阴极与阳极之间加载上百千伏的脉冲高压，为电子加速提供能量，因此其也是微波的能量来源。高压调制器输出电压的抖动将影响电子的能量，进而影响电子的飞行时间，最终导致速调管输出的高功率微波相位的抖动。同时，电子能量的抖动也会导致微波功率的抖动。所以高压调制器输出高压的稳定性是很重要的指标。上海交通大学兆伏特超快电子衍射装置所使用的全固态高压调制器能够输出 120 kV 高压，稳定性达到 30 ppm。

兆伏特超快电子衍射装置的电子源是光阴极微波电子枪。微波馈入电子枪后，在枪内建立交变的电磁场，模式为 TM_{010}，即在轴线上只有沿束流方向的交变电场，无磁场分量。驱动激光在合适的微波相位入射到光阴极表面，通过光电效应产生电子；之后迅速被垂直于阴极表面的电场加速。目前使用最广泛的微波电子枪工作在 2 856 MHz，阴极表面的最高加速电场强度可以达到 120 MV/m，能够在约 10 cm 的距离上将电子束的动能加速到大于 5 MeV。一般在自由电子激光中会采用高的梯度以产生电荷量在百皮库的高亮度电子束。然而伴随着梯度的增加,阴极处由于场发射导致的暗电流也会快速增加。由于微波的脉宽一般为微秒量级,而激光在几十飞秒量级,因此伴随着几十飞秒的光电子信号的产生,脉宽为微秒量级的暗电流本底信号也会同时产生。虽然暗电流的峰值流强比光电子低数个数量级,但是考虑到其脉宽比光电子高数个数量级,因此在超快电子衍射中暗电流本底是需要特别关注的参数。对自由电子激光装置而言,暗电流可以通过后续的加速和色散元件有效地消除;然而对超快电子衍射来说,由于电子源到样品的距离较短(一般约为 1 m)且一般没有色散元件,暗电流的消除要困难得多。因此对超快电子衍射装置,我们希望电子枪所产生的暗电流尽量低,这一方面可以通过降低阴极的粗糙度等工艺的改善来获得;另一方面也要求电场梯度不宜太高,这便是目前兆伏特超快电子衍射的电子束动能一般在 3 MeV 左右的原因。

低电平系统在微波系统中起着中枢控制的作用。它的主要功能有① 控制微波幅值和相位。低电平系统接收到晶振源的信号后将其转换为脉冲信号,并且可对自己输出的信号的幅值和相位进行改变,实现对下游的微波(最终是电子枪内的微波场)幅值和相位的控制。② 闭环反馈。晶振源一般工作在恒温环境中,且性能稳定,所以能够输出稳定的微波。但下游的微波设备一方面受自身工作性能的影响,另一方面受环境(如温度)变化的作用,输出的微波会引入不同程度的抖动和慢漂。设备之间传输微波的电缆和波导也同样会因为环境因素引入对微波的扰动。为了在电子枪内建立稳定的加速电场,需要从电子枪提取小功率微波信号,反馈给低电平系统。低电平系统根据提取信号相对于晶振源的变化,主动改变其输出微波的幅值和相位,以降低电子枪处微波的抖动,实现长期稳定运行。③ 监测与保护。除了电子枪的微波提取信号,低电平系统还监控放大器、速调管等设备输出的微波信号以及电子枪的反射信号,方便在微波系统异常时排查故障设备。低电平系统还能提供安全联锁保护功能,当打火剧烈或者反射信号过强时,主动短时间停止微波输出,避免电子枪、速调管等一些微波器件受到高功率微波损坏。④ 通信与记录。低电平还能与中央控制系统进行通信,实现远程控制和信息的交换,方便长时间记录各微波元件的工作状态,以便后期调用查询,分析各信号之间的相关性。

4.1.3 样品室及探测系统

样品室是样品与泵浦激光、电子探针相互作用的区域。如图 4-3(a)和

(b)所示，一般的固态样品均采用标准的 3 mm 直径电镜网格作为支撑，因此样品夹具上一般也预留可放置多个 3 mm 尺寸样品的孔，同时也会安装电子束测量屏[见图 4-3(b)中箭头所指的钇铝石榴石(YAG)屏]，用于监测电子束在样品处的横向尺寸，并用于调节激光与电子的空间重合。样品夹具一般由五轴平移台驱动，这样实现样品的三维平动和一维转动以及一维的面内转动。在兆伏特超快电子衍射装置运行时，一般确定电子束轨道后就不再改变电子束轨道，此时需利用五轴平移台将样品(一般尺寸在数百微米)移动到电子束的轨道上，同时还需根据需要旋转样品的角度以获得所需的衍射斑信息。此外，样品架还有控制样品温度的功能，可以利用制冷机或者液氮/液氦将样品温度降低，也可利用加热器将样品加热至高温；而同时使用液氮/液氦和加热器，通过控制液氮/液氦的流速以及加热器的功率，则可以对样品的温度进行调节。对样品温度的控制可以实现观测不同温度下样品对泵浦激光的响应，也有利于观察与温度相关的结构相变等实验现象。

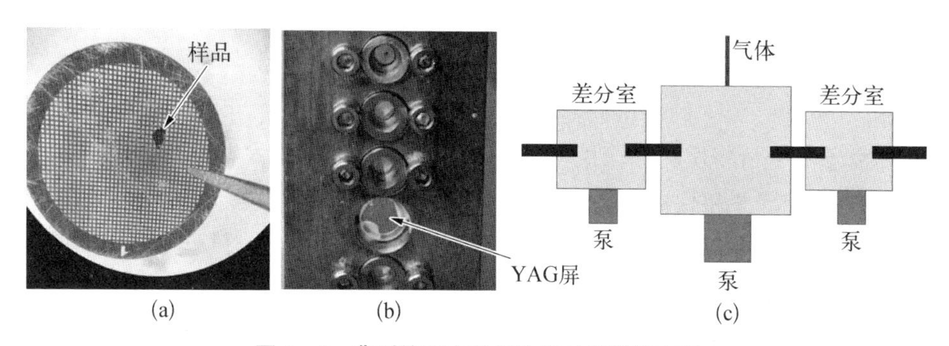

图 4-3　典型的固态和气态样品支撑及布局

(a) 电镜网格；(b) 简易样品夹具；(c) 气态样品室布局

对于气态样品，由于样品室里的真空度较低，为了确保电子源的高真空，除在样品室采用大抽速(如大于 1 000 L/min)的分子泵及时将气态样品排出腔室外，还需要在样品室前后设置差分室。如图 4-3(c)所示，差分室通过长度与横截面比值较大的锥形或小孔径圆管(图中黑色部分)连接以减小样品室气体流向差分室，以及差分室气体流向其余区域的气流量。采用此布局后，一般样品室的真空可维持在 10^{-4} mmHg 量级，差分室的真空可维持在 10^{-6} mmHg 量级，其余区域在 10^{-8} mmHg 量级，满足绝大部分的实验要求。早期的超快电子衍射研究气态动力学实验大多采用连续喷嘴，近期的实验一般采用超声脉冲喷嘴，二者各有优劣，需根据实验情况选择最佳的方案。为了便于电子、激光和气体三者的空间重合，喷嘴也需要由平移台移动；此处由于没有旋转的需求，故三维平动的平移台即可满足要求。由于气态样品的密度比固态晶体低很多，因此衍射信号较弱，实验中增加气体密度对提高实验的信噪比具有较大的意义。脉冲喷嘴可产生比连续喷嘴更高的气体密度，故有利于获得更高的信噪比。此外，脉冲喷嘴也有效地降低了样品室内的真空度。由于激光和电子的脉宽均在亚皮秒量级，故当使用连续喷嘴时，绝大部分分子并不会与激光及电子发生相互作用，并不对衍射信号有所贡献，反而会让真空度变差。然而脉冲喷嘴往往包含较为复杂的结构，一般通过脉冲电源驱动脉冲磁场，由磁场驱动活塞进而对分子进行打开和关闭，故使用寿命一般不如连续喷嘴高。此外，由于脉冲喷嘴也包含非金属的元件，故当样品饱和蒸气压低且需要加热到高温时往往会对脉冲喷嘴的部分非金属元件造成破坏；反之，连续喷嘴可以采用全金属的布局，一般可以加热到更高的温度。对于气态电子衍射实验，由于积分时间较长，故需要有效地屏蔽泵浦激光可能导致的杂散光。一般在气态样品室内还安装有两个反射镜，分别用于引导泵浦激光照射到样品上，以及将使用后的泵浦激光引出到真空室外，避免泵浦激光继续往下游传输到达探测器。

由于电子与物质相互作用较强，故穿透力较弱，在固体中穿透深度一般为 10 nm 量级，因此超快电子衍射的样品一般为无衬底的厚度小于 100 nm 的薄膜。此外，相比于 X 光可以在样品处聚焦到小于 10 微米，超快电子衍射中电子在样品处的横向尺寸在百微米量级，因此一般要求样品的尺寸也在百微米量级。不难看出，相比于 X 光散射，超快电子衍射对样品的要求要苛刻得多。从一定程度上说，高品质样品的获得已成为限制超快电子衍射应用的重要因素(无法制备成满足超快电子衍射应用需求的样品可以用超快 X 光散射来研究)。

得益于过去 10 多年里多项技术的发展，目前已有多种方法可用于制备百微米尺寸纳米厚度的无衬底薄膜。第一种方法适用于绝大部分多晶样品，即在溶于水的氯化钠上制备多晶样品，再转移到电镜网格上。一般的工序如下：首先将大块的 NaCl 单晶立方体用刀片剥离成厚约 2 mm 的薄片，剥离产生的解离面具有极高的面平整性，以此作为镀膜衬底，在高真空环境下将合适厚度的晶体薄膜通过蒸镀或溅射的方式镀在上面；随后将覆盖薄膜的单晶 NaCl 薄片切成表面积约为 3 mm×3 mm 的小块，用镊子夹住其侧面，将带有镀膜的表面缓慢地浸润到去离子水中；之后由于薄膜底下的 NaCl 会逐渐溶解入水中，薄膜与 NaCl 衬底分离后会浮在水面上；最后用较精细的镊子夹住标准的电镜网格边缘，将薄膜置于网格中间后缓慢捞起晾干，此过程中水迹挥发时表面张力的改变可能导致薄膜的破裂，一般网格上总会存在若干未破裂的区域，这样便获得了满足超快电子衍射要求的大尺寸无衬底薄膜样品。利用这种方法可制备铝、金、银等多晶样品。类似地，也可以利用激光分子束外延的方法在 NaCl 或者 KBr 上生长单晶样品，再将其溶于水并用电镜网格捞起，则可以获得单晶薄膜。图 4-4(a)所示为在 KBr 上利用激光分子束外延的方法制备的 PbTe 样品；由于铋的晶体结构和 KBr 也非常类似，故也可在 KBr 上生长铋以及 Bi_2Se_3 等样品。

第二种方法是解理(cleavage)，该方法适用于层间结合力弱的材料，如层间依靠范德华力结合的各种层状材料，包括石墨烯、过渡金属硫族元素材料(MoS_2,$MoTe_2$)等，而历史上 Geim 和 Novoselov 于 2004 年用普通胶带纸首次从石墨中剥离出只有一个原子厚度的石墨烯并发现了其具有多项特殊性质[1]，两人也因此共同获得 2010 年的诺贝尔物理学奖，并在之后掀起了很长一段时间的石墨烯研究热潮。通过解理的方法获得二维材料是一种非常简单实用的方法，主要使用的工具就是一卷普通胶带。首先将块体样品放在胶带上，并不断将胶带对折，样品在胶带上也不断一分为二，重复若干次后，胶带上就会出现纳米厚度的理想样品，同时也可以通过光学显微镜观察样品的透明度来大致估计撕出的样品的厚度；接着再将粘有薄膜样品的胶带一起放入酒精或丙酮中，用镊子轻轻触碰样品的周围使得样品从胶带上脱离；最后再用电镜网格将样品捞起晾干就可以获得一枚合格的样品了。如图 4-4(b)所示，$MoTe_2$ 样品比较透明，说明其厚度大致在 100 nm 以下，一般此类透明样品能

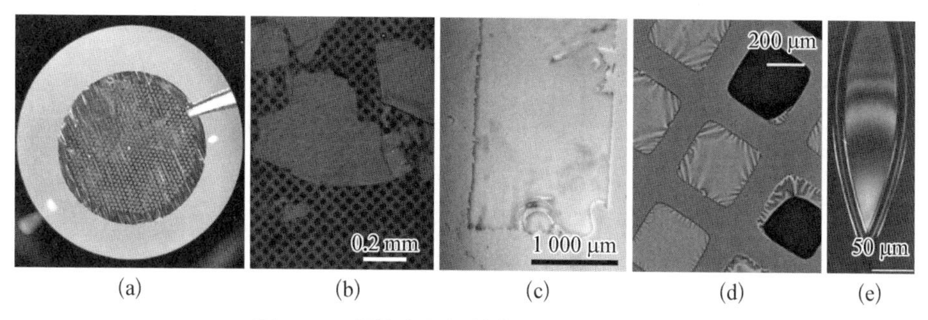

图 4-4　超快电子衍射典型样品制备方法

(a) 在 KBr 衬底上生长 PbTe；(b) 利用解理方法获得 $MoTe_2$；(c) 在 $Sr_3Al_2O_6$ 衬底上生长 $SrTiO_3$/$La_{0.7}Sr_{0.3}MnO_3$；(d) 离子刻蚀制备硅样品；(e) 液态薄膜

满足兆伏特超快电子衍射的要求。需要指出的是，这种样品制备方法的难度主要取决于该材料层间作用力的强弱，因此解理方法主要适用于层状二维材料的样品制备，并非每种样品都能用胶带撕出纳米厚度的薄膜。

第三种方法是在 $Sr_3Al_2O_6$ 衬底上生长钙钛矿结构的样品。前面讨论的第一种制备样品的方法其实是一种非常巧妙的思路，但是它要求所制备的样品晶格必须拥有 NaCl 或 KBr 型结构，而具有 NaCl 型或 KBr 型结构的材料本身就不多，适合利用超快电子衍射来开展研究的样品就更少了，这大大限制了超快电子衍射的应用范围。近期，斯坦福大学的学者提出了一种新的制备无衬底大尺寸单晶薄膜样品的方法[2]，这得益于制备出的可溶于水的新材料 $Sr_3Al_2O_6$。在这个方法里，先使用外延的方法在衬底 $SrTiO_3$ 上生长 $Sr_3Al_2O_6$，再继续用外延生长的方法在 $Sr_3Al_2O_6$ 上长出所需要的钙钛矿结构的材料；之后将整个样品放到水中，由于 $Sr_3Al_2O_6$ 溶于水，因此最后只需将已经与衬底脱离的钙钛矿材料捞起来即可。图 4-4(c)所示是利用该方法在 $Sr_3Al_2O_6$ 衬底上生长的 $SrTiO_3/La_{0.7}Sr_{0.3}MnO_3$ 超晶格材料，可见其尺寸达到了数毫米。

虽然看起来只是将第一种方法中的 NaCl 缓冲层换成了另一种钙钛矿结构的 $Sr_3Al_2O_6$，但是它却极大地拓展了超快电子衍射所能研究的材料范围。因为目前钙钛矿结构几乎是功能材料的全能选手，在铁电压电、高温超导、巨磁阻以及固态离子导体中均有十分不凡的表现，这将使得超快电子衍射延伸到许多新的应用领域。需要指出的是，这种方法与前面第一种利用 NaCl 作为缓冲层的方法的不同之处在于 $Sr_3Al_2O_6$ 下面还存在着 $SrTiO_3$ 的衬底。因此，当将长好的样品一起放到去离子水中时，虽然 $Sr_3Al_2O_6$ 会溶解，但是受下面的 $SrTiO_3$ 衬底的表面张力的影响，样品并不能自动浮起来，反而会粘在 $SrTiO_3$ 衬底的表面。因此还需要利用特殊的工艺将样品与 $SrTiO_3$ 衬底分离，并转移到电镜网格上。常用的方法是利用聚合物薄膜附着在样品顶层以便将其与 $SrTiO_3$ 衬底分离，进一步利用特殊溶液将聚合物腐蚀掉，最后用电镜网格捞起晾干便获得满足超快电子衍射要求的样品。

第四种方法适合制备大批量硅样品。硅是微电子器件的重要材料，因此目前已发展出一套成熟的工艺来制备高质量高纯度的硅单晶。SOI(silicon on insulator)广泛应用于半导体器件的制备，它是一种由顶层硅、中间埋氧层、底层硅构成的三明治结构材料。其中顶层硅比较薄，一般为几十纳米到几百纳米的厚度，而底层硅作为支撑层则较厚，一般为几百微米。通过刻蚀中间埋氧层并释放顶层硅的方法，可以制备出大面积、厚度合适的无衬底单晶硅薄膜样品[3]，如图 4-4(d)所示，可用于超快电子衍射研究非热熔化的实验。

刻蚀 SOI 法制备硅样品的过程可以分为三步：① 第一步是将 SOI 的顶层硅氧化减薄到需要的厚度。具体做法是通过热氧化将顶层硅一部分氧化，然后通过氢氟酸溶液将被氧化的顶层硅去除，只剩下实验所需厚度的顶层硅。② 第二步是去除 SOI 中间氧化层，释放顶层硅。常规的方法是对减薄过的 SOI 顶层硅首先覆盖光刻胶，再进行打孔（一般孔尺寸约为 5 μm，间距约为 200 μm），以便作为刻蚀氧化层的刻蚀液进入的通道；之后利用反应离子刻蚀(reactive ion etching)对没有光刻胶保护的孔内区域进行刻蚀，直到暴露出中间氧化层；刻蚀完成后，利用有机溶剂清洗掉顶层硅表面的光刻胶以避免污染样品；最后将打孔后的 SOI 浸入氢氟酸溶液中一段时间，让刻蚀液进入并刻蚀掉中间氧化层。③ 第三步是将分离的顶层硅从底层硅衬底上分离出去，转移到需要的支撑网格上，一般将硅网格作为硅薄膜样品的支撑网格。最常用的分离方法是将制备的样品放置到水中，加入溶剂（如异丙醇）使顶层硅从衬底上分离且漂浮至水面；再使用硅网格将漂浮在水面上的硅薄膜捞出水面，待薄膜表面水分自然蒸发后即可得到大面积的硅薄膜。值得指出的是，这种方法不仅可以用来制备单晶硅样品，还可以在顶层硅上生长一些多层结构，然后用上述方法从衬底上分离从而得到多层结构的批量薄膜样品。

超快电子衍射目前仅用于固态和气态样品的超快结构动力学研究，尚未应用到液态样品中，主要原因是液态样品一般会在玻璃管中流动，电子难以穿透。近期发展的新技术使得产生纳米厚度的液态薄膜成为可能[4]，如图 4-4(e)所示；在可预见的未来，相信超快电子衍射也可用于研究液态的结构动力学过程。与化学和生物过程相关的绝大部分反应都在液态中发生，因此利用光谱或者 X 光散射的方法研究液态的动力学过程一直是科学研究中的一个重要方向。然而红外光和软 X 射线以及电子在液态中的穿透深度都较差，难以利用传统的在玻璃管中放置液体的方法进行研究。近期美国学者利用光刻的方法制备了微流槽，并结合超声喷嘴产生的高气流，将初始为微米量级的液滴转化为纳米厚度、数十微米横截面的纳米液体薄膜。图 4-4(e)所示为液态薄膜在白光照射下的干涉条纹，利用薄膜干涉的公式可以估计出绝大部分液体薄膜的厚度为数百纳米量级。考虑到兆伏特电子束的穿透能力一般比 50 keV 电子高约 4 倍，因此数百纳米厚度的液体薄膜样品可以利用兆伏特超快电子衍射进行液态样品的动力学研究。

电子探测系统的主要目的是测量电子经过样品后的衍射斑，目前常用的探测方法是首先由电子打在磷光屏上产生光子，光子被反射镜反射后被透镜收集并最终在电荷耦合器件(charge coupled device, CCD)上成像，如图 4-5 所示。

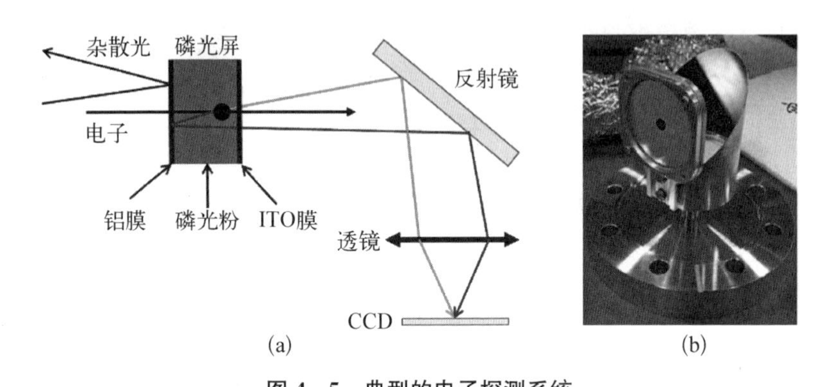

图 4-5　典型的电子探测系统

(a) 示意图；(b) 磷光屏及反射镜实物图

磷光屏的作用是将电子转化为光子信号，因此理想的磷光屏应具有如下三个特点：① 要有高的电子-光子转化效率，这样可以用尽量少的电子获得高信噪比的衍射斑，有利于获得更高的时间和空间分辨率；② 磷光屏的点扩散函数应尽量小(屏的分辨率尽量高)，即对于一个入射电子其在 CCD 上所成的像尺寸应尽量小；③ 磷光屏的光子产额应与电子个数以及电子打在磷光屏上的位置的依赖关系较弱，这样保证光子的个数正比于电子个数，有利于分辨衍射斑的强度变化。一种优化的磷光屏的结构如图 4-5(a)所示，从沿着电子飞行的方向看依次为铝膜、磷光粉和 ITO(氧化铟锡)膜。铝膜(厚度约为 50 nm)的作用是阻挡来自束线上游的杂散光，避免其到达探测器产生本底信号，同时铝膜并不会阻挡电子到达磷光粉，并且还能将电子在磷光粉中沿背面方向发出的光(图中深灰色线)反射为沿前向传播，增加光子的收集效率。磷光体层由颗粒尺寸为 2～3 μm 的粉末均匀沉积制成，其厚度直接影响了电子-光子转化的效率以及空间分辨率。磷光粉太薄，则电子无法充分地沉积能量，光子产额低；磷光粉太厚，则电子的发光区域太大对应测量屏的空间分辨率较差，同时太厚的话也会造成光子在磷光粉里传播时剧烈衰减。现在使用较多的磷光粉型号为 P43，成分为 $Gd_2O_2S:Tb$，所发出的光中心波长约为 545 nm，一般也是 CCD 响应较灵敏的区域。P43 磷光粉的光子衰减时间约为数毫秒，因此其余晖效应导致其成像频率一般低于 100 Hz。ITO 膜在透光的同时也起到导电的作用，可将沉积在磷光屏中的电子传导到屏周围并通过支撑连接传递到地线，避免电荷在磷光屏里累积可能导致的放电和对磷光屏的损坏。

反射镜采用 45°的角度倾斜放置在磷光屏之后，将磷光屏产生的光子反射到与束线轴线垂直的方向。这种设置首先使得电子沿垂直方向打在磷光屏上，避免屏与电子不垂直导致的测量屏部分区域不满足成像条件的问题。经反射后的光子进一步被光学成像镜头收集并最终在 CCD 芯片上成像，透镜的焦距和横向尺寸决定了收集角度，一般采用大口径和短焦距的透镜，有利于收集到更多的光子。CCD 芯片将收集的光子信号转化为电信号，存储在读出寄存器中。在读出寄存器之后增加增益寄存器，利用电子在转移过程中的撞击离子化效应产生更多的电子，电信号将实现最高 1 000 倍的增益，此类 CCD 称为 EMCCD（电子倍增相机），可大幅提高光子的探测效率，目前已成为超快电子衍射装置的标准配置。图 4－5(b)为上海交通大学超快电子衍射装置的磷光屏和反射镜实物图，通过在磷光屏上开一个小孔，可以让未与样品发生散射的电子通过，这样可避免在探测器上形成一个高亮度的区域，有利于提高衍射斑测量的动态范围。

值得指出的是，近年来直接电子探测器（direct electron detector）的发明已为冷冻电镜领域带来了革命性的影响[5]。通过快速地记录图像并对电子导致的样品运动进行校正，冷冻电镜对生物分子解析的分辨本领迅速从 10 Å 改进到 3 Å 以下，开辟了结构生物学研究新的机遇。理论上这样的探测器也可用于超快电子衍射与超快电子透镜，尤其是 keV 能量段的装置，电子能量与商业直接电子探测器的优化值一致。对于兆伏特超快电子衍射与超快电镜，一般需要对直接电子探测器的芯片进行改造，比如增加其厚度以便获得单电子的探测能力[6]。此类探测器的最大特点是无须利用电子打在磷光屏上将电信号转化为光信号，最后又再次转化为电信号被 CCD 记录，因此其具有成像像素小（可至 4 μm）、读出速度快（可至 400 Hz，缩小成像范围后可至 1 600 Hz）、读出过程不引入噪声以及具备单电子探测能力等优势，非常适合弱信号的测量。直接电子探测器最适合的工作模式是计数模式（counting mode），即对于弱信号（平均来说每个像素的电子个数不超过 1 个），该探测器可分辨出每个像素是否有电子（有电子记录为 1，无电子记录为 0），这样对大量的数据进行收集后叠加可获得高品质的像。然而对超快电子衍射应用来说，一般探测器均工作在累积模式，即同时会有很多电子打在同一个区域；在这种模式下直接电子探测器输出的信号与实际的电子个数一般会存在一定差别(因为电子在收集单元里的能量沉积并不是固定的,而是成泊松分布),因此并不非常适合于超快电子衍射的应用。

4.2 时间分辨率

如图 4-6 所示,在超快电子衍射中首先用一束激光激发样品中的超快动力学过程,再用电子束与样品相互作用,通过记录不同激光-电子延时的衍射斑来获得样品在受到激光激发后的结构变化信息。因此,超快电子衍射的时间分辨率主要取决于激光脉宽、电子束脉宽、电子束相对于激光的时间抖动以及样品中电子与激光速度失配造成的延时不确定性。

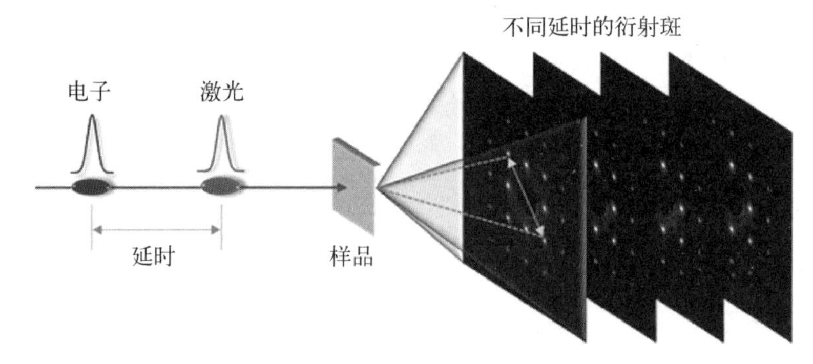

图 4-6　超快电子衍射示意图

超快电子衍射技术的时间分辨率一般定义为

$$\tau = \sqrt{\tau_{\text{laser}}^2 + \tau_{\text{electron}}^2 + \tau_{\text{jitter}}^2 + \tau_{\text{vm}}^2} \tag{4-1}$$

式中,τ_{laser} 和 τ_{electron} 分别为激光脉冲和电子脉冲的脉宽,τ_{jitter} 则是激光脉冲和电子脉冲之间相对于标称延迟时间的抖动,τ_{vm} 则是指在一定厚度的样品里不同纵向位置的样品感受到的激光和电子的延迟时间由于两者的速度不同引起的差异。

激光的作用是激发样品中的相关动力学过程。由于难以确定动力学过程究竟是被激光的哪一部分光子激发的,因此激光的脉宽代表着样品动力学起始的时间零点的不确定度。激光锁模技术结合啁啾脉冲放大技术已经使得飞秒激光成为标准的商业产品,波段从紫外激光到中红外激光都已经实现了 25～35 fs(FWHM)的超短脉宽;考虑到目前超快电子衍射的时间分辨率(积分模式/无时间抖动校正)绝大部分仍未突破 100 fs(FWHM),因此激光的脉宽一般并不是时间分辨率的限制因素。需要指出的是，近年来利用飞秒激光在非线性介质中由于科尔效应引起的自相位调制现象将飞秒激光的光谱展宽（由傅里叶变换可知，激光的最短脉宽取决于频谱的宽度），然后再经过带宽啁啾镜压缩激光脉宽，已经可以相对高效并稳定地产生脉宽接近几个光周期的超短激光[脉宽可以做到 10 fs(FWHM)以下]。因此在未来相当长一段时间，超快电子衍射提高分辨率的主要途径均会是降低电子束脉宽和时间抖动。

电子束的脉宽在兆伏特超快电子衍射中是限制时间分辨率的重要因素之一。由于难以确定激光激发的动力学过程究竟是被电子束的哪一部分电子探测的，因此电子束的脉宽代表着样品动力学记录时间窗口的不确定度。在兆伏特超快电子衍射系统中电子束一般由光阴极微波电子枪产生。电子束在产生之初的脉宽由紫外激光决定，因此为了获得短脉宽的电子束，一般会优化飞秒激光的脉宽，并采用较薄的三倍频晶体以产生超短脉冲的紫外激光用于照射在阴极上由光电效应产生超短电子脉冲。事实上对照射在阴极上的紫外激光的脉宽进行严格测量较为困难，因为在电子枪外测量紫外激光脉宽后，紫外激光还需经过聚焦透镜以及真空窗口照射到阴极上，而透镜和窗口都有可能引入额外的色散增加激光脉宽。因此，也有研究团队利用紫外波段的压缩器优化紫外激光的脉宽，通过调谐压缩器的参数并精确测量低电荷量下的电子束脉宽以获得尽可能短的电子束。电子在阴极附近产生后，在后续的加速和传输过程中也会因为初始的能散和空间电荷力而展宽。因此，为了维持电子脉冲的短脉宽，一般需降低电子束的电荷量以避免空间电荷力使脉冲严重展宽，同时还需要利用高梯度的加速场迅速将电子加速到相对论能量。电子束在电子枪内被加速的同时，也会因为加速过程中的滑相现象（因为在阴极附近电子的速度远小于光速）产生一定的束团压缩或者束团展宽效果。此外，正如第 3 章中讨论的，也可以在电子束产生后在下游使用一个额外的聚束元件对电子束的脉宽进行压缩以进一步降低电子束脉宽。总之，如何获得高亮度的短脉冲电子束一直是兆伏特超快电子衍射领域的重要研究课题。

探针电子和泵浦激光到达样品的时间差与设定的标称延迟时间的相对抖动是限制兆伏特超快电子衍射时间分辨率的另一个重要因素，特别是在使用微波聚束腔的兆伏特超快电子衍射中，时间抖动往往是制约时间分辨率的决定性因素。不管是千伏特超快电子衍射还是兆伏特超快电子衍射，用于产生电子的紫外激光与泵浦样品的激光都是同源的（比如由同一个激光系统分束产生），所以这两者之间一般是高度同步的，抖动主要来自光路中由于机械元件的振动和空气的扰动等原因引起的光程抖动，对应的时间抖动一般在几飞秒的量级。然而，尽管紫外激光和泵浦激光不存在较大抖动，紫外激光产生的电子在传输到样品的过程中则可能引入较大的时间抖动。由于从电子源到样品的距离是固定的，因此时间抖动主要来自电子的速度抖动。对于千伏特超快电子衍射来说，由于直流高压的稳定性一般在百万分之十以上，故电子的能量抖动引起的时间抖动可忽略。而对于兆伏特超快电子衍射来说，由于加速电子的微波经历了超过 6 个数量级的放大，因此一般电子的能量稳定性在万分之二至千分之一之间，同时微波的相位抖动也会造成电子在阴极附近的速度存在较大差别，这些因素均会引入一定的时间抖动，一般在数十飞秒量级，故时间抖动对兆伏特超快电子衍射来说是与电子束脉宽同等重要的限制其时间分辨率的重要因素。在脉宽压缩技术用于将电子束脉宽降低到 10 fs(rms)以下的情况下，时间抖动则成为制约超快电子衍射时间分辨率的决定性因素。

电子束的速度与光速的差异导致了样品在距离其表面不同厚度的地方激光和电子经过的延迟是不同的，速度差越小、样品越薄，这个差异就越小。对于固态样品，由于样品厚度在 100 nm 以下，故电子和激光的速度失配引起的分辨率的下降可忽略(即便对千伏特电子束，其速度约为光速的一半，由于 100 nm 厚度的样品和速度失配引起的分辨率的下降仅约为 0.3 fs)。然而对于气态样品，由于其一般是通过喷嘴喷出，故其有效厚度大约在数百微米。以 300 μm 厚度的气体为例，当电子能量为 60 keV 时，其速度大约为光速的一半，则经过 300 μm 的气体样品时电子需要 2 ps 的时间，而激光仅需要 1 ps 的时间；对于不同区域的样品，其感受到的电子和激光的延时差别可达到 1 ps。对于兆电子伏超快电子衍射来说，比如动能为 3 MeV 的电子，其速度约为 0.99 倍光速，因此在上述的例子中由于泵浦光和电子速度差异引起的样品中延迟时间差别不大于 10 fs。由此可见，对气态样品来说，兆伏特超快电子衍射相比千伏特超快电子衍射具有天然的研究优势，因为更接近光速的速度大幅降低了速度失配引起的分辨率的下降；而对千伏特超快电子衍射来说，速度失配引起的延时不确定度是制约其在气态样品动力学研究中的最主要因素。

综上所述，在兆电子伏特超快电子衍射中，泵浦光的脉宽和速度失配引起的时间分辨率降低均不是限制其时间分辨率的主要因素，影响系统时间分辨率的主要因素是电子束的脉宽和电子束到达样品的飞行时间抖动。进一步分析可知，影响电子束的脉宽和到达样品飞行时间的主要因素是脉冲内的电子个数、电子枪微波的幅值和相位。

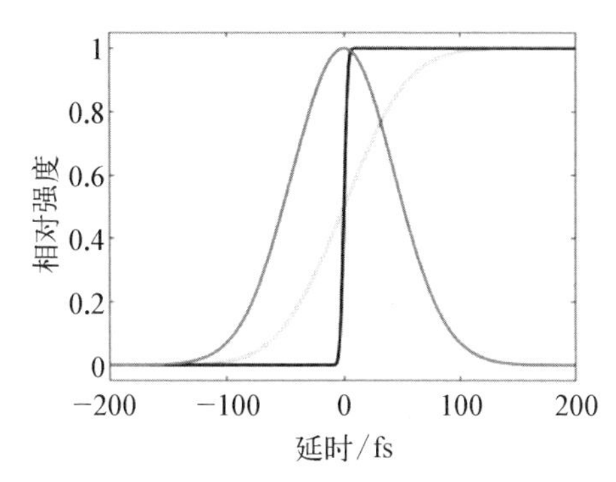

图 4－7　时间分辨率对实验测量结果的影响

超快电子衍射时间分辨率对于测量结果的影响如图 4－7 所示，假设有一个 10 fs 内发生的过程（黑色曲线），但是当系统的时间分辨率为 100 fs 时（深灰色曲线），实际测量到的该快过程的变化为二者的卷积，即图中浅灰色曲线。原本只需要 10 fs 即可从初始值下跌到零的过程，实际测量出来的下降时间却远大于 10 fs；此外，如果将时间零点定义为信号开始变化的时刻，则时间零点偏离电子中心与激光中心重合的时间。为此，实验中一般对于变化时间远短于时间分辨率的过程，将时间零点定义为该过程下降一半的时间，这样得到的时间零点就与电子中心与激光中心重合的时间一致；而将测量的时间分辨率定义为从该过程下降一半到下降到约 90％或者 95％的时间，从图中可见，该时间近似为 100 fs，与红线的半高宽类似。因此，不难看到，时间分辨率决定了超快电子衍射所能观察到的最快过程，因此时间分辨率是超快电子衍射最重要的指标之一。

4.3　科学应用

兆伏特电子由于更强的穿透能力带来的更弱的多次散射、更接近光速的电子速度降低气态样品中的速度失配以及更短的脉宽带来的时间分辨率的提升，将千伏特超快电子衍射的应用范围大幅提升。下面讨论与这些优点相关的典型应用。

4.3.1　熔化

根据双温度模型结合分子动力学模拟，理论上可以预测，当用不同能量的超快激光脉冲激发金样品时，存在两种完全不同的熔化模式，即非均匀熔化（heterogeneous melting）和均匀熔化（homogeneous melting）。非均匀熔化指熔化过程从表面、缺陷、晶隙等区域开始，随后熔化区域逐渐增大（类似于成核过程），最后扩展至整个样品区域；对于此类情况，熔化的时间主要取决于熔化面的传播速度。而均匀熔化则发生在泵浦能量密度较高的情况下，在短时间内大量能量聚集到晶格上，形成过热状态，此时的温度足以让样品自发形核，从而以一个非常快的速度发生熔化；均匀熔化的时间主要受电子-晶格耦合常数的影响。

2018 年，SLAC 的学者利用兆伏特超快电子衍射从原子尺度上观察到了金的这两种熔化模式[7]，得到单晶金在不同激光泵浦能量密度下不同延时的衍射斑，如图 4-8 所示。在激光能量密度为 1.17 MJ/kg 时，如图 4-8(a)所示，可见当激光和电子的延时在 7 ps 时，代表晶体长程有序性的布拉格点仍然非常明锐，但是已经可以看到代表液态的强度较弱的环；当延时为 17 ps 时，布拉格点完全消失，只剩下强度较大的代表液态的衍射环，说明熔化已完全完成。

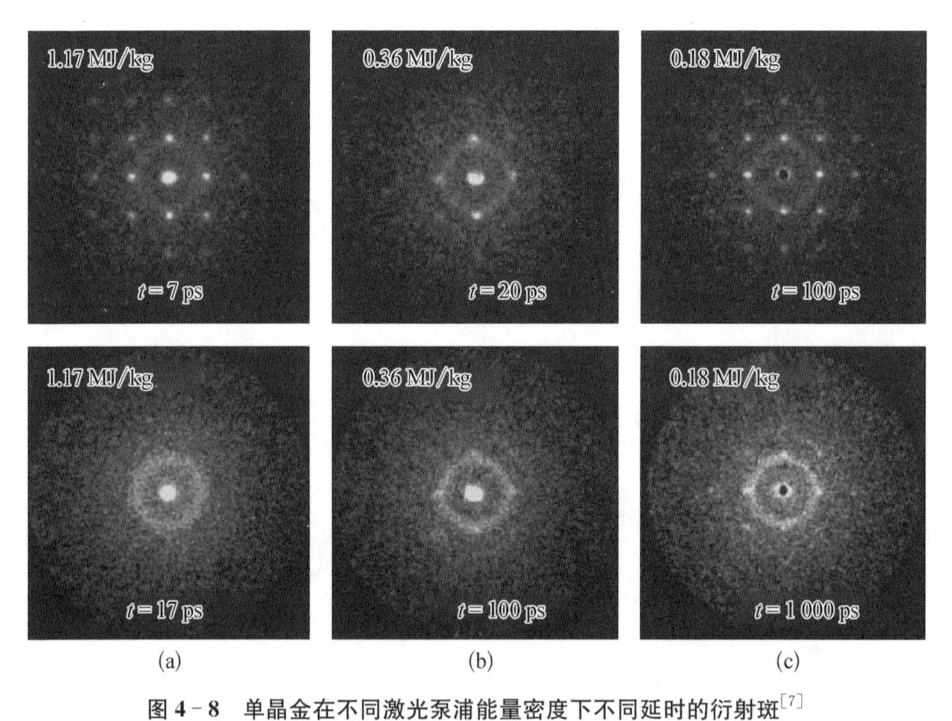

图 4-8 单晶金在不同激光泵浦能量密度下不同延时的衍射斑[7]

(a) 激光泵浦能量密度为 1.17 MJ/kg；(b) 激光泵浦能量密度为 0.36 MJ/kg；(c) 激光泵浦能量密度为 0.18 MJ/kg

图 4-8(b)所示为激光能量密度为 0.36 MJ/kg 时的结果，从图中可见当激光和电子的延时在 20 ps 时，代表晶体长程有序性的布拉格点与代表液态的衍射环共存，并且该共存的时间超过了 100 ps，事实上直到约 1 ns 时布拉格点才完全消失，样品也才完全变为液态。进一步降低激光能量密度至 0.18 MJ/kg 时的结果如图 4-8(c)所示，当延时为 1 000 ps 时，布拉格点和液态环仍然共

存，且数纳秒后布拉格点仍然没有完全消失。

进一步通过测量不同激光泵浦能量密度下的金样品的完整熔化时间可以发现，激光能量密度存在一个阈值（约为 0.4 MJ/kg），在这个阈值以上，熔化的时间尺度为 10～20 ps，对应于均匀熔化，即图 4－8(a)所示的情形；在该阈值以下则熔化时间在 100～1 000 ps 量级，对应于非均匀熔化，即图 4－8(b)所示的情形；当激光能量密度低于熔化的阈值（约为 0.25 MJ/kg）时，样品无法完整熔化，即图 4－8(c)所示的情形。

对于均匀熔化和非均匀熔化时间尺度的差异，主要原因来自其不同的熔化机制。在均匀融化时，由于激光能量密度高，故在样品上形成均匀的间距较小的液态成核区域，并以声速的约 15%的速度向四周迅速扩散。而在非均匀融化时，如图 4－9 所示，初始的液态成核区域主要出现在样品的缺陷和晶隙处；此后在缺陷和晶隙处液态成核并向四周扩散，扩散速度为 150～300 m/s。根据图 4－8(b)的结果可知，在 20 ps 时可同时观察到代表晶体长程有序性的布拉格点和代表液态的衍射环，结合扩散速度可推测得到样品液态成核初始的种子间距为 35～70 nm。此外，从实验结果中也可以看出，在非均匀熔化模式下，多晶金的熔化速度要快于单晶金，这是由于多晶金存在更多的畴壁和缺陷作为液态形核，相当于形核之间的间距更小，这样可以在更短的时间内让这些熔化面交错进而通过类似于均匀熔化的机制快速地熔化。

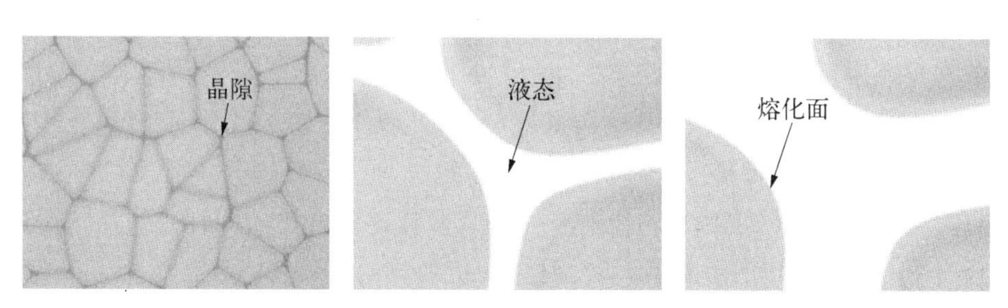

图 4－9　非均匀熔化时首先在晶隙处形成液体，此后熔化面沿晶隙向四周扩散

需要指出的是，利用兆伏特超快电子衍射的实验数据结合理论模拟，SLAC 的学者在实验上确定了电子-晶格耦合常数，实验结果显示在该实验条件下，金并未发生结构硬化，得到了与千伏特超快电子衍射的结果[8]相悖的结论。通过对比理论模拟与实验中得到的液态散射信号，可以确定该时刻的晶格温度；而从双温度模型，我们知道电子-晶格耦合常数 g_{ei} 决定了能量传输速度，也就决定了晶格温度的演化；进而对比两种方法得到的晶格温度也就从实验上确定了耦合常数 g_{ei}。SLAC 的学者发现,当假设耦合常数与泵浦能量密度存在简单的线性关系时,理论计算非常好地符合了实验结果。通过德拜-沃勒效应,我们知道,衍射强度由于热效应的衰减不仅与晶格温度有关,还与晶格本身的稳定性也就是德拜温度 θ_D 密切相关;对于原子间作用力很强的晶格来说,相同的晶格温度造成的衍射强度衰减要小得多。通过前面得到的耦合常数,可以确定各个时刻对应的晶格温度;而从实验中则可以确定衍射强度随时间的变化;结合这两者就可以得到德拜温度 θ_D 随时间的演化。从结果来看,即使是在电子温度很高的情况下,晶格温度仍然是影响德拜温度的主要因素;并未观察到在高电子温度下,金晶格会发生硬化这一现象。不过很多实验的结果也依赖于具体的样品以及对实验参数确定的准确度,相信随着更多的兆伏特超快电子衍射装置投入运行,将来在更多实验结果的基础上可以对金熔化过程中的晶格硬化现象得到更深的理解。

金的熔化过程相对较慢,对时间分辨率的要求较为适中,因此适合利用数百飞秒的未经压缩的电子束进行研究;而铝的熔化过程则对时间分辨率和电荷量都提出了更高的要求。近期,上海交通大学利用微波聚束腔压缩电子束脉宽,并结合太赫兹示波器技术对时间抖动进行校正,开展了铝的熔化实验研究,相比过去千伏特超快电子衍射的结果,获得了更多的信息。

图 4－10(a)所示为利用微波聚束腔压缩后的电子束获得的单发衍射斑,可以清楚地看到前四阶的衍射环。该实验中电子束的脉宽约为 50 fs(rms),电荷量约为 80 fC,对应于每个脉冲中有 500 000 个电子。过去利用千伏特的电子衍射开展类似实验,仅能在单脉冲包含 6 000 个电子的条件下获得几百飞秒的时间分辨率,而获得一副信噪比足够的衍射斑需要积分 100 发,即消耗 100 个样品。此外,兆伏特超快电子衍射结合脉宽压缩技术,可在更高的时间分辨率下获得真正的单发衍射斑,且单发衍射斑的信噪比高于千伏特超快电子衍射积分 100 发的结果。因此,集成脉宽压缩技术的兆伏特超快电子衍射非常适合于研究熔化等不可逆过程。图 4－10(b)所示为当激光泵浦功率密度为 150 mJ/cm^2 时在 1 ps 延时处的衍射斑,可见代表长程有序性的衍射环的强度已大幅降低,高阶的衍射环强度下降更多,不过最低阶的(111)峰仍然能清楚地看到。图 4－10(c)所示为延时为 2 ps 的衍射斑,代表长程有序性的衍射环(包括最低阶的衍射环)均已完全消失,说明此时的铝膜已完全失去晶体的长程有序性,可以认为此时的铝膜已处于液态的状态,但是这并不意味着铝已具有平衡态的液态铝的性质。

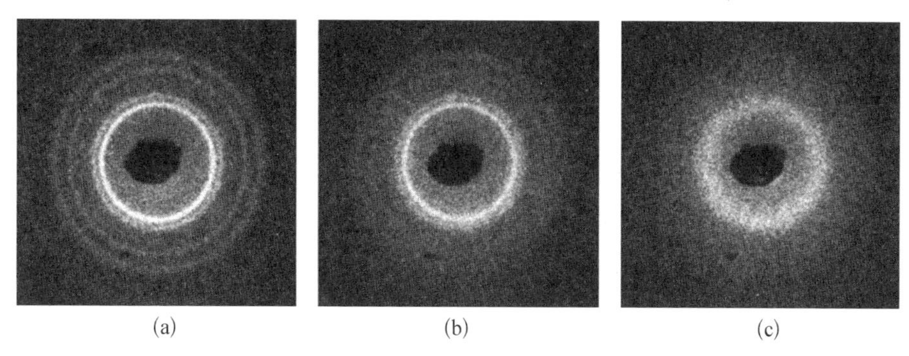

图 4-10　不同激光-电子延时下铝的衍射环

(a) 0 ps 延时；(b) 1 ps 延时；(c) 2 ps 延时

利用约 100 个样品(每一发激光都会破坏样品)可以得到多个延时的衍射斑分布，图 4-11(a)所示为从 0 到 60 ps 延时的衍射斑分布投影到倒空间的强度变化，可以看到如下两个明显的特征：① 从 1 ps 开始，(111)峰与(200)峰逐渐汇合成一个宽度更大的峰，这是由于代表液态的衍射环(即原子与其第一近邻原子的间距仍然是较为固定的值)恰好也出现在该区域，可以定性地认为从 1 ps 开始铝样品已开始逐步往液态过渡；② 2 ps 以后，(111)峰与(200)峰完全汇合，而(220)峰与(311)峰的强度则基本降低到与本底相当的值，定性地可以认为在这个时刻铝已完全失去固态晶体的性质。

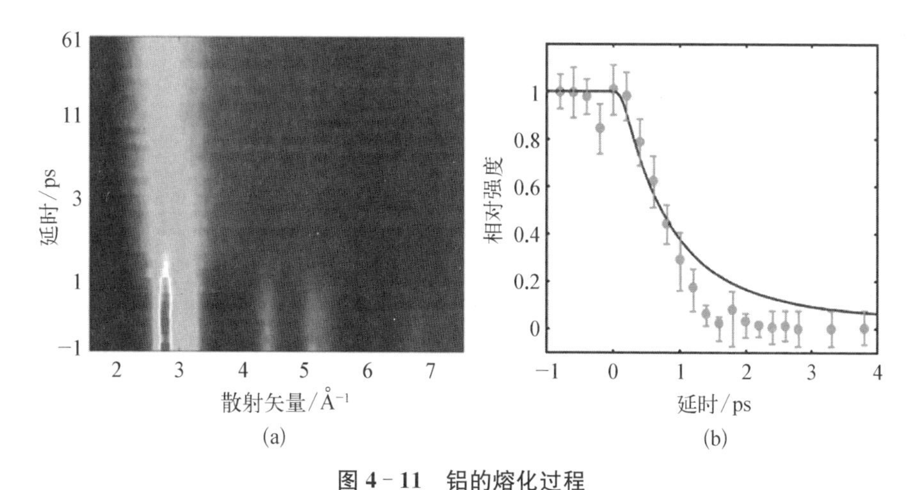

图 4-11　铝的熔化过程

(a) 衍射斑投影到倒空间的强度分布；(b) 衍射环强度变化

进一步分析 2 ps 以后液态峰的位置和宽度的变化，可以发现，该峰的位置继续向低散射矢量移动，峰的宽度继续增加，二者在约 10 ps 时达到稳定值。

这在一定程度上说明铝在完全失去固态晶体的性质后还需要数皮秒的时间才能演化到与准平衡态液态的性质类似；这与宏观的现象一致，因为液态铝的密度低于固态铝的密度，而在 2 ps 的延时后，铝原子只是失去了长程有序性，但是还没有完全形成团簇，而团簇间的间距也没有完全形成，故需要一定的时间才能改变相对的距离进而形成液态铝的分布。

尽管(111)和(200)衍射环强度较高，但是由于其在倒空间的位置与液态环重合，因此通过其强度变化来判断铝的熔化时间相对困难，分析表明，可通过(220)峰的衍射强度衰减来确定熔化的起始时间。如图 4－11(b)所示，其中灰色点为(220)峰的强度随延时的变化，黑色曲线为利用双温度模型结合德拜-沃勒效应计算得到的强度衰减曲线。对比实验与理论结果，可以发现二者在 1 ps 以前较好地吻合，而在 1 ps 以后实验数据明显偏离理论值，这说明原子围绕其平衡位置的运动从 1 ps 开始不能简单近似为由于温度引起的振动，因此不能由德拜-沃勒效应来描述其衍射斑强度变化。此时，原子逐渐开始脱离原来的平衡位置，代表着熔化过程的开始，因此可以把 1 ps 当作是熔化开始的时间。在 2 ps 的时候衍射斑强度已下降到与本底相同的值，可以认为此时熔化已结束，即铝已完全失去固态晶体时候的长程有序性(不过仍需要数皮秒的时间才能具有准平衡液态的性质)。

除布拉格点外，布拉格点之间的漫散射信号也携带了熔化过程中的信息。为更清楚地看到漫散射信号的变化，图 4－12(a)所示为几个典型的延时处不同散射矢量处的衍射强度分布，除了可以清楚地看到布拉格点处散射信号的下降外，也能明显看到散射信号增加的区域，如 0.8～1.4 A^{-1} 代表低散射矢量的区域，3.5～4 A^{-1} 代表高散射矢量的区域。进一步把这两个区域的信号积分后的总强度随时间的演化分析出来后，可得到如图 4－12(b)所示的演化图，从中可以清楚地看到高散射矢量区域的漫散射信号(黑线)的演化时间尺度与布拉格点的信号类似，即伴随着长程有序性的降低，布拉格点的信号减弱，漫散射信号增加。而低散射矢量区域的漫散射信号(灰线)其变化的时间尺度则明显滞后于布拉格点的信号变化，这主要是由于低散射矢量区域的漫散射信号更多地代表着实空间较为长程处的相关性的演变和密度的起伏，此处可认为该区域信号代表着团簇的形成过程。在大约 10 ps 后，低散射矢量区域的漫散射信号逐步趋于稳定，预示着统计意义上的团簇分布逐渐稳定，铝材料过渡到准平衡态的液态分布。

此外，通过对倒空间的衍射强度曲线进行傅里叶变换，可以进一步得到原

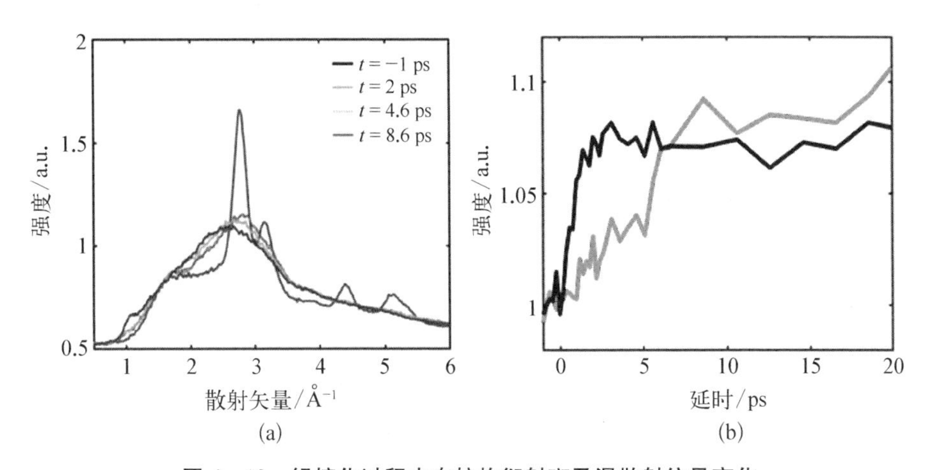

图 4-12　铝熔化过程中布拉格衍射斑及漫散射信号变化

(a) 衍射斑投影到倒空间的强度分布；(b) 漫散射信号随时间演化结果

子对分布函数(pair distribution function, PDF)，而原子对分布函数的第一个峰代表着原子与其最近邻原子的间距。在第 2 章中曾讨论过平衡态下测量液态铝的原子对分布函数，发现在液态下，原子与最近邻原子的间距随温度的升高而减小，即存在类似热缩冷涨的现象。然而，对于此类平衡态下的研究，受限于容器所能承受的温度，实验中温度的改变范围有限，最高温度仅为 1 100 K。此外，利用激光可在非平衡态下迅速将此类样品温度提高至数千开，结合超快电子衍射可在更大的参数空间验证“热缩冷胀”的现象。实验中通过将延时固定在 50 ps(铝样品已处于准平衡的液态)，改变激光的能量，测量得到的原子对分布函数第一个峰的位置移动如图 4-13 所示。

图 4-13 中灰色点为对该样品打激光前的峰位置，黑色点为打激光后 50 ps 延时的峰位，可见随着激光能量的增加，50 ps 时刻铝所处的温度逐步升高，峰的位置逐渐减小，与平衡态下的结果类似。按照平衡态下测量的热缩冷涨系数，在激光功率密度为 250 mJ/cm^2 时，峰位移动 2.5%代表着该时刻液态铝的温度大约为 2 000℃，这是平衡态下很难获得的温度，因此超快电子衍射可以为平衡态下的研究提供新的信息，开辟新的研究机会。

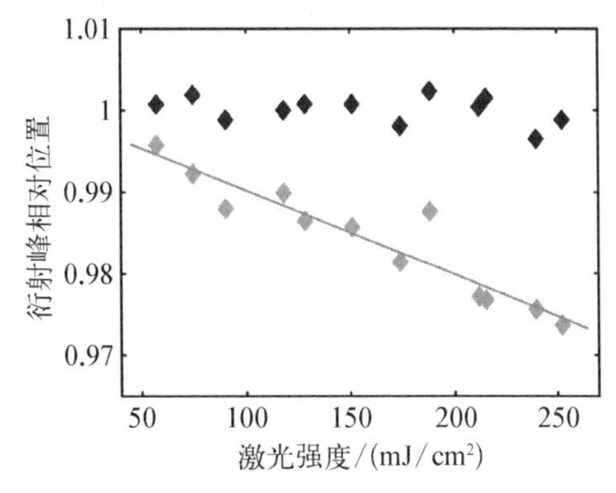

图 4-13　原子对分布函数第一个峰的位置随激光泵浦强度的变化

4.3.2 漫散射

固体中的原子总是围绕着它的平衡位置振动，它们的振动行为可以用声子来描述。而声子对于固体的性质有着非常重要的影响，比如它决定着半导体中的导热、金属中的电阻等重要性质，因此对于声子的研究有助于理解许多材料中的热、电、光的行为。过去测量声子谱的方法主要有红外及拉曼光谱、X射线漫散射、中子散射以及电子能量损失谱等。

这些都是基于散射的方法，即通过测量入射粒子（光子/电子/中子）被样品散射后的动量和能量的变化来计算出所激发的声子的频率和振幅。同时这些方法都是测量静态的声子信息，但是对于一个可见光激发的非平衡态过程，最简单的理解就是光先激发电子，电子-电子散射达到一个准平衡态后，电子再通过与声子的耦合作用将能量传给声子，之后声子再通过彼此间的散射作用将能量进一步转移。而在这个过程中，有几个问题值得关注：电子在什么时候与声子进行耦合？电子最开始与哪支声子模式进行耦合传递能量？能量在声子间的传递方式是怎样的？电子与声子的耦合一定发生在电子-电子达到准平衡态后？对于这些过程的进一步理解都需要获得光激发后的声子动力学信息，研究这些过程也是理解诸如高温超导等复杂现象的基础。

与这些直接在频域空间测量声子的性质不同，近年来人们也发展了在时域测量声子的信息，即基于泵浦-探测的方法，通过测量 X 光或者电子的漫散射信号，再进行傅里叶变换便可得到频域的声子信息。过去利用超快电子衍射的方法研究材料动力学过程时，主要关注布拉格点的信息，这样尽管也能获得声子的动力学信息，但是这些信息只是反映了晶格运动中相干的信息，也就是实际上获得的只是整个声子动力学中的部分信息。随着时间分辨率和电子通量的提高，更高的信噪比使得分析覆盖极大动量范围的非相干的电子散射所组成的漫散射信号成为可能。这些信号是由于原子对晶格周期性的偏离所形成的，同时由于这些信号与晶格温度升高导致的德拜-沃勒效应中的布拉格斑强度的变化是关联的，所以也经常称为热漫散射（thermal diffuse scattering）。

兆伏特超快电子衍射在测量漫散射信号方面相比千伏特超快电子衍射有着独有的优势。第一，一般漫散射信号的强度通常只有布拉格斑信号的百分之一甚至更小，所以为产生足够高的漫散射信号，需要的电子通量较高。第二，多次散射信号也会贡献大量的本底信号，有可能淹没漫散射信号；而兆伏特的电子相对于千伏特电子的平均散射自由程长3～5倍，所以对于相同厚度的薄膜，多次散射效应更弱，因而有利于探测到信号强度较弱的漫散射信号。

根据一阶运动学理论的近似，在倒空间每个波矢量 $\boldsymbol{Q}$ 处的漫散射的强度可以表示为所有的声子振荡的非相干相加，其取决于第 j 支的声子频率 w_j 和其相应的占据数 n_j（可以由玻色-爱因斯坦分布计算得出），$\boldsymbol{q}$ 为倒空间中的简约波矢量，其总的强度可以表示为

$$I(\boldsymbol{Q}) \propto \sum_j \frac{1}{w_j(\boldsymbol{q})}\left[n_j(\boldsymbol{q})+\frac{1}{2}\right]\mid F_j(\boldsymbol{Q})\mid^2 \tag{4-2}$$

式中，$F_j(\boldsymbol{Q})$ 为对应声子的结构因子，其表达式为

$$F_j(\boldsymbol{Q}) \propto \sum\nolimits_{s} \frac{f_s}{\sqrt{m}_s} \mathrm{e}^{-M_s}[\boldsymbol{Q}\cdot\boldsymbol{\varepsilon}_j]\mathrm{e}^{-\mathrm{i}K_Q \cdot r_s} \tag{4-3}$$

式中，f_s，m_s，M_s 分表代表原子 s 在位置 r_s 处的原子散射因子、原子质量以及德拜-沃勒因子，$\boldsymbol{\varepsilon}_j$ 代表声子的偏振矢量，$\boldsymbol{K}_Q$ 为倒空间中最靠近 $\boldsymbol{Q}$ 的晶格矢量，也即有 $\boldsymbol{Q}=\boldsymbol{q}+\boldsymbol{K}_Q$（将所有电子与声子交换的波矢量全部平移到对应的布里渊区），因而散射波矢量 $\boldsymbol{Q}$ 其实是相对于衍射斑中心而言的，而声子的波矢量 $\boldsymbol{q}$ 则相对于各自布拉格峰的位置（即各自的布里渊区中心 Γ 点）。

由声子的结构因子公式可以看到，由于存在 $\boldsymbol{Q}\cdot\boldsymbol{\varepsilon}_j$，所以对于在某个特定的 $\boldsymbol{Q}$ 处测得的强度的贡献主要来源于极化方向沿着 $\boldsymbol{Q}$ 的声子，并结合计算出的沿着指定的高对称方向的声子色散曲线，可以粗略估计在某个特定的 q 处测得的漫散射信号主要来源于哪种声子模式。除此之外，还可以通过基于对称性的选择定则提取出特定的声子模式的动力学；也可以根据观察到的各向异性非常强的漫散射信号分布，并结合理论模拟得出这个强度分布来源于哪支声子，即知道了原子沿着哪个方向上的运动会造成这样的强度分布。

SLAC 的学者近期利用兆伏特超快电子衍射测量了单晶金薄膜中的漫散射信号[9]。如图 4-14 所示，可以看到光激发后的漫散射信号主要呈现两种各向异性的特征，一种是最内层的 4 个布拉格峰附近的强度呈现“蝴蝶状”，另一种是次内层的 4 个布拉格峰周围呈现“长条状”，并且实验结果与理论模拟的结果吻合得非常好。

而通过进一步选取高对称方向上的路径，可以发现在远离布拉格点的漫

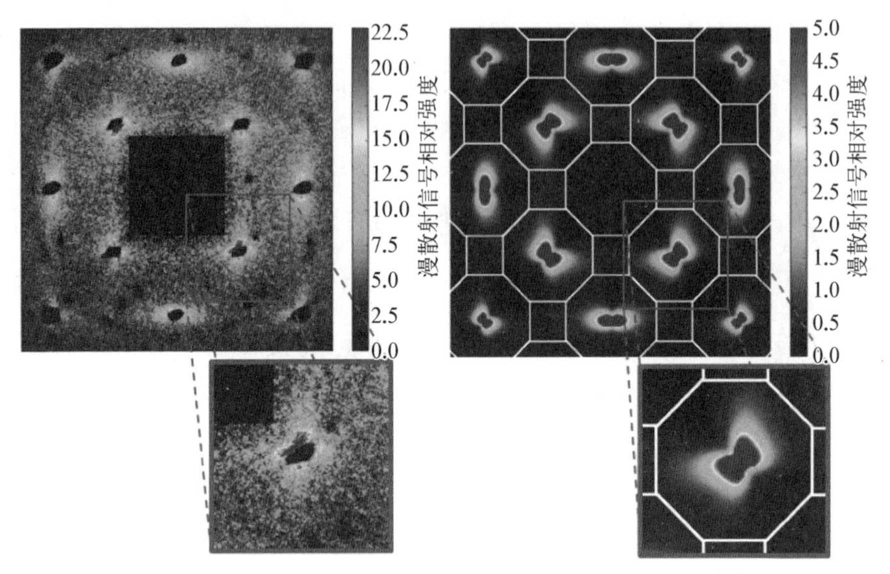

图 4-14 单晶金薄膜中的漫散射信号以及理论模拟结果[9]

散射强度变化的时间系数要比邻近布拉格点的漫散射强度变化的时间系数更小，而且即使在同样的两个布拉格点附近，它们周围的漫散射强度变化的时间系数也不一样。结合一阶运动学理论分析及沿着高对称方向的声子谱计算，可以知道时间系数的差异是因为在不同位置处不同偏振方向的声子的贡献不一样；而一般在光激发后，电子也是先与高频的光学声子进行耦合，所以高频声子贡献比较多的地方漫散射强度变化的时间系数更小。通过测量光激发后漫散射强度的变化，就有可能获得在光激发后晶格中所有的声子动力学信息，包括各向异性的漫散射图样是由原子沿着哪个方向运动导致的，声子间的散射通道以及相变机制等。

上海交通大学的学者利用兆伏特超快电子衍射研究了铋的漫散射信号及可能存在的受迫振动等动力学[10]。过去超快电子衍射研究铋的结构动力学时大多采用多晶材料，近期得益于样品生长技术的发展，可以在 KBr 样品上生长出适合研究铋的 A1g 模式的晶向为(110)的样品。当电子束垂直于铋单晶晶体时，获得的衍射斑如图 4-15(a)所示；由于 A1g 模式的振动方向沿 c 轴方向，故需要对样品进行旋转，以便产生对 A1g 模式敏感的衍射斑。当对样品旋转约 26°后，获得的衍射斑如图 4-15(b)所示；图中圆圈对应的布拉格点对 A1g 模式的原子运动敏感，而三角形对应的布拉格点则对 A1g 模式的原子运动不敏感，方框区域位于布拉格点中间，所产生的散射信号来自漫散射。

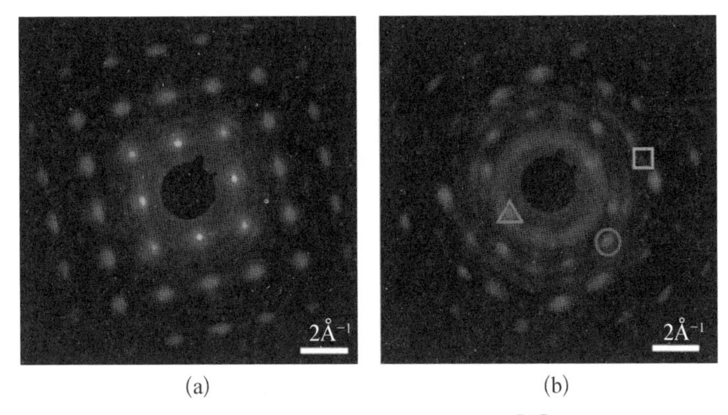

(a)　　(b)

图 4-15　单晶铋样品的衍射斑[10]

(a) 正入射;(b) 旋转 26°

在激光激发下首先形成大量的电子-空穴对,之后铋原子感受到的势能面发生变化,原本位于抛物线底部的铋原子不再位于能量最低点,而会沿着势能面的坡度进行运动。图 4-16(a)所示为针对图 4-15(b)中三个典型区域统计得到的散射信号随延时的变化,图 4-16(b)所示为 0.5 ps 延时处衍射斑强度相对于激光激发前的差值。从图 4-16(a)可见,对 A1g 模式敏感的衍射点强度呈现周期性的振荡,通过傅里叶变换可以发现,其振荡频率约为 2.6 THz,略低于低泵浦功率密度下的拉曼测量的结果。事实上由于键软化(bond softening)效应,振荡频率会随着激光泵浦功率密度的增加而降低;此处,激光强度约为 2.4 mJ/cm^2,测量的结果与类似激光强度下超快 X 光测量的结果一致。图 4-15(b)方框区域的衍射斑对 A1g 模式原子运动不敏感,故其强度基本不变。这三个区域衍射斑强度的变化也可以通过图 4-16(b)看到,图中圆圈区域的衍射斑强度明显下降,而三角形区域的衍射斑强度基本不变。

对于方框的漫散射信号,从图 4-16(a)可见其也具有振荡的行为,进一步的分析表明其振荡的频率约为 1.3 THz,恰好为 A1g 振荡模式的 1/2。一种可能的解释是伴随着与 A1g 振荡相关的原子位置周期性变化,原本与 A1g 振荡无关的原子运动由于失谐耦合等机制也被激发出来,而激发出来的原子振动并没有特定的振荡模式(规则的振动只会导致布拉格点的强度振荡),因此这类偏离规则的振动导致漫散射信号的产生,同时强度随着原子受迫振动的主要频率改变,这类受迫振动的频率一般为原振动的频率或其频率的 $1/n$。另一种可能是这代表着不同声子之间的耦合和衰减,而在这个过程中能量守恒和动量守恒使得衰减得到的两个声子在频率为其 1/2 时获得相同的频率,

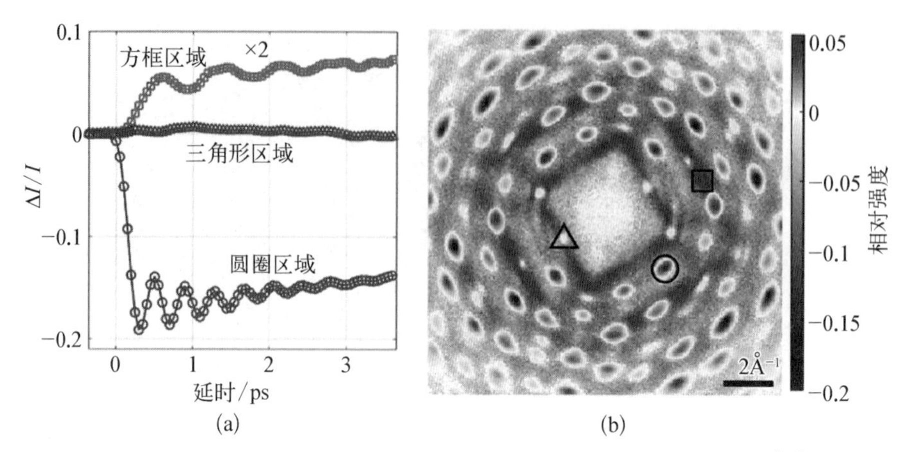

图 4-16 衍射斑随延时的变化(a)及 0.5 ps 延时的衍射斑差值(b)[10]

故在测量时强度最大。关于此漫散射信号代表的实际意义还需要进一步分析，相信随着兆伏特超快电子衍射在漫散射信号研究中的优势逐步得到发挥，兆伏特超快电子衍射将更广泛地用于研究激光激发的能量如何从电子传递到晶格，以及声子之间如何相互作用、相互耦合。

4.3.3 电荷密度波

电荷密度波(charge density wave, CDW)是在相变温度以下出现的周期性晶格调制和电荷密度调制的现象。当形成电荷密度波时，晶格的周期会变为原来的倍数，对应的衍射斑变化为在原来的主峰周围出现新的卫星峰(CDW 峰，或称为超晶格峰)。电荷密度波的形成也可以看作一种为了降低能量而发生的晶格对称性自发的破缺，当在相变温度以下且离该温度越远，形成电荷密度波时的晶格调制就越强，对应的电荷密度波峰就越强。在大多数情况下，由于电荷密度波导致的晶格的周期性畸变都远小于原晶格周期，因此代表电荷密度波的超晶格峰的强度都要比布拉格峰强度弱得多，其测量就需要高信噪比的实验方法。此外，由于电荷的运动远快于晶格的运动，与电荷密度波相关的超晶格峰由于对电荷密度敏感，因此往往呈现较快的时间响应，这就要求测量时要具有高的时间分辨率。同时由于超晶格峰较弱，其可能被多次散射信号的本底覆盖，因此要求实验中的多次散射信号要较弱。这些特点都使得兆伏特超快电子衍射相比千伏特超快电子衍射更适合用于研究与电荷密度波相关的结构动力学。

$LaTe_3$ 是一种层状的电荷密度波材料，其 $a-c$ 面内存在着轻微的各向异性($a\approx0.997c$),平衡态下电荷密度波沿着材料 c 轴方向形成。近期研究人员发现在光激发后,伴随着 c 轴方向上的电荷密度波的峰强度减弱,在沿着 a 轴方向产生了新的竞争性电荷密度波序,并且这个新产生的电荷密度波序在平衡态下并不存在,因此是一种光激发下产生的非平衡态下的电荷密度波序[11]。如图 4-17 所示,利用动能为 3.1 MeV 和 26 keV 的电子都可以获得 $LaTe_3$ 在平衡态下的衍射斑,其中黑色箭头代表的是与电荷密度波相关的超晶格峰;通过比较可知兆伏特电子获得的衍射斑的信噪比更好,同时能获得更大动量范围的衍射斑信息。

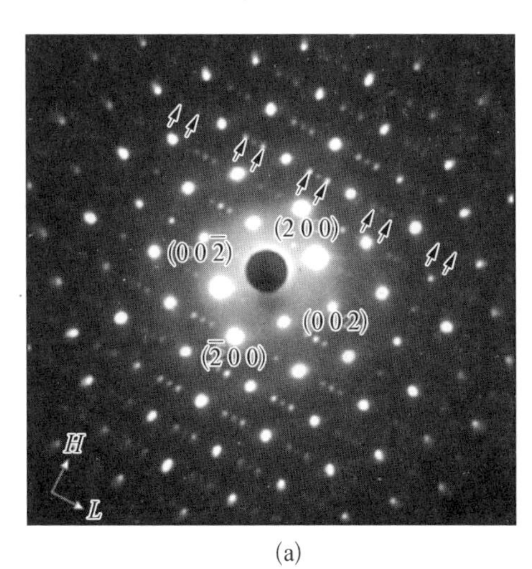

(a)

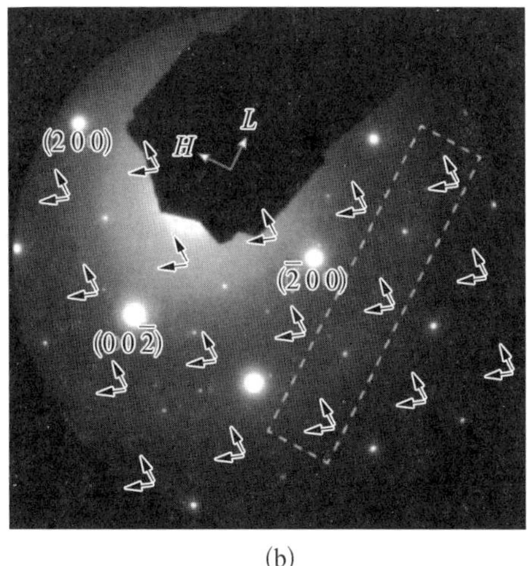

(b)

图 4-17　平衡态下不同能量电子获得的 $LaTe_3$ 的衍射斑[11]

(a) 动能为 3.1 MeV;(b) 动能为 26 keV

实验中所用的激光脉宽为 80 fs,波长为 800 nm,图 4-18(a)左侧是未泵浦时的 $LaTe_3$ 的静态衍射斑,其中黑色箭头代表的就是由沿着 c 轴方向的晶格调制所形成的与电荷密度波相关的超晶格峰。图 4-18(a)右侧是在激光脉冲后 1.8 ps 延时处所形成的衍射斑;在泵浦后可以明显看到原先平衡态下存在的超晶格峰强度减弱了,同时在 a 轴方向形成了新的超晶格峰[见图 4-18(a)中白色箭头]。这个新出现的超晶格峰代表沿着 a 轴方向出现了一种新的晶格周期性,代表非平衡状态下的电荷密度波,因为没有任何平衡态下的电荷密度波可以与它对应。

为了理清这两种电荷密度波之间的关系,实验中进一步测量了这两种超晶格峰强度在光激发后随时间的变化,结果如图 4-18(b)所示,浅灰色空心的

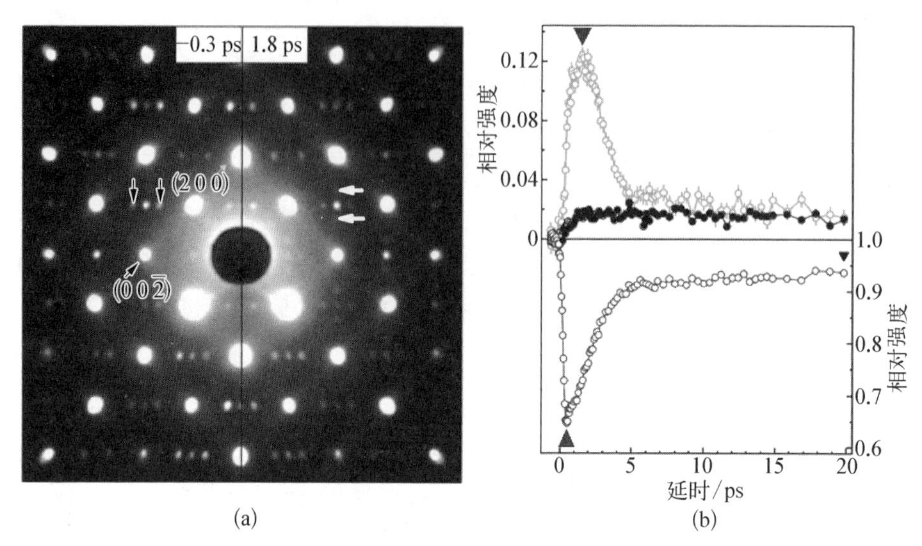

图 4-18　$LaTe_3$ 在光激发前后的衍射斑的变化(a)及两种超晶格峰强度随时间的变化(b)[11]

数据点代表新出现的沿着 a 轴的超晶格峰,深灰色空心的数据点代表原先沿着 c 轴的超晶格峰,黑色实心的数据点代表这些超晶格峰周围的漫散射信号强度。从图中可以看到,沿着 c 轴方向形成的超晶格峰强度衰退的时间系数要比沿着 a 轴方向新形成的超晶格峰强度增加的时间系数更短,前者大概在 0.5 ps 达到强度的极小值,而后者则在光激发后的 1.8 ps 左右达到强度的极大值;这是因为光激发使得平衡态下的超晶格峰抑制的过程涉及晶格中离子相干的运动,这个运动的时间尺度与电荷密度波相关的声子的振动频率(2.2 THz)有关(一般需要 1/2～1 个振荡周期),而新形成周期的晶格畸变则涉及非相干的原子起伏,而这样的过程一般会慢一些。尽管两者最初的变化时间不一样,但是两者弛豫的时间系数是一样的,即 c 轴的超晶格峰从强度最低的点开始恢复到准平衡态的时间与 a 轴的超晶格峰从强度最大的点衰减到准平衡态的时间相同,均为 1.7 ps 左右。进一步的数据表明,在很大的激光泵浦密度范围内,二者的恢复时间都相同,并且 c 轴超晶格峰的强度下跌值与 a 轴的超晶格峰的强度增加值线性关联;这说明这两个电荷密度波其实是一种竞争序的关系,一种序的增强必然预示着另一种序的减弱,因此二者无法在平衡态共存,但是由于非平衡态下产生的拓扑缺陷(topological defect),二者可以在非平衡态下短暂地共存(共存时间约为数皮秒)。该工作不仅展示了兆伏特超快电子衍射在研究相竞争条件下各种新物质态方面的优势,也为利用光操控并控制各种有序相提供了新的思路。

$TiSe_2$ 属于过渡金属硫族材料，在室温时为半金属，而当降温至 200 K 时，其晶格会发生畸变，形成两倍的超晶格周期，其原子分布如图 4－19(a)所示。简单地说，原本间隔均匀的钛原子往右移动一点距离，这样该钛原子就与其左边的钛原子间距变大，与其右边的钛原子间距变小；而硒原子也相对原来的位置有所偏离，此时的周期变为两倍钛原子间距，即晶格形成周期畸变(periodic lattice distortion, PLD)，而价电子分布则形成密度调制，产生电荷密度波。从能带结构来看，由于晶格周期变为两倍，钛的 3d 能带会折叠到 Γ 点，进而与硒 4p 能带形成一个能隙，如图 4－19(b)所示。$TiSe_2$ 的晶格畸变远小于 TaS_2 等材料，因此对应的超晶格峰较弱；同时其动力学过程随时间变化远快于 TaS_2 等材料，因此非常适合利用兆伏特超快电子衍射进行研究。

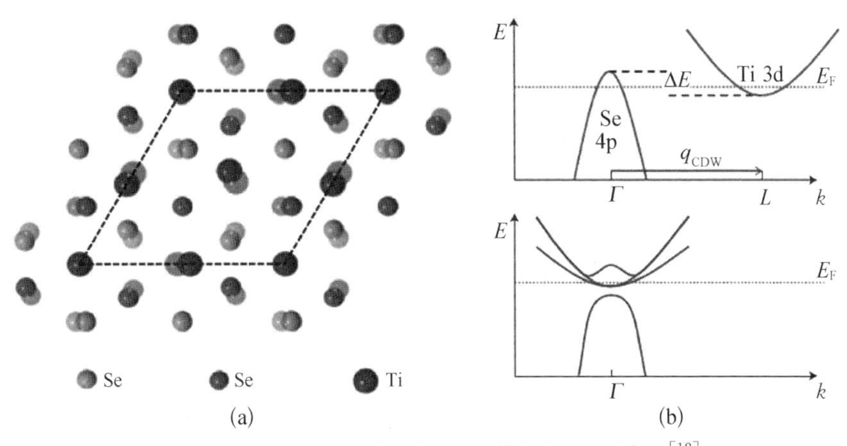

图 4－19　$TiSe_2$ 原子结构(a)及能带结构(b)示意图[12]

关于 $TiSe_2$ 电荷密度波的形成机制，国际上一直存在着争论，目前仍是凝聚态物理的研究热点。一种观点认为当温度降低到 200 K 后，电声子耦合会驱动晶格形成扭曲，以便降低系统的总能量；在晶格产生扭曲后，电子由于被锁在原子核上，自然跟随原子的分布进而形成电荷密度波。另一种观点认为是电荷间的相互作用驱动了晶格的扭曲，即电子和空穴通过形成基子(exciton)来降低系统的能量，而由于二者的库仑吸引力，晶格会发生扭曲进而形成电荷密度波。还有观点认为，基子和电声子耦合在 $TiSe_2$ 的电荷密度波形成中都发挥了重要作用。

由于平衡态下这些相互作用耦合在一起，难以区分究竟哪种作用占主导地位，因此人们希望通过开展时间分辨的研究，从时域上来区分各自的作用。

近期上海交通大学的研究团队利用兆伏特超快电子衍射研究了 $TiSe_2$ 的结构动力学。首先通过解理获得 $TiSe_2$ 的单晶样品，当电子束垂直通过样品时，衍射斑如图 4－20(a)所示。由于 $TiSe_2$ 的周期调制是三维的，在垂直入射时投影到面内的值较小，加上兆伏特电子的散角较大，故垂直入射时难以观察到超晶格峰。对样品角度略微旋转并优化周期调制在面内的投影，可增强超晶格峰的强度，如图 4－20(b)所示，其中圆圈处代表的即是与电荷密度波相关的超晶格峰。

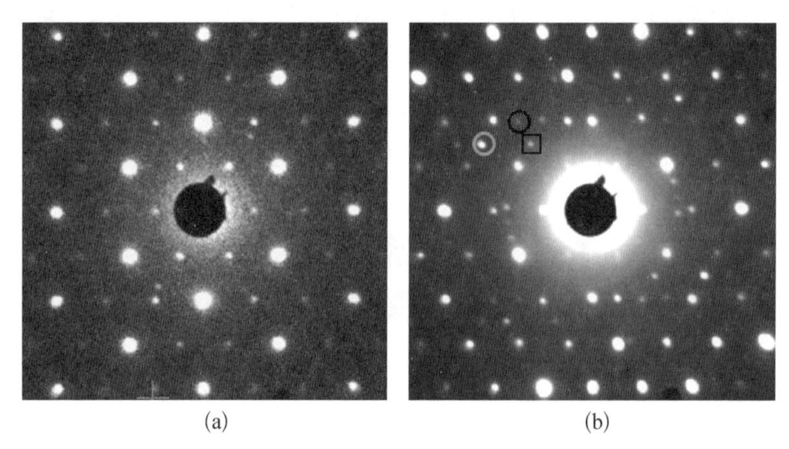

图 4－20　$TiSe_2$ 结构动力学研究的衍射斑图像

(a) 垂直入射；(b) 旋转角度后

实验中首先通过测量不同延时、不同激光泵浦强度下各衍射斑的强度变化，可确定一个阈值，大约为 0.15 mJ/cm^2；在这个阈值以下，100 ps 时超晶格峰可以恢复到初始值，而在这个阈值以上，则 100 ps 时超晶格峰的强度仍然远未恢复。因此可以认为，在该阈值以下，激光对电子态以及晶格扭曲的影响处于微扰的模式，此时激光会产生载流子，这些载流子会降低基子里电子与空穴的库仑相互作用；由于这些新产生的载流子的库仑屏蔽效应，部分基子会被拆散；同时原子感受到的势能面发生改变，激发约 3.4 THz 的特有振荡；随着电子-电子散射及电声子耦合等作用的发生，载流子逐步弛豫，最终在 100 ps 时基子对又重新形成，原子分布也恢复到初始的状态，相应的超晶格峰的强度也基本恢复。在该阈值以上，则由于产生的载流子足够多，基子序可能被完全破坏；并且当基子序完全破坏后，载流子的浓度仍然在某个临界值之上，在该条件下基子无法恢复，必须等到载流子浓度衰减到临界值以下，伴随着库仑屏蔽效应的减弱，电子-空穴逐步形成基子；因此存在一定的时间窗口，基子序不存在，但是晶格的周期调制仍然存在，这是平衡态下难以存在的状态，同时在该条件下原子感受到的势能面可能也不一样，原子有可能运动到新的准平衡态；由于基子完全消失后恢复的时间以及晶格扭曲被破坏后的恢复时间伴随着长程相关性的逐步建立，因此延时为 100 ps 时，超晶格峰的强度仍未完全恢复。

实验中测量了三个典型的超晶格峰（对应于图 4－20 中的 2 个圆圈和 1 个方框）的强度随时间的演化，图 4－21(a)所示为 0.08 mJ/cm^2 时的变化，图 4－21(b)所示为 1 mJ/cm^2 时的变化。可见在阈值以下，基子和晶格的周期调制都处于微扰状态，原子的恢复运动是相干的，因此 3 个超晶格峰的行为基本一致。而当激光的能量密度远大于阈值时，基子被完全抑制，晶格的周期调制也获得较大抑制，对应的超晶格峰下降幅度大于 60％，同时恢复过程中由于原子的运动不再是微扰模式下的原路返回，造成了三个超晶格峰的恢复过程存在较大区别，如图 4－21(b)所示。

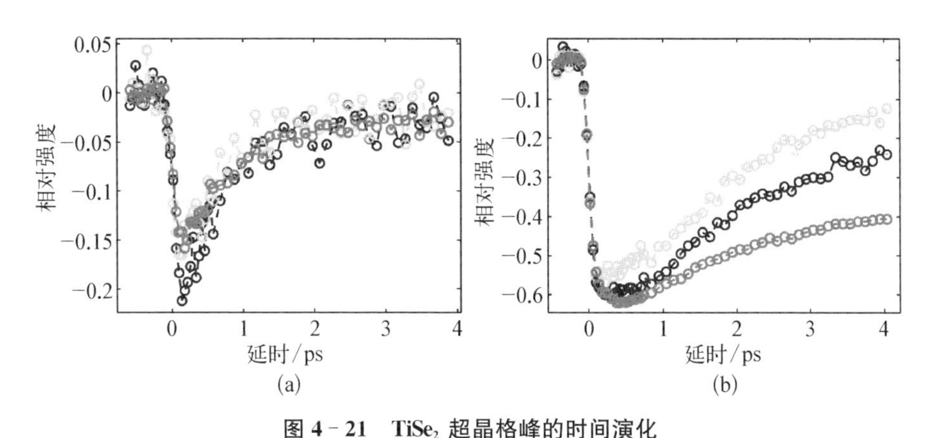

图 4－21　$TiSe_2$ 超晶格峰的时间演化

(a) 在泵浦能量阈值以下；(b) 在泵浦能量阈值以上

进一步比较布拉格峰和超晶格峰的强度变化，也可发现在阈值以上和阈值以下存在不同的行为。在阈值以下，原子受到的影响处于微扰模式，伴随着晶格扭曲的减弱，超晶格峰的强度快速下降，而晶格扭曲的减弱代表着晶格总体对称性的提高，因此与之相关的布拉格峰的强度快速增加，并且超晶格峰下降到最低值的时间与布拉格峰升高到最高值的时间一致[见图 4－22(a)]。之后晶格扭曲逐步恢复，超晶格峰的强度也逐步恢复；同时伴随着晶格扭曲的恢复，晶格的整体对称性开始降低，相应的布拉格峰的强度也开始下降。从图中还可看到，布拉格点从峰值恢复的时间远短于超晶格峰的恢复时间，这主要是由于布拉格点对电荷密度波的相位不敏感，只与原子的位置有关；而超晶格峰则既与电荷密度波的幅值有关，也与电荷密度波的相位有关，而电荷密度波的相位恢复较慢(原子间需要较长的时间才能建立起相关性)。

在阈值以上，原子受到的影响处于强扰动模式，伴随着基子的完全破坏，原子可能感受到新的势能面，进而产生新的运动模式，如图 4－22(b)所示。不难发现，尽管伴随晶格扭曲的减弱，超晶格峰的强度快速下降，布拉格峰的强度快速增加，但是超晶格峰下降到最低值的时间与布拉格峰升高到最高值的时间不再一致。如图 4－22 中虚线所示，在激光激发后大约 100 fs，布拉格峰的强度达到最大，接着开始减小，这说明整体上看，晶格的扭曲在 100 fs 时获得最大的抑制，然后开始恢复。然而，如果晶格的扭曲在 100 fs 后原路返回的话，超晶格峰也应该在 100 fs 后立即开始恢复；实际的结果显示超晶格峰在 100 fs 后不但没有立即恢复，而是继续衰减，直到大约 400 fs 后才开始逐步恢复。这预示着在这段时间内，原子不是按照原路返回，更可能的是发生了新的运动模式，尽管平均来看晶格的对称性在降低，但是超晶格峰的强度却在继续降低。需要指出的是，如果实验的时间分辨率不够高，则难以分辨出布拉格峰与超晶格峰到达极值的时间不一样的特点，这显示出兆伏特超快电子衍射的独有优势。

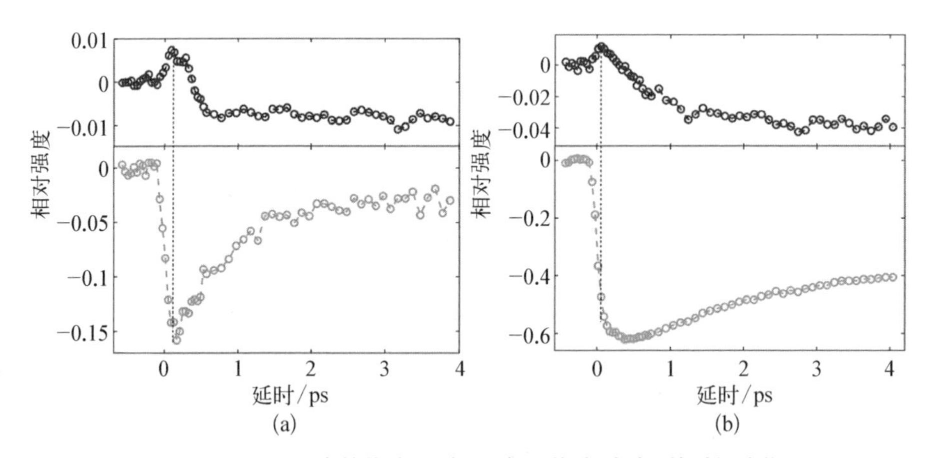

图 4－22　$TiSe_2$ 布拉格峰(黑色)和超晶格峰(灰色)的时间演化

(a) 在泵浦能量阈值以下；(b) 在泵浦能量阈值以上

进一步对比所有衍射斑的强度变化，可以得到更多的信息。图 4－23 所示为不同延时处衍射斑的分布与未激发时的衍射斑的差值。在 0.2 ps 延时处，可明显观察到超晶格峰的强度下跌；而在 1 ps 延时处，则能看到局部出现了强度的增加。通过与理论对比，发现这些强度增加的点恰好分布在布拉格点的中间,即刚好是超晶格峰的位置。如图 4-23(b)最中间的六个黑色点,刚好位于正六边形的六个顶点。进一步分析表明,这些新增加的衍射斑峰的宽度远大于原来的超晶格峰,这说明新形成的电荷密度波并没有完全建立起相位的相关性,这可能是由拓扑缺陷造成的。同时伴随着一部分超晶格峰的降低,另一部分超晶格峰增加,这进一步说明了原子的运动不是原路返回,而是存在新的模式。

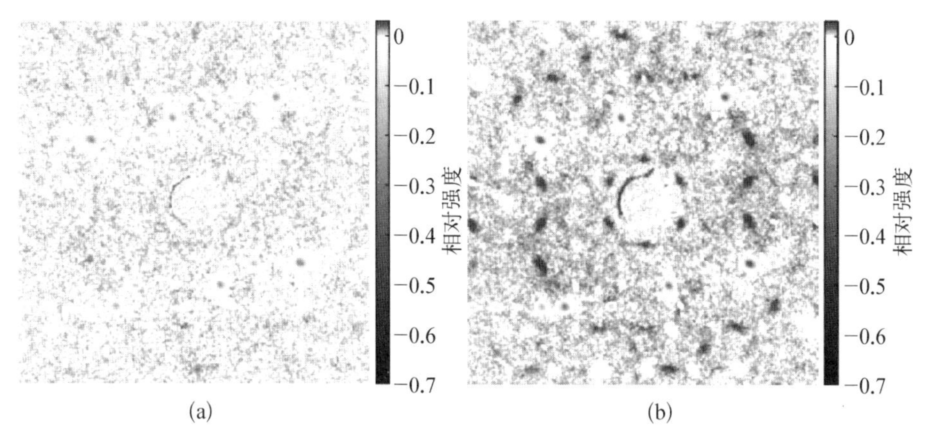

图 4-23　$TiSe_2$ 在不同延时处的衍射斑与未泵浦时的衍射斑差值

(a) 延时为 0.2 ps;(b) 延时为 1 ps

这部分研究对 $TiSe_2$ 的物理机制提供了新的信息,即晶格的周期调制可以在基子不存在的条件下仍然存在,这说明二者并不是完全绑定在一起;同时该研究也说明在基子序完全被抑制的条件下,非平衡态下可能存在平衡态下不存在的新的与电荷密度波相关的原子分布。相信随着实验和数据及理论分析的进一步开展,超快电子衍射将有望对 $TiSe_2$ 的电荷密度波形成机制的研究做出重要贡献。

4.3.4　晶格动力学的定量解析

在通常的衍射实验中,一个布拉格峰只是代表了原始晶格中的一个晶面的信息,而只有获得更多的布拉格峰,才有可能重构出完整的晶格结构信息;比如在 X 光晶体学中,一般都需要对样品旋转 360°测量不同角度的衍射斑,才能实现三维重构。因为兆伏特电子的德布罗意波长相比千伏特电子更短,所以其对应的 Ewald 球的半径更大,相对于千伏特电子衍射和 X 射线衍射实验来说,能单次获得更大的动量空间信息,使得在不旋转样品角度的情况下也能通过数十个衍射斑的变化将原子分布的变化确定得更准确。

在电荷密度波材料中，以过渡金属硫族化合物为例，过去的超快结构动力学主要研究光激发后的金属原子的运动，而忽略了其中非金属原子在光激发后的运动；这是因为很多电荷密度波材料在发生结构相变后，主要是金属原子改变了周期性的分布而获得了新的超周期，因此认为其结构主要与金属原子相关。当用激光激发时，伴随着该晶格畸变的减弱，超晶格峰强度在降低的同时会伴随着布拉格峰的增强(如 1T－TaS_2、$LaTe_3$ 等)，即原先形成周期性晶格扭曲的晶格中的金属原子在光激发后开始回到正常态的位置(即未形成周期晶格畸变时的位置)，增强了主晶格的周期性，从而使得布拉格峰强度增加。

近期美国布鲁克海文国家实验室的学者们发现，其实非金属原子的分布对超晶格峰和布拉格峰也有较大影响[13]。该实验利用兆伏特超快电子衍射研究了 1T－TaSeTe 这种电荷密度波材料，该材料相当于用一个碲原子替代 1T－$TaSe_2$ 中的硒，替代后硒和碲原子在原来的硒原子的位置随机分布。通过对兆伏特超快电子衍射实验中所获得的大量衍射斑进行系统分析，发现当光激发后超晶格峰强度被抑制时，布拉格峰的强度有增强的，但也有减弱的。通过进一步分析可以得出，光激发后的原子运动主要来自其中的非金属原子，与认为主要是金属原子运动的传统理论不同。

如当考虑 1T－TaSeTe 位于正常态时(即未发生周期性的晶格扭曲)，其布拉格峰(hk0)的电子结构因子可以表示为

$$F_{\mathrm{g}}=\begin{cases} f_{\mathrm{Ta}}+2f_{\mathrm{Se/Te}}, & h-k=3n \\ f_{\mathrm{Ta}}-f_{\mathrm{Se/Te}}, & h-k\neq 3n \end{cases} \tag{4-4}$$

式中，f_{Ta} 和 $f_{\mathrm{Se/Te}}$ 分别是钽原子和硫族原子的电子散射因子。由式(4－4)可以看到布拉格峰可以分为两种，分别为类型 1($h-k=3n$)和类型 2($h-k\neq 3n$)。在这两种布拉格峰中，钽原子对两者具有相同的贡献，但是 Se/Te 原子则使得一种强度增加，另一种强度减弱。而当发生超晶格调制的时候，钽原子对正常态(即没有超晶格调制时)的微小偏移会使得所有的布拉格峰强度下降，如图 4－24(a)所示(白色点代表强度下降)，但是 Se/Te 原子位置的偏移则会使得类型 1 的布拉格峰强度降低，类型 2 的强度增加，如图 4－24(b)所示(黑色点代表强度上升)。因此通过光激发后布拉格峰强度的变化，可以分辨出光激发后的金属原子中非金属原子的运动过程。

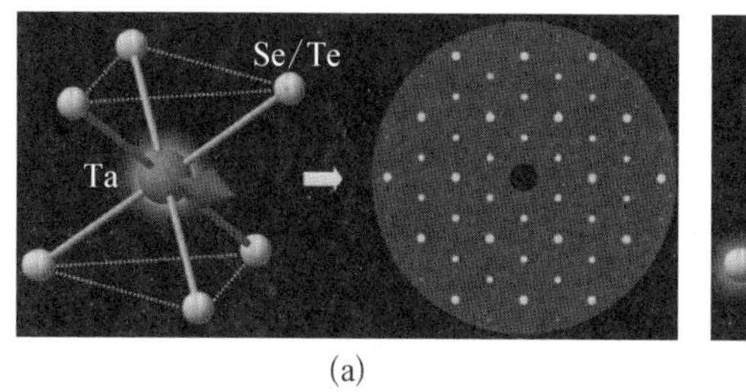

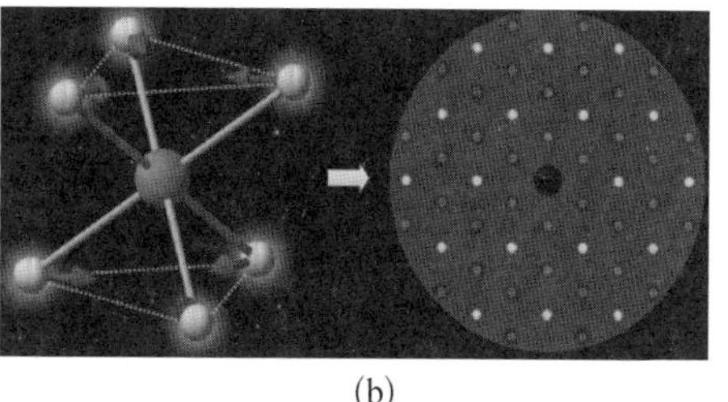

(a)　　　　　　　　　　(b)

图 4-24　形成电荷密度波时原子运动对布拉格峰强度的影响[13]

(a) 钽原子运动;(b) 硒/碲原子运动

值得指出的是,实验中观察到的衍射斑强度变化既包含了钽原子运动的贡献,也包含了硒/碲原子的贡献,而当所有原子的运动是相干运动时(即按照与高对称性下的位移值同比例运动),二者叠加的结果总是在形成电荷密度波时布拉格峰下降;只有当金属原子与非金属原子运动不同步时,才可能看到不同布拉格峰强度变化的明显区别。

在实验中确实观察到了布拉格峰在光激发后的强度变化有两种形式,图 4-25(a)所示为测得的类型 1 的布拉格峰强度的变化,可以看到其在 400 fs 左右达到强度的最大值,接着开始下降并在 3 ps 后达到亚稳态。而图 4-25(b)所示为类型 2 的布拉格峰,其强度在光激发后一直下降,然后也达到亚稳态。

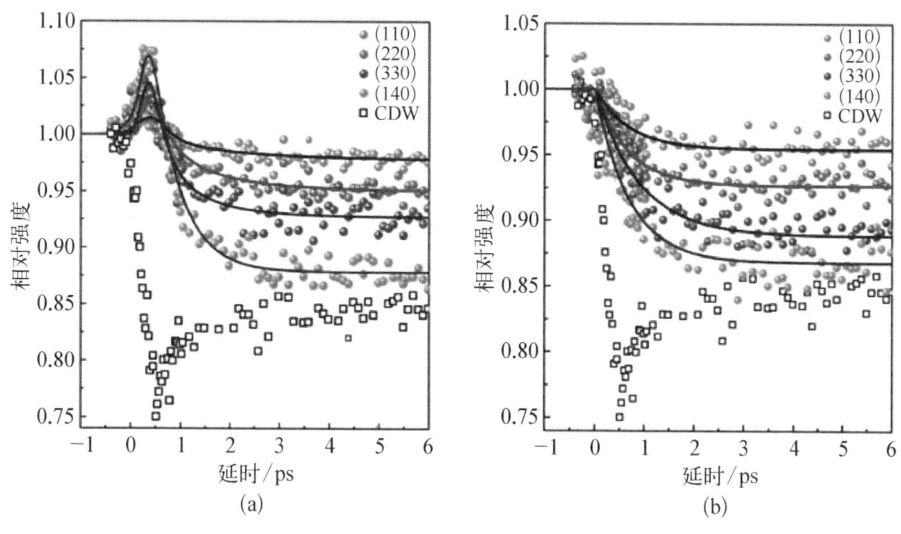

图 4-25　类型 1(a)和类型 2(b)的衍射斑强度随延时变化[13]

通过进一步分析，发现在 400 fs 时，钽原子从原来的周期性畸变状态恢复了约 6.3%，而硒/碲原子却恢复了 41%。一般认为在电荷密度波材料中，光激发导致的周期性晶格畸变的破坏是通过相干的声子模式完成的，如 A1g 模式，但是这种声子模式一般都是导致不同的原子按照畸变的相同比例运动，但这明显与该实验所观察到的不一致。这说明在该能量密度下该声子与晶格的耦合方式不能简单用谐振子模型来描述，亚晶格里原子的运动存在不相干的运动。基于此发现，可以推测在光激发后的 400 fs 时晶格进入了亚稳态，即此时钽原子几乎还停留在原来形成晶格周期畸变时的位置，但是硒/碲原子已经运动到接近正常态下的位置了，即两种子晶格瞬时处于去耦合的状态。从该实验可见，兆伏特超快电子衍射实验中所获得的大范围的动量空间中的信息可以帮助我们更全面地分析光激发后的原子运动，并研究其中出现的许多新颖的量子态。

4.3.5 分子的准直和化学键振荡

气态作为物质的基本形态之一，由于较低的分子密度和无序的分子状态而有别于固态和液态。气体分子，特别是较低气压下的气态分子，可以近似认为是孤立和自由的，这样的条件使气态物质成为研究很多科学问题的最佳选择。例如激光准直分子的实验中，固态物质显然无法被激光所准直，液态分子虽然可以被强激光准直，但随后的演化中会迅速受到周围分子的影响，而气态分子则不会受到这些制约，可以用来很好地研究激光与孤立分子相互作用的过程及后续相对较长一段时间内的发展变化，不会受到周围分子的干扰(因为密度低，一般分子与分子的间距远大于分子自身的尺度)。

超快电子衍射作为探测原子核位置的灵敏工具，也可以很好地应用于气态物质的各类实验。从 20 世纪末开始，Zewail 组就已经将千伏特电子衍射应用于气态物质的动力学实验，并取得了一系列的重要成果。但是千伏特电子衍射技术受限于电子束的脉宽和速度失配等问题，时间分辨率较低；而兆伏特超快电子衍射则在脉宽和速度失配这两方面都有较大的优势，因此可以获得较高的时间分辨率，对于气态物质的动力学实验尤为适合。

分子的准直是指具有电极化率各向异性的分子在强激光的电磁场作用下，分子电极化率最大的轴在激光作用时会趋向于沿激光偏振方向进行排列。对于脉宽远小于分子转动周期的激光，激光场的作用相当于“踢”了分子一下，赋予分子一个初始角动量，激光经过后，分子受到激光的初始作用仍会继续自由演化，从而打破气体分子各向同性的状态，形成随时间演化的各向异性的波包。

这里以 CO_2 分子为例简单介绍分子准直的特性。分子的准直程度首先与分子平行和垂直方向的极化率大小有关，两者差异越大，各向异性越强，准直的程度就越高。分子准直的时间尺度与分子自身的转动惯量密切相关，这两者是分子自身的属性。外界条件中对分子准直程度产生影响的主要是激光强度和气体温度两个条件，激光越强，温度越低，气体的准直程度越高。但是激光强度受限于分子本身的电离阈值，这里选取 CO_2 分子电离阈值作为模拟的激光强度，为 10^{13} W/cm^2。温度选取 10 K、20 K、40 K 分别进行模拟，如图 4－26 所示，三条不同颜色的曲线分别代表三个温度下 CO_2 分子准直程度随时间的变化。纵坐标为横向准直程度的常用参数 $\cos^2\theta$，θ 为分子与激光偏振方向的夹角；不难推断，此参数越大，准直程度越好，完美准直时为 1。从图上可以看出，温度明显影响准直的程度，但是不会影响准直的时间和变化周期。

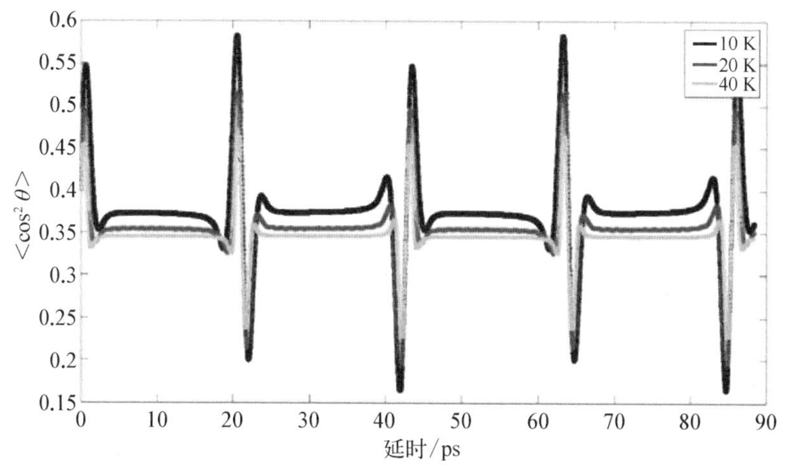

图 4－26　不同温度下 CO_2 分子准直程度随时间的变化曲线

当分子被准直起来后，电子被散射到各个方向的概率就会存在差别，因此衍射斑里也会体现出各向异性。图 4－27 所示为 10 K 条件下，$\cos^2\theta$ 取最大（准直，分子朝向与激光偏振态方向一致）和最小值（反准直，分子朝向与激光偏振态方向垂直）时的电子衍射模拟结果，从图中可以明显观察到准直导致衍射图像也变为各向异性，且电子的强度分布与分子的取向有明显的一致性。利用电子衍射斑的分布，近期兆伏特超快电子衍射已用于氮气的分子准直研究[14]。

激光除了可以准直分子之外，还可以将分子激发到较高的能级上，进一步

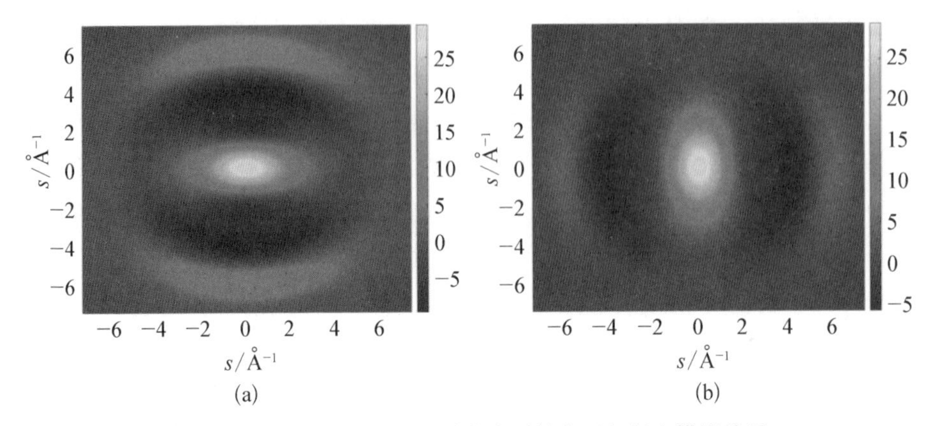

图 4 - 27　CO_2 分子处于两种状态时的电子衍射斑模拟结果

(a) 准直状态;(b) 反准直状态

引起分子中原子的振动和化学键长的改变。比如碘分子在 530 nm 激光激发下会从基态激发到激发态上,而在激发态上分子并不处在势能最低的位置,因此会开始振动;伴随着该振动,碘原子的间距将发生变化。利用超快电子衍射研究碘分子化学键长的振荡非常类似于杨氏双缝干涉实验,如图 4 - 28(a)所示,衍射斑的疏密程度代表了缝的间距;这里可以将两个碘原子看成是两个缝,而缝间距(原子间距)以约 400 fs 的周期振荡。

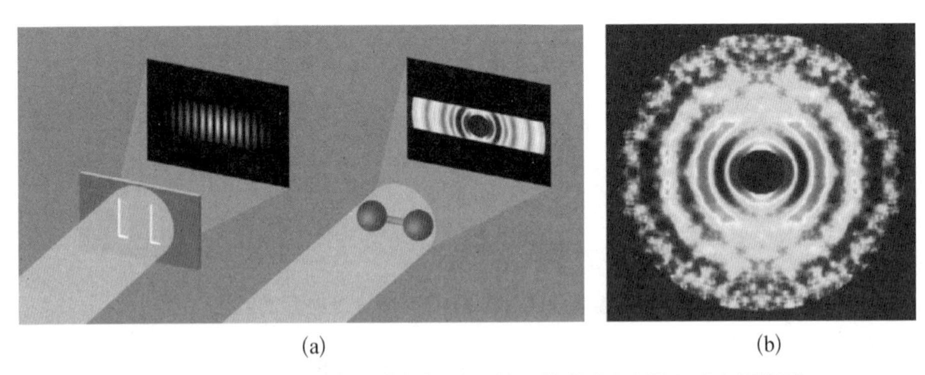

(a)　　(b)

图 4 - 28　碘分子键长振荡与杨氏双缝干涉类比(a)及实验中测量的碘分子衍射斑与激光激发前的差值(b)[15]

分子键长的变化会直接导致电子衍射图像的变化,由于被激发的分子占比较小,因此一般采用对不同时间点的衍射图像做差的方法来获得有效的信息。图 4 - 28(b)所示为实验中测量的碘分子衍射斑与激光激发前的衍射斑的差值,通过测量衍射斑疏密程度的变化,实验中观察到了碘分子化学键长在 2.6 Å

与3.9 Å之间的振荡。

4.3.6　分子反应动力学

以上两个实验中,研究内容均为激光与分子相互作用后改变分子的方向或分子中原子的间距,但是并不会改变分子本身,即没有化学变化发生。但是除此之外,激光与分子相互作用时,可以使得分子发生诸如开环、分解和异构化等化学反应。化学反应将伴随更加明显的原子核位置移动,因此也是电子衍射适用的研究对象。以三氟碘甲烷(CF_3I)为例,图4-29所示为三氟碘甲烷分子沿C—I轴的势能曲面,图中两条竖直向上的箭头表示分子被激光泵浦后被激发到更高的能级上,由于此时分子不在势能曲面的最低点,因此将沿势能曲面进行演化。不同曲线为不同的势能面,其中点画线曲线代表价电子开壳层态,是单光子激发导致的态;剩余曲线所代表的势能面为双光子激发所到达的态。在各种激发态中,能量较低的部分分子在势能曲面上最低点附近振动,在每次振动中还有一定的概率通过势能曲面上的交叉点并落到能量较低的曲面上,而能量较高的分子中的C—I键则会不断变长并最终断裂,这些都可以从势能曲面上直观地发现。

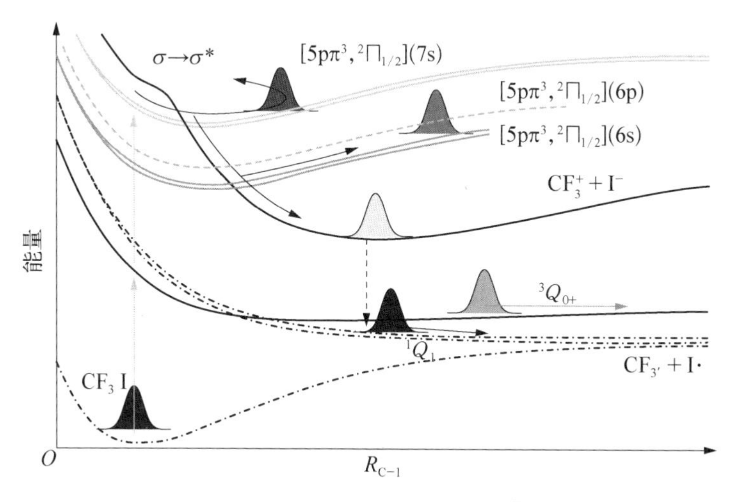

图4-29　三氟碘甲烷势能曲面[16]

在得到气态分子的电子衍射图像后,可以对其进行逆傅里叶变换和逆阿贝尔变换,以得到分子的自相关图像,其中包含了分子中任意两个原子的相对位置的信息,称为原子对分布函数。在单光子激发的过程中,分子更倾向于平行于激光偏振方向进行排列，该条件下分子对 F—I、C—I 所对应的衍射电子更多地分布于平行于激光的方向，而分子对 C—F、F—F 对应的衍射电子更多地分布于垂直于激光的方向。在双光子激发的过程中，分子则会更倾向于垂直于激光偏振方向进行排列。在分析数据的过程中，由于参与反应的分子只占少数，因此需要用某个特定时刻的原子对分布函数减去时间零点之前的原子对分布函数来提高信噪比，获得更多的信息。

实验中利用紫外光激发三氟碘甲烷分子后，C—I 键有一定的概率发生断裂，通过分析 C—I 键的原子对分布函数的强度变化，可以推知其什么时候发生断裂，以及断裂的比例随时间的演化。三氟碘甲烷的结构如图 4-30(a)所示，激光激发后代表 C—I 和 F—I 的原子对分布函数随延时的演化如图 4-30(b)所示。从图中可以看到非常有趣的现象：C—I 键的信号先开始衰减，而 F—I 键的信号衰减的起始时间存在约 100 fs 的延迟。这是因为碘比碳的相对原子质量大得多，当 C—I 键断裂时，碳原子和碘原子尽管会受到相同的反冲力，但是可以认为碘原子近似不动，而碳则会受到相对较大的加速度，进而往回收缩；由于氟原子与碘原子并不直接成键，因此在 C—I 键断裂的时候只会看到 C—I 键的强度减弱，而 F—I 键保持不变。之后随着碳原子的反冲，碳原子由于与氟原子成键，因此会拉着氟原子一起往回缩，对应的 F—I 键强度也开始下降。要观察到此细微过程，需要超高的时间和空间分辨率，而兆伏特超快电子衍射则做到了这样的四维分辨能力。

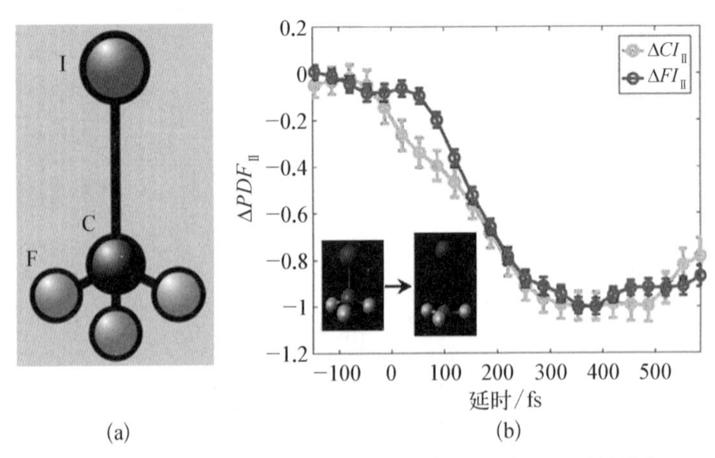

图 4-30　三氟碘甲烷结构(a)及代表 C—I 和 F—I 的原子对分布函数随延时的演化曲线[16](b)

本实验由于涉及化学反应，且分子中包含三种、五个原子，因此复杂程度明显要高于前面描述的分子转动和化学键长振动的实验。最后实验的结果清晰展示了分子波包的演化过程并且与模拟吻合得较好，显示了超快电子衍射在研究复杂分子的化学反应时具有很高的潜力。分子波包通过锥形交叉的过程是化学反应中最快的一类过程，三氟碘甲烷也具有较为典型的分子键长，因此本实验也展示了在时间分辨率和空间分辨率上，超快电子衍射基本可以胜任各类化学反应的研究。

上述三个实验涉及了较为典型的气体分子与激光相互作用的过程，即振动或转动态被激发后的准直或者振动，或者直接发生化学键断裂从而产生化学变化。在这几类实验中，由于电子衍射可以直接观察到原子核的位置变化，因此能直接解析其中的物理过程和原理，三个实验也都与模拟情况吻合较好，同时也证明了超快电子衍射的时空分辨率足以胜任大多数气态分子与激光相互作用后过程的追踪。当然，上述实验的分子都较为简单，未来还可能有更多更为复杂的分子系统用以研究，这也要求更高的时空分辨率、更好的信噪比以及数据提取能力，在此基础上，气态超快电子衍射这一工具可用来研究更多目前悬而未决的问题。

参考文献

[1] Novoselov K, Geim A, Morozov S, et al. Electric field effect in atomically thin carbon films[J]. Science, 2004, 306: 666 - 669.

[2] Lu D, Baek D, Hong S, et al. Synthesis of freestanding single-crystal perovskite films and heterostructures by etching of sacrificial water-soluble layers[J]. Nature Materials, 2016, 15: 1255.

[3] Cavallo F, Lagally M. Semiconductors turn soft: inorganic nanomembranes[J]. Soft Matter, 2010, 6: 439.

[4] Koralek J, Kim J, Bruza P, et al. Generation and characterization of ultrathin free flowing liquid sheets[J]. Nature Communications, 2018, 9: 1353.

[5] Li X, Money P, Zheng S, et al. Electron counting and beam-induced motion correction enable near-atomic-resolution single-particle cryo-EM [J]. Nature Methods, 2013, 10: 584.

[6] Vecchione T, Denes P, Jobe R, et al. A direct electron detector for time-resolved MeV electron microscopy[J]. Review of Scientific Instruments, 2017, 88: 033702.

[7] Mo M, Chen Z, Li R, et al. Heterogeneous to homogeneous melting transition visualized with ultrafast electron diffraction[J]. Science, 2019, 360: 1451 - 1455.

[8] Ernstorfer R, Harb M, Hebeisen C, et al. The formation of warm dense matter:

experimental evidence for electronic bond hardening in gold[J]. Science, 2009, 323 (5917): 1033-1037.

[9] Chase T, Trigo M, Reid A, et al. Ultrafast electron diffraction from non-equilibrium phonons in femtosecond laser heated Au films[J]. Applied Physics Letters, 2016, 108(4): 041909.

[10] Qi F, Ma Z, Zhao L, et al. Breaking 50 femtosecond resolution barrier in MeV ultrafast electron diffraction with a double bend achromat compressor[J]. Physical Review Letters, 2020, 124: 134803.

[11] Kogar A, Zong A, Dolgirev P, et al. Light-induced charge density wave in $LaTe_3$ [J]. Nature Physics, 2020, 16: 159.

[12] Porer M, Leierseder U, Menard J, et al. Non-thermal separation of electronic and structural orders in a persisting charge density wave[J]. Nature Materials, 2014, 13: 857.

[13] Li J, Li J, Sun K, et al. Ultrafast decoupling of atomic sublattices in a charge-density-wave material[R]. New York: Brookhaven National Laboratory, 2019.

[14] Yang J, Guehr M, Vecchione T, et al. Diffractive imaging of a rotational wavepacket in nitrogen molecules with femtosecond megaelectronvolt electron pulses [J]. Nature Communications, 2016, 7: 11232.

[15] Yang J, Jobe K, Hartmann N, et al. Diffractive imaging of coherent nuclear motion in isolated molecules[J]. Physical Review Letters, 2016, 117(15): 153002.

[16] Yang J, Zhu X, Wolf T, et al. Imaging CF_3I conical intersection and photodissociation dynamics with ultrafast electron diffraction[J]. Science, 2018, 361: 64.

第 5 章
兆伏特超快电子透镜

自 20 世纪 30 年代发明以来，透射电子显微镜成为推动物理、化学、生物和材料科学发展的重要工具。传统透射电子显微镜的电子源由直流高压加速产生，并由一系列透镜聚焦在样品上，含有样品结构信息的透射电子经物镜成像并进一步被中间镜和投影镜放大，最终成像在探测屏上。球差和色差校正技术使得具有亚埃量级空间分辨能力的实空间成像成为现实，但传统透射电子显微镜无法研究高时间和空间分辨率的动力学过程。

电子源由连续发射转换为脉冲式，并结合泵浦-探测技术可极大地提高透射电子显微镜的时间分辨能力。当前传统透射电子显微镜的时间分辨率主要受限于电子束亮度和空间电荷效应。利用光阴极微波电子枪可以同时增加电子能量(减弱空间电荷效应)和电子束亮度(降低球差和色差)，在实现更高时间分辨率的同时，有望实现单发超快电子成像。模拟分析表明基于加速器的兆伏特超快电子显微镜有望实现 10 ps 时间分辨率和 10 nm 空间分辨率的单发成像。目前自由电子激光领域发展的用于提高电子束亮度、操控电子束相空间分布和保持传输过程中束流品质的各种方法也极大地推动了基于加速器的兆伏特超快电子显微镜的发展。

5.1 兆伏特超高压电镜

一般将加速电压高于 500 kV 的电镜都称为超高压电镜，这类电镜目前已逐步退出历史舞台，世界上最主要的两家透射电镜公司目前也已不再生产这样的电镜；但是这类电镜在 20 世纪后半期却经历了较快的发展，在球差校正技术成功运用到商业电镜前一度被人们认为是唯一能做到原子分辨率(<1 Å)的方法。

与低能(<100 keV)及中能电镜(100～300 keV)相比,超高压电镜的电子能量更高,因此德布罗意波长更短;高能电子的穿透能力更强,降低了样品制备的难度,同时也有利于观察厚样品的信息,而针对厚样品的观察结果往往更接近实际材料的真实情况;此外,高能电子对样品的电离损伤较小,因此有利于对辐射损伤阈值低的材料进行结构测量。事实上人们最早提高电镜能量的主要目的是回避样品制备的困难。以铝为例,不同能量电子在铝中的弹性散射平均自由程(mean free path, MFP)如图 5-1 所示[1],由图可见在电子能量低于 1 MeV 时,电子的平均自由程近似线性正比于电子能量。由于在电镜发展的初期,要制作厚度与电子平均自由程同量级的超薄样品较为困难,因此在 20 世纪 40 年代,人们主要通过提高电子能量来降低样品制备的难度。当时已研制出能量达 350 keV 的电镜,并获得了酵母细胞和氧化铝的电子像[2]。然而,在 20 世纪 50 年代,超薄切片技术获得了快速发展,尤其是对于生物样品,可以较为方便地获得纳米厚度的样品,因此原来提高电子能量的主要目的失去了意义;相应地,高压电镜的研制和生产在这一时期也逐渐停止了。

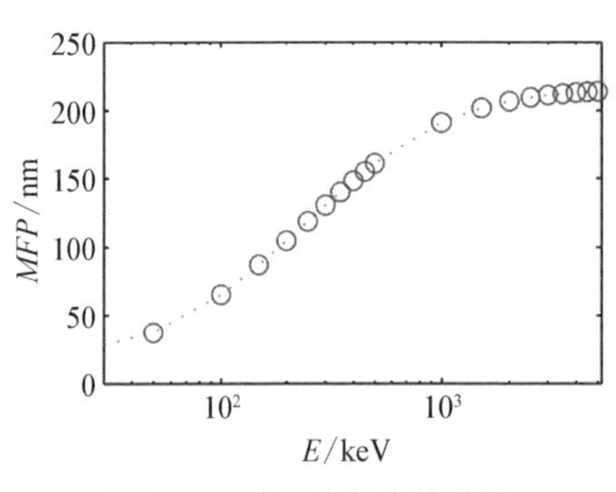

图 5-1　电子在铝中的弹性散射平均自由程[1]

从 20 世纪 60 年代开始,随着位错理论的发展,利用较厚的样品从微观角度解释材料力学性质的研究得到了蓬勃发展。当时的研究表明,位错的密度及相互作用与样品的厚度有关,当样品厚度较大时,其结果与宏观的大块材料一致,为此需要提高电子的穿透能力。同时人们也意识到,增加电子束能量可以提高由于衍射效应导致的电镜的分辨率限制。受这两个需求驱动,20 世纪 60—80 年代迎来了超高压电镜的发展高峰。比如 1971 年日本大阪大学建成了 3 MeV 的世界最高能量的超高压电镜,1995 年再次建设了性能更优越的 3 MeV 电镜[3],如图 5-2(a)所示,该电镜高为 13 m,质量为 140 t,图中可见电镜操作员站立于梯子上;日本日立公司在 20 世纪末研制了基于场发射电子源的 1 MeV 超高压电镜[见图 5-2(b)];我国于 1975 年在北京有色金属研究总院安装了日本电子公司生产的 1 MeV 超高压电镜[见图 5-2(c)]。

在高分辨成像中,电子在样品中的多次散射效应常常会限制所成像的分辨率,因为多次散射会增加电子的散角,同时非弹性散射会增加电子的能散。

(a)　(b)　(c)

图5-2　1～3 MeV能量段典型的超高压电镜

(a) 日本大阪大学；(b) 日本日立公司；(c) 北京有色金属研究总院

这个效应在利用CT技术进行三维重构时尤为严重，因为三维重构要求对样品倾斜以获得不同角度的投影，而将样品倾斜70°时，样品的有效厚度变为垂直时的近3倍。此外，某些特殊应用也使得样品无法做到数十纳米的厚度，因此需要利用超高压电镜才能开展相关研究。比如很多半导体器件本身就包括多层结构，生物细胞如酵母、线粒体等本身也在微米尺寸，为了无切片地获得这些样品的完整信息，就要求电子能穿透微米级别的样品。超高压电子的高穿透能力则尤其适合此类研究，其在厚样品研究方面的优势如图5-3所示。对于1 MV的电子能量，仅在纳米金颗粒位于环氧树脂底部时可获得一定分辨率的像，这种情况下多次散射对分辨率的降低已经非常明显；而当纳米金颗粒位于环氧树脂顶部时，100 nm尺寸的纳米金颗粒无法分辨。而在2 MV的能量下，当纳米金颗粒位于15 μm厚的环氧树脂底部时，可获得4 nm的分辨率；当纳米金颗粒位于环氧树脂顶部时单个纳米金颗粒也可分辨。

电子在环氧树脂里由于非弹性散射大约每经过1 μm的区域能量会损失约0.2 keV，这导致经过15 μm厚度的环氧树脂后电子束能散急剧增加；而通过提高电子能量则可以降低电子的相对能散，进而降低球差效应导致的分辨率降低。对于多次弹性散射，其主要作用是增加电子束散角，而多次弹性散射也会导致纳米金颗粒位于环氧树脂顶部和底部时成像效果会存在较大差别。这是因为当样品位于环氧树脂顶部时，被纳米金颗粒散射的电子在传播过程中可能再次被环氧树脂散射，这就导致有效的样品区域存在一定的不确定性，

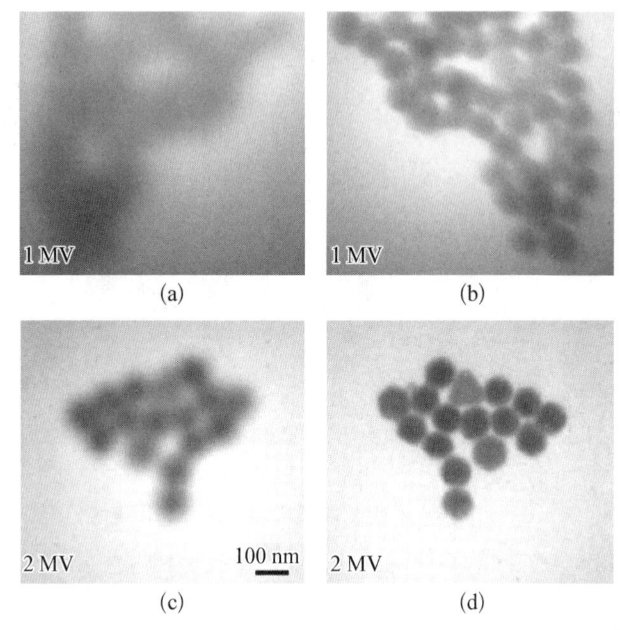

(a) (b) (c) (d)

图 5-3 100 nm 尺寸的纳米金颗粒利用超高压电镜成像结果[4]

(a) 1 MV,顶部;(b) 1 MV,底部;(c) 2 MV,顶部;(d) 2 MV,底部

即物镜看到的用于成像的电子并不完全来自金颗粒,也可能分散在环氧树脂里。比如对于 1 mrad 散射角度的电子,其传播 15 μm 后距离原来的位置偏差便会达到 15 nm。而当金颗粒位于环氧树脂背面时,环氧树脂的作用仅仅是通过多次散射增加电子的散角,仅会通过球差效应导致分辨率下降,故相比金颗粒位于环氧树脂顶部时分辨率会更高。不管是多次弹性散射还是非弹性散射,提高电子能量后,更高的穿透能力和更弱的多次散射都可以在对微米厚度样品成像时提供更高的分辨率。

如前所述,发展超高压电镜的另一个理由是为了提高电镜的分辨率。电镜的极限分辨率与光学显微镜类似,均受限于用于成像的粒子的波长 λ 和透镜的接受角 θ(电镜中此角度大多由光阑孔径决定)。根据瑞利判据,电镜的极限分辨率可表示为

$$r_{th}=1.22\frac{\lambda}{\theta} \tag{5-1}$$

受物镜球差限制的分辨率为

$$r_{sph}=C_s\theta^3 \tag{5-2}$$

降低电子束散角可降低球差引入的分辨率，然而降低散角后受衍射效应限制的极限分辨率会变差，故存在最佳的角度使得总的分辨率最高。分析表明，当电镜的极限分辨率与受物镜球差限制的分辨率相等时，电镜获得最佳的分辨率，此时物镜的接受角为

$$\theta_{\text{opt}} = 0.77(\lambda / C_s)^{1/4} \tag{5-3}$$

对应的最佳分辨率为

$$r_{\min} = 0.91(C_s \lambda^3)^{1/4} \tag{5-4}$$

从式(5-4)不难发现，提高分辨率的两个方法是降低物镜的球差因子，以及降低电子的波长。物镜的球差因子一般与焦距同量级，考虑到分辨率对球差因子的依赖关系是1/4指数关系，也就是说为了提高两倍的分辨率，需要把球差因子降低16倍；而单纯依靠提高磁场强度减少焦距的办法无法获得这样的提高，因为物镜中总需要预留样品的区域，因此不能无限制地提高磁场强度以降低磁场的宽度。在不牺牲样品空间的前提下，需依靠球差校正技术来大幅降低物镜的球差因子。另一个提高分辨率的方法是提高电子束能量以降低电子束波长，考虑到分辨率对电子束波长的依赖关系是3/4指数关系，因此在球差校正技术成功用于商业电镜前，通过提高电子能量降低电子波长是提高电镜分辨率的最有效方法。

对于中低能电镜，在不使用球差校正技术时，其最佳分辨率很难突破1 Å；对于超高压电镜，假设球差因子约为1 mm，则根据式(5-4)可知当电子能量约为1 MeV时可实现1 Å的分辨率。在早期的尝试中，受限于高能电子束的能量稳定性以及超高压电镜物镜励磁线圈电流的稳定性等技术问题，超高压电镜的分辨率未能达到式(5-4)中的预期水平。之后这些技术问题逐步解决(比如电镜需安装在悬浮的隔振平台上，交流杂散磁场需低于0.1 μT，水冷系统水温变化小于1 K/h或0.05 K/min，空调系统的气流速率小于0.1 m/s，电镜室噪声小于40 dB，电子能量及物镜电流稳定性优于10^{-6}且包含监测反馈系统等)。在1995年，德国科学家利用1.3 MeV的超高压电镜获得了1 Å的空间分辨率[5]，是同时期最高的分辨率(同时期的300～400 keV电镜分辨率约为1.6 Å)。对于超高压电镜，理论上继续降低电子束波长可以突破1 Å的分辨率；然而实际运行中为了对兆电子伏特电子聚焦成像，物镜的尺寸较大，导致球差系数C_s随电子能量的增加而增大，因此在不校正球差的条件下要获得超越1 Å的分辨率对超高压电镜来说也是极其困难的。此外，超高压电镜

的规模和造价较高，特别是要获得大于 1 MeV 的能量需要多个阳极串联；此外，为保证各级间的耐压和稳定性，一般需要数十级加速单元。

在球差校正技术投入使用后，人们可以用 200～300 keV 的中能电镜获得小于 1 Å 的分辨率(目前商业球差电镜点分辨率约为 0.7 Å)，因此超高压电镜的需求逐步降低，随着用户的减少，商业公司也逐步停止生产超高压电镜。

需要指出的是，除规模和造价的因素外，超高压电镜有着其独有的一些优点。第一，高能电子的穿透能力强，除了可以用于更厚样品成像外，也使得某些只能利用厚样品开展的研究成为可能。比如，高温超导材料里的磁漩涡(magnetic vortice)直径大约为 400 nm，只有在样品厚度大于该直径时样品里才能展现出三维的完整结构特征，而 300 keV 电镜只能穿透大约 200 nm 的样品，因此需要高能电子才能开展这样的研究。著名电镜学者 Tonomura 在 2001 年用 1 MeV 的超高压电镜研究了 400 nm 厚度 Bi - 2212 样品的磁漩涡[6]。第二，高能电子束具有更高的亮度，这主要是因为在电子产生以后忽略空间电荷力的影响时，统计来说电子的横向动量保持不变；随着能量的提高，电子的纵向动量增加，因此电子的散角(等于横向动量与纵向动量的比值)会减小，这样对应于电子的亮度的增加，更小的散角也降低了成像的球差。第三，超高压电镜由于使用较大的物镜，因此一般留给样品的空间较大，样品的倾角相比中能电镜可以更大，非常有利于开展三维 CT 重构的研究；此外，较大的空间也有利于增加原位的研究功能。这些特点使得超高压电镜对某些特定方向的研究仍然极为重要。

5.2 装置构造及基本元件

超高压电镜投资和规模较大，因此难以像千伏特超快电镜一样直接购买商业电镜改装为超快超高压电镜。类似于兆伏特超快电子衍射，利用光阴极微波电子枪可较为方便地产生兆伏特的皮秒-飞秒量级超快高能电子，结合泵浦-探测技术则可实现兆伏特超快超高压电镜的功能。然而，相比兆伏特超快电子衍射，基于光阴极微波电子枪的兆伏特超快电镜面临多项技术挑战。

首先是能散和能量稳定性方面的挑战。传统电镜的电子能散受限于电子源，一般热阴极电子枪产生的电子能散在 0.6 eV 量级，而场发射冷阴极的电子源能散在 0.1～0.3 eV 量级。对于加速器产生的脉冲电子束，由于峰值流强一般比常规静态电镜高数个量级，因此空间电荷力会导致电子束能散的剧烈增加，并通过色差效应降低电镜的空间分辨率。此外，对于积分模式，由于成像时是对数秒时间内到达样品处的所有电子积分，因此电子束能量的抖动就等同于电子束的能散效应。目前传统电镜都要求电子的加速电压具有极高的稳定性，如 10^{-6} 量级；而加速器的能量稳定性一般在 10^{-4} 量级，这会极大地限制基于加速器的超快电镜的空间分辨率。

其次是电子源亮度方面的挑战。对于光学显微镜，一般成像对比度来自样品对可见光的吸收不同。对于电子显微镜，由于样品的厚度一般与电子平均散射自由程相当，故电子并不会被样品吸收，而只是被样品散射。为了获得成像的对比度，一般在背焦平面利用小孔选择一定散角内的电子通过。当小孔用于选择低散角电子通过时，被散射的电子绝大部分无法通过小孔，因此对电子散射剧烈的区域在探测器处看起来更暗一些，未发生散射的区域看起来亮一些，该模式称为亮场成像模式(bright-field imaging)。相反地，当小孔用于选择高散角电子通过时，被散射的电子绝大部分可以通过小孔，因此对电子散射剧烈的区域在探测器处看起来更亮一些，而未发生散射的区域则看起来暗一些，该模式称为暗场成像模式(dark-field imaging)。不管哪个成像模式，都要求被样品散射后的电子散角与初始未发生散射时的电子散角有较大差别，这就要求初始电子束散角需小于由于散射引起的电子束散角的改变。对于一定亮度(发射度)的电子，将电子束尺寸聚得越小(提高样品处的电子密度，便于单发成像)，则电子束散角越大，最终电子束散角大于散射特征角度时难以获得成像对比度。因此，当电子束亮度一定时，在样品处所允许的最小束斑也基本确定。目前电镜常用的电子源发射尺寸在纳米量级，而光阴极微波电子枪电子源的尺寸受限于激光尺寸，一般在数十微米量级，因此光阴极微波电子枪所产生的电子束发射度远高于电镜的电子发射度，电子束散角会通过色差和球差影响成像分辨率。

基于这些考虑，基于加速器的兆伏特超快电子显微镜装置典型布局如图 5-4 所示[7]，包括光阴极微波电子枪用于产生电子束，谐波腔用于补偿电子束纵向相空间非线性以降低电子束能散，电子枪出口的螺线管磁铁(S)和缩束镜(C)用于将电子束聚焦于样品处，物镜(O)、中间镜(I)和投影镜(P)用于放大成像，以及探测器(D)用于测量放大后的电子束分布。

光阴极微波电子枪的作用是产生兆伏特电子束，所产生的电子束脉宽近似等于激光的脉宽，其相关知识已在第 3 章进行了讨论；目前广泛使用的光阴极微波电子枪工作在 S 波段(2 856 MHz)。谐波腔的微波频率为电子枪的整

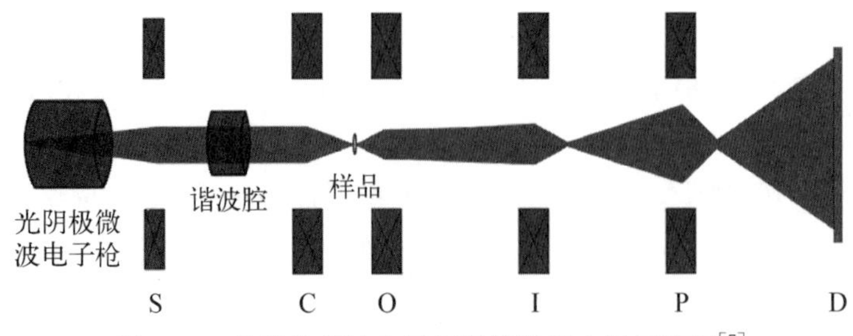

图 5-4　兆伏特超快电子显微镜装置布局示意图[7]

数倍，主要作用是补偿电子束相空间非线性以降低电子束能散。在兆伏特超快电子显微镜中，为获得单发成像的能力，电子束脉宽一般在 10 ps 量级。由于电子被微波场加速，因此不同纵向位置处电子感受到不同的电场，进而获得不同的能量。由于 $\sin 95° = 0.996$，因此 10 ps 电子束内电子能量的差别可至 0.4%，该能散会导致电子显微镜成像分辨率的急剧下降。谐波腔的作用便是让不同纵向位置处的电子最终获得近似相同的能量。假设能量为 E_i 的电子束在两个微波结构中被加速，两个微波结构的波数分别为 k_1 和 k_2，最大加速能量分别为 E_1 和 E_2，加速相位分别为 ϕ_1 和 ϕ_2。相对于参考粒子，纵向位置为 z 的粒子能量表示为

$$E(z) = E_i + E_1\cos(\phi_1 + k_1 z) + E_2\cos(\phi_2 + k_2 z) \tag{5-5}$$

假设第一个微波结构用于电子加速，则第二个微波结构用于非线性能散的补偿。设定第一个加速结构的相位 $\phi_1 = 0$ 使得电子束获得最大的能量增益，设定第二个微波结构的相位位于减速相位 $\phi_2 = \pi$。将粒子能量等式按照泰勒展开，忽略三阶以上的高阶项，粒子的能量表示为

$$E(z) = E_i + E_1 - E_2 + \frac{z^2}{2}(E_1 k_1^2 - E_2 k_2^2) + \cdots \tag{5-6}$$

由式(5-6)可知，当 $E_1 k_1^2 = E_2 k_2^2$ 时，二阶的非线性能散被完全补偿。谐波腔需要的电压值与 $1/n^2$ 成正比，其中 $n = k_2/k_1$ 为谐波数。补偿后的电子束能量会减少 $1/n^2$；当采用 5 712 MHz 谐波腔补偿由 2 856 MHz 微波相位引起的非线性能散，电子束的能量变为初始的 3/4。

兆伏特超快电子显微镜的电磁透镜成像系统由缩束镜、物镜、中间镜和投影镜组成。缩束镜将电子束聚焦在样品上，物镜、中间镜和投影镜三级放大将样品的像呈现在探测屏上。假设一个最简单的成像系统：一个螺线管线圈长

度为 L，聚焦强度为 K，螺线管线圈之前的漂移距离为 L_1，之后的漂移距离为 L_2。这样的系统在坐标旋转 $-KL$ 后，电子束水平和垂直方向的动力学不再耦合在一起，对应的一阶传输矩阵可表示为

$$R=\begin{bmatrix} c-KSL_2 & L_1(C-KSL_2)+(CL_2+S/K) \\ -KS & C-KSL_1 \end{bmatrix} \tag{5-7}$$

式中，$K=B_0/(2B\rho)$，B_0 为螺线管线圈磁场，$C=\cos(KL)$，$S=\sin(KL)$，焦距 $f=1/R_{21}=1/(KS)$。实现点对点成像的条件是最终的横向位置只与初始的横向位置有关，而与初始的散角无关，即 $R_{12}=0$。为此，根据式(5-7)不难得到

$$L_1=\frac{KL_2C+S}{K(KL_2S-C)} \tag{5-8}$$

在满足成像条件时，成像的放大率 $M=R_{11}\approx L_2/f$，即在像距远大于焦距的条件下，放大率约等于像距与焦距的比值。在成像条件下，式(5-7)简化为

$$R=\begin{bmatrix} M & 0 \\ -1/f & 1/M \end{bmatrix} \tag{5-9}$$

对于传统透射电镜成像透镜系统，一般包含物镜、中间镜和投影镜。上游磁透镜成的像刚好位于下游磁透镜的物平面，通过级联可实现达几百万倍的放大率。在实际成像中，R_{12} 由于电子束能量、聚焦强度和样品本身抖动并不是足够小。级联传播的误差可以通过每一个成像透镜的传输矩阵相乘分析研究，考虑到一级和两级成像系统各自的一阶传输矩阵 $R^{(i)}(i=1,2)$ 可表示为

$$R^{(i)}=\begin{bmatrix} M_i & \xi_i \\ -1/f_i & 1/M_i \end{bmatrix} \tag{5-10}$$

式中，M_i，f_i，ξ_i 分别为一级和二级成像系统各自的放大率、焦距和由于各种偏离理想值而导致 R_{12} 具有的残余的矩阵因子。若 ξ_i 足够小，放大率和焦距约等于理想值。考虑残余矩阵因子后，传输矩阵 $R^{(i)}$ 不再是辛矩阵，但是物理意义没有受到影响，两级成像系统的传输矩阵可表示为

$$R = R^{(2)}R^{(1)} = \begin{bmatrix} M_1M_2 - \xi_2/f_1 & M_2\xi_1 + \xi_2/M_1 \\ -(M_1/f_2 + 1/f_1M_2) & 1/M_1M_2 - \xi_1/f_2 \end{bmatrix} \tag{5-11}$$

上式两级成像系统的传输矩阵 $R_{12} = M_2\xi_1 + \xi_2/M_1$，第一级成像系统中 ξ_1 被放大 M_2 倍，而第二级成像系统中 ξ_2 被缩小为原来的 $1/M_1$，这表明第一级成像系统即物镜成像系统在兆伏特超快电子显微镜中是最重要的。任何电子束能量、物镜聚焦强度和样品本身抖动引起的成像误差都将被接下来的中间镜、投影镜进一步放大。物镜聚焦强度抖动由其线圈电流稳定性决定，一般要求物镜峰值场强的稳定性在十万分之一以上。

兆伏特超快电镜的成像模式一般分为亮场和暗场两种，不管哪种模式，为了得到较好的衬度，都要求样品的厚度与电子平均散射自由程相比拟。在样品厚度与电子的弹性散射平均自由程的比值 $N \ll 10$ 的情况下，一般只需要考虑电子与样品的弹性散射，而忽略电子非弹性散射造成的能量改变。在这种情况下，电子发生 n 次弹性散射的概率符合泊松分布，即

$$P(n) = \mathrm{e}^{-N}\frac{N^n}{n!} \tag{5-12}$$

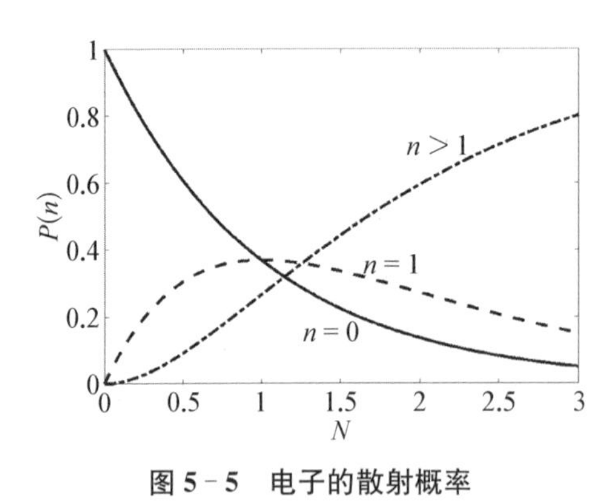

图 5-5　电子的散射概率

在超快电子衍射中，电子在样品后漂移一段距离到达探测屏，未发生弹性散射的电子($n=0$)会不受影响地穿过样品进而在测量屏处形成中心亮斑，发生一次弹性散射的电子($n=1$)会形成明锐的衍射斑(单晶样品)或衍射环(多晶样品)，而发生多次弹性散射的电子($n>1$)则会在探测器上形成均匀的本底。图 5-5 所示为样品厚度与电子的弹性散射平均自由程的比值在不同取值下电子的散射概率。可见，当样品厚度等于平均散射自由程时发生一次弹性散射的电子数量最多；多次散射的电子随着样品厚度增加，其比例也迅速增加。

电子探测系统由磷光屏、反射镜、成像镜头和 CCD 组成。兆伏特电子照射在磷光屏上转化为光子信号，光子经过与束流轴线成 45°角放置的反射镜，反射到与束流轴线垂直的方向上，继而被镜头耦合到 CCD 成像。

5.3　时间及空间分辨率

兆伏特超快电镜的时间分辨率主要取决于电子束的脉冲宽度，理论上兆伏特超快电镜可工作在多个模式。第一种模式是最常规的模式，即在微波的宏脉冲内只有一个电子束，此时电子束脉宽（百飞秒至数皮秒）即为超快电镜的时间分辨率。由于微波的宏脉冲宽度一般为数微秒，因此理论上也可以对激光进行延时，或者采用特殊的 burst mode 激光产生电子束脉冲串。这种模式下，电子束脉冲串的间隔为微波周期（2 856 MHz 微波周期为 350 ps）的整数倍。比如，如果用干涉仪的方法对激光进行分束和延迟，产生 4 个间距为 350 ps 的电子束脉冲串，如果将这 4 个脉冲串一起用于成像，则对应的时间分辨率约为 1 ns。该模式有效地将电子束通量提高了 4 倍，在电子束横截面相同的条件下对应于样品处的电子束密度提高 2 倍，可获得更高的单发成像分辨率。如果采用 burst mode 频率为 2 856 MHz 的激光（受欧洲自由电子激光装置驱动，目前 burst mode 激光技术已获得较快的进展，相信在未来几年此种激光会成为商业产品），则可使激光的宏脉冲宽度与微波一致，这样可获得微秒量级的时间分辨率；同时由于 1 μs 宽度内有近 3 000 个电子束脉冲串，电子束通量可获得大幅提高。此外，当电子通量提高后，也可以利用更小尺寸的激光斑点或者使用更小尺寸的准直孔来提高电子束亮度从而提高成像的空间分辨率。具体的工作模式应根据具体的科学应用来确定。

如前所述，与传统电镜类似，兆伏特超快电子透镜的空间分辨率主要由磁透镜系统的球差和色差决定。考虑到基于加速器的兆伏特超快电子束能散较大，故相比球差，色差是更重要的因素。此外，在单发成像模式时，电子束在样品处的密度也决定着成像的空间分辨率。

完美成像时物与像点一一对应，但电镜中用于电子聚焦成像的螺线管磁透镜场分布存在缺陷，同时电子也存在不同的散角和能量，最终导致初始来自同一个点的电子在成像后会变成一个模糊的圆盘，进而限制成像系统的分辨率。如图 5-6(a)所示，球差来源于磁透镜边缘部分对电子的偏转比傍轴部分更强；其影响可表示为 $r_s = C_s\theta^3$，其中 C_s 为球差因子，θ 为样品处电子散角。如图 5-6(b)所示，色差的来源是不同能量电子感受到磁透镜的偏转角度不一致（即焦距不同）；其影响可表示为 $r_c = C_c\theta\delta_\gamma/\gamma$，其中 C_c 为色差因子，δ_γ/γ 为电子束相对能散。成像磁透镜系统的球差因子 C_s 和色差因子 C_c 分别与电子

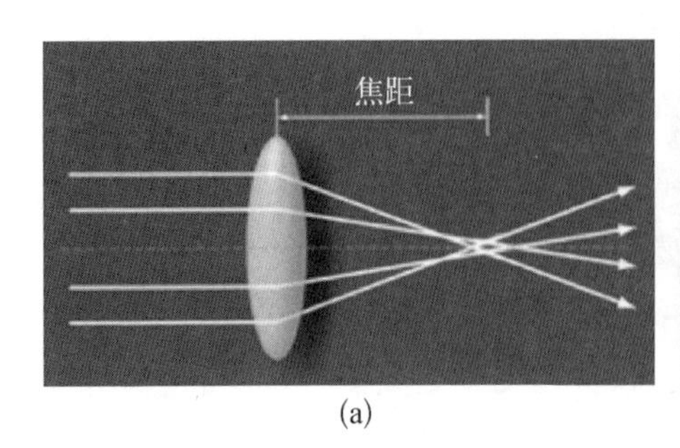

(a)

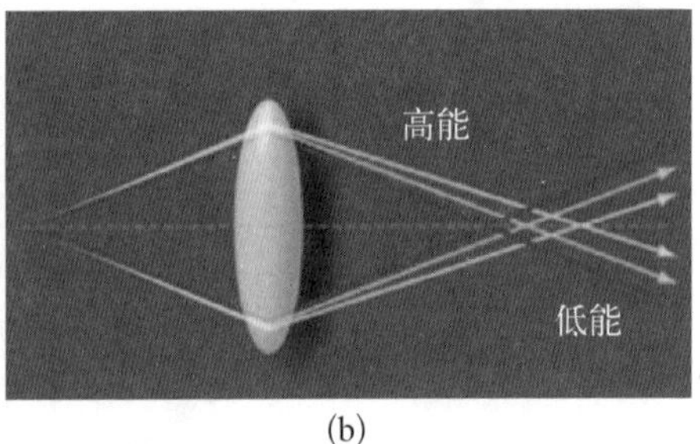

(b)

图 5-6　螺线管磁透镜球差(a)和色差(b)示意图

束流传输矩阵三阶因子 U_{1222} 和二阶因子 T_{126} 项相关[7]。

在一级近似下，球差和色差因子约等于磁透镜成像系统中物镜的焦距，即 $C_s \sim C_c \sim f$。因此，透镜成像系统单发成像空间分辨率可近似表示为

$$d=\sqrt{(\lambda/\beta)^2+(C_s\theta^3)^2+(C_c\theta\delta_\gamma/\gamma)^2} \tag{5-13}$$

对于能量为 4 MeV 的电子，其德布罗意波长约为 0.27 pm，远小于单发成像的空间分辨率。当样品的厚度与电子的平均自由程相当时，弹性散射在电子与物质相互作用过程中占主导。弹性散射特征角度 $\theta_0=\lambda r/\pi$，其中 λ 为电子的德布罗意波长，$r=a_H Z^{-1/3}$ 为屏蔽半径，$a_H=52.9$ pm 为氢原子玻尔半径，Z 为材料的原子序数[8]。4 MeV 的电子与低原子序数碳($Z=6$)和高原子序数铂($Z=78$)相互作用的弹性散射特征角分别为 3.0 mrad 和 7.2 mrad。为获得足够高的成像对比度，兆伏特电子束在样品处本征散角应小于物质相互作用的弹性散射特征角，即一般需小于 2 mrad。根据罗斯判据，为了获得一幅噪声小于 10%且信噪比为 5 的图像，每单位空间分辨面积(记作 d^2)至少需要 100 个电子。假设 10 ps 电子束的电荷量为 1.6 pC，包含 10^7 个电子，则电子束斑包含 10^5 个单位空间分辨面积。若要实现 10 nm 的空间分辨率，则电子束斑大小为 1.0 μm(rms)，归一化发射度约为 20 nm，与目前光阴极微波电子枪所能获得的最高电子亮度相当。注意，这是在单发成像模式下由于电子束密度限制的最高空间分辨率，此处并没有考虑成像系统的色差和球差，实际所获得的分辨率还需考虑成像系统的色差和球差因子，以及电子束的散角和能散。在积分模式下，电子束在样品处的横向尺寸可以适当增加，以降低电子束散角，并提高积分模式下的空间分辨率。

如前所述，对理想螺线管磁透镜，其焦距可写为 $f=\dfrac{1}{K\sin(KL)}$。可见，

当 $KL=\pi/2$ 时，焦距取最小值 $f=1/K=2L/\pi\approx L$，即螺线管磁铁最短焦距与磁铁长度相当。当磁铁长度较长时，电子会在螺线管中做周期性的螺旋运动，即等效的焦距为周期函数。当螺线管磁铁强度确定后，存在最佳的磁铁长度使得其焦距最短；磁场强度越高，则磁铁的最佳长度越短，对应的焦距也越短，在同样像距条件下可获得更高的放大率。实际上，由于物镜中还需要放置样品和真空盒等，因此一般磁铁长度最短可以做到数毫米，因此难以无限制地提高磁场强度降低焦距。另一种对兆伏特电子聚焦的元件是四极磁铁，特别是永磁四极磁铁(permanent magnet quadrupole, PMQ)，其磁场梯度可至数百特每米，长度可短至数毫米，也已用于兆伏特电子束的聚焦，并被建议用于兆伏特超快电镜[9-11]。由于四极磁铁在水平方向聚焦(散焦)的同时会在垂直方向散焦(聚焦)，因此需要两个四极磁铁才能实现对电子束在水平和垂直方向同时聚焦；进一步的理论分析表明，需要 3 个四极磁铁才能实现对电子在水平和垂直方向获得相等的焦距，即相等的放大率，而需要 4 个四极磁铁才能使得水平方向与垂直方向的背焦平面重合，以便在背焦平面放置光阑用于提高成像的对比度。

永磁四极磁铁由于结构紧凑，梯度高，因此作为缩束镜时有利于降低缩束镜与样品的距离，通过降低电子束在样品处的横向尺寸提高电子束在样品处的密度，提高由信噪比决定的分辨率极限。此外，永磁四极磁铁也可作为物镜对样品进行放大成像，其优点是焦距较短，故色差和球差因子理论上可以小于螺线管磁透镜；缺点是目前永磁四极磁铁的加工精度低于螺线管磁透镜，故一般存在较大的高阶场，且水平方向与垂直方向的色差和球差系数不同。此外，永磁四极磁铁一般强度不可调节，故需要调节各个永磁四极磁铁的纵向位置以得到适当的组合条件下的焦距，满足成像条件；永磁四极磁铁的磁场强度随温度变化也会发生变化，因为磁铁热胀冷缩会影响磁极的相对距离，总之永磁四极磁铁由于强度难以调节，在实际应用时也有一定的局限性。

螺线管磁透镜的色差因子可表示为[7]

$$T_{126}=\frac{\sin(KL)}{2K}-\frac{L}{2}\cos(KL) \tag{5-14}$$

在聚焦强度足够高且螺线管磁透镜长度与聚焦强度匹配获得最短焦距时，色差因子近似等于螺线管磁透镜的焦距，也近似等于磁透镜的长度。因此，降低螺线管磁透镜的焦距可以减小磁透镜的色差因子；电镜中一般皆使用高场强的短螺线管磁透镜以获得高空间分辨率。

对于螺线管磁透镜的球差因子，一般需要利用数值模拟才能获得较为准确的值；不过为便于快速地比较不同设计下磁场分布所对应的球差因子，也可通过分析电子的运动获得定性的判据。由于球差主要是因磁透镜边缘部分对电子偏转比傍轴部分更强引起的，因此为简化分析，可以考虑电子沿平行于螺线管磁场的方向进入磁透镜（忽略初始散角的影响，只考虑磁透镜不同径向处的场分布对电子束聚焦的影响），电子距离磁透镜中心的距离为 r，则通过磁透镜后电子的横向动量改变为[12]

$$p_r = -\frac{e^2 r}{4p_z}\int B_z^2 \mathrm{d}z + r^2 \int -\frac{B''_z B_z}{2}\mathrm{d}z \tag{5-15}$$

式中，第一项代表螺线管磁透镜的聚焦作用，即动量的改变正比于电子进入螺线管时的横向位置，焦距与磁场平方的积分相关；第二项代表动量的改变与横向距离的平方关系，即横向距离越大，动量改变与横向距离的比值越大，聚焦效果越强，这便是球差的来源。因此对于初始不同分布的磁场，可以通过计算磁场二阶导数与磁场乘积的积分值，即式(5－15)中的第二项，来判断该磁场分布的球差因子大小，可方便地比较多个磁透镜的设计，确定相对更优的设计。

兆伏特超快电镜的独特应用是单发成像，因为对可逆过程，总是可以利用商业电镜改装的千伏特能量级超快电镜进行研究；而对于不可逆过程，每一次激光照射样品后样品都会损坏，无法通过数百万次泵浦-探测平均的方法进行研究。为获得单发成像能力，电子的个数一般需要在 10^6 以上，难以将电子束脉宽控制在飞秒量级，故一般采用数皮秒的激光产生皮秒量级脉宽的电子。以 S 波段光阴极微波电子枪为例，电子被微波场加速，因此不同纵向位置处电子感受到不同的电场，进而获得不同的能量。由于 $\sin 95° = 0.996$，因此 10 皮秒电子束内电子能量的差别可至 0.4%，该能散会导致电子显微镜成像分辨率的急剧下降。为降低电子束能散以减小色差效应，需使用谐波腔补偿电子束纵向相空间非线性以降低电子束能散。比如采用频率为 5 712 MHz 的谐波腔，调节其强度和相位可补偿二阶的非线性能散，将 10 ps 量级的电子束能散由 10^{-3} 补偿至 10^{-4} 量级，以提高兆伏特超快电子显微镜的单发空间分辨率。

假设初始电子束脉宽为 50 ps，如图 5－7(a)所示，电子束在 S 波段光阴极微波电子枪出口的纵向相空间如图中黑色点所示，可明显看到由于微波的非线性导致的电子束相空间存在较大的非线性；为补偿该非线性，C 波段谐波腔(5 712 MHz)工作在减速相位，其幅值为 S 波段微波幅值的 1/4，其对电子束的减速效果如图中浅灰色点所示；电子被 S 波段电子枪加速并被 C 波段谐波腔减速后，其纵向相空间如图中深灰色点所示，可见电子束相空间变得非常平坦，不同纵向位置处的电子获得近似相同的能量，由于 C 波段的减速作用，电子束中心能量变为初始的 3/4。经过补偿后的电子束纵向相空间局部放大图如图 5－7(b)所示，由于谐波腔仅能补偿二阶非线性能散，故当电子纵向位置差别在 25 ps 时，电子的能量差也在 15 keV 左右，即相对能量差别约为 0.6%。从图 5－7(b)可见，当使用二次谐波腔补偿电子束能散后，为确保电子束的低能散，电子束脉宽不应大于 20 ps，即电子束位于图中平坦区域。

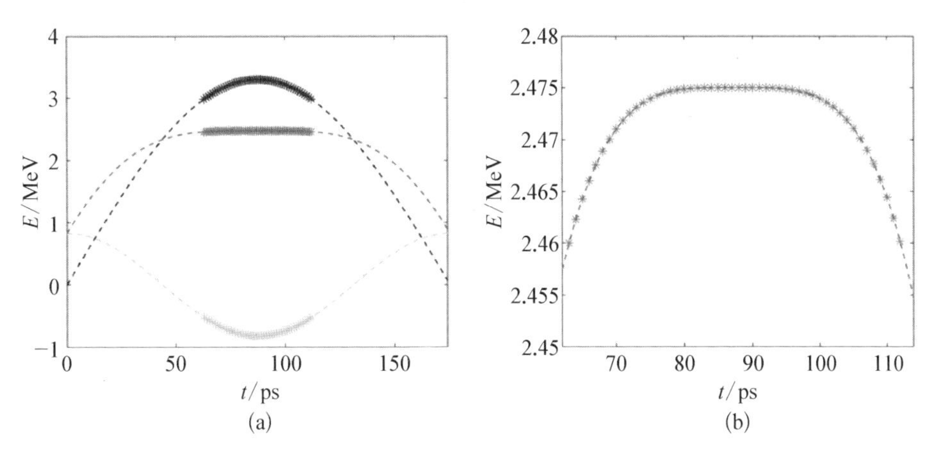

图 5－7　50 ps 电子束利用二次谐波腔补偿相空间非线性示意图

(a) 补偿前示意图；(b) 补偿后电子束纵向相空间放大图

当我们对图 5－7(b)的结果在 25 ps 范围内进一步局部放大后，结果如图 5－8(a)所示。从图中可见，受限于未补偿的四阶效应，当电子束脉宽为 25 ps 时，电子能量差仍然约为 1 keV，对应于相对能量差约为万分之四，与电子束能散及能量稳定性相当。为进一步降低电子束的能散，电子束脉宽需进一步降低至 10 ps 左右，这也是参考文献[7]中选择 10 ps 脉宽电子束进行优化的原因。为在更长的电子束中产生能散更小的电子，可利用多个谐波腔补偿非线性能散，比如利用幅值和相位合适的二次谐波腔和三次谐波腔可进一步抵消四阶非线性。如图 5－8(b)所示，继续增加一个三次谐波腔，并调节二次谐波腔的幅值和相位(幅值应为基频的 2/5)和三次谐波腔的幅值及相位(幅值应为基频的 1/15)，可抵消掉四阶非线性；对于 25 ps 电子束，电子的能量差可降低至约 20 eV，即相对能量差仅为十万分之一，满足高分辨成像的要求。需要指出的是，当使用额外的三次谐波腔补偿电子束能量非线性以后，电子束的中心能量会进一步降低至初始值的 2/3；所需的各次谐波腔的幅值和相位可通过对余弦函数做泰勒展开确定。

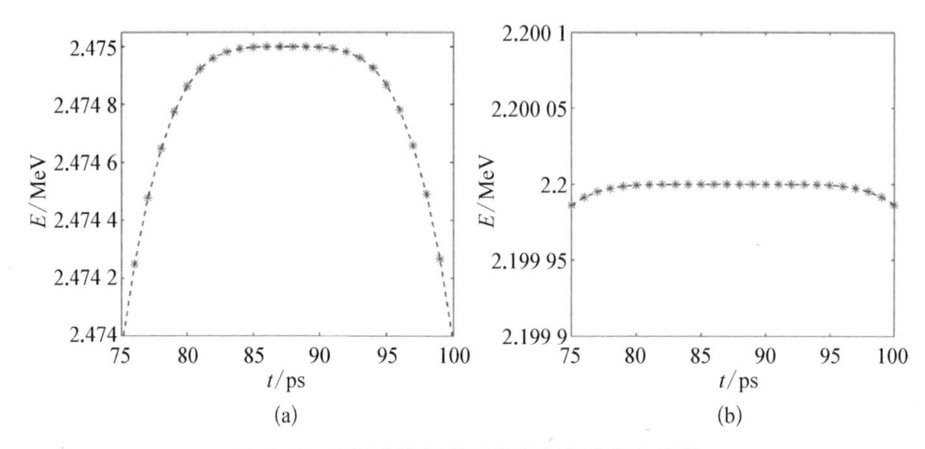

图 5-8　电子束利用谐波腔补偿相空间非线性

(a) 仅利用二次谐波腔补偿；(b) 利用二次谐波腔和三次谐波腔补偿

尽管能散获得了降低，但是当运行在积分成像模式时，电子束的能量抖动效应便等效于能散；而一般光阴极微波电子枪的能量抖动在 0.01%量级，难以满足电镜高分辨率的要求。理论分析表明，研制新构型的光阴极微波电子枪结合太赫兹加速的方法可大幅提高电子束的能量稳定性。正如第 3 章中讨论的，传统 1.6 cell 光阴极微波电子枪电子的能量最高相位与飞行时间最短相位不相同，为了提高电子束能量稳定性，采用新构型的 2.3 cell 电子枪可实现二者相位一致，如图 5-9(a)所示。当运行在 63°相位时，电子获得最高能量（实线）的同时，飞行时间（虚线）也最短。进一步我们模拟了当电子枪微波幅值存在 0.04%(rms)抖动时，在 63°相位发射的电子束在电子枪出口能量与飞行时间的关系，如图 5-9(b)所示。从图中可见，电子的能量和飞行时间有一一对应的关系，电子能量越高，则飞行时间越短；反之能量越低，飞行时间越长。

根据电子能量与飞行时间之间的线性关系，可利用额外的微波腔降低电子束能量抖动，其原理相对直接：能量高的电子飞行时间短，进入额外的腔后感受到减速相位，电子能量得到一定程度的降低；反之能量低的电子飞行时间长，进入额外的腔后感受到加速相位，电子能量得到一定程度的提高。这样最

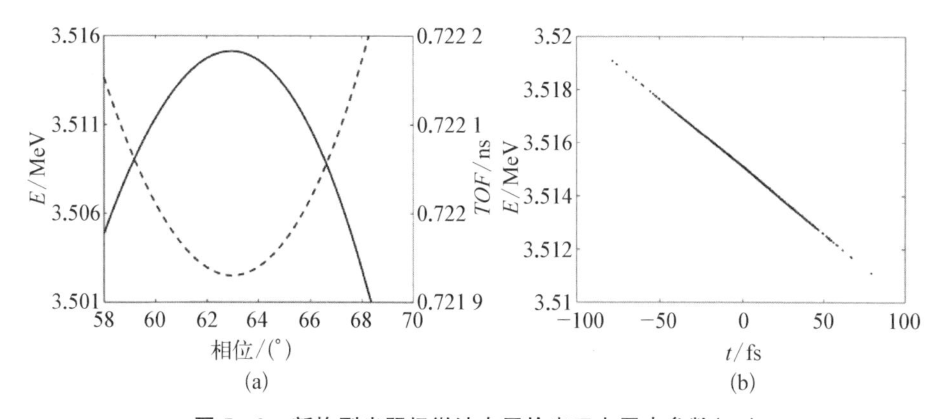

图 5－9　新构型光阴极微波电子枪出口电子束参数(一)

(a) 出口能量和飞行时间与微波相位的关系；(b) 出口能量与飞行时间的关系

终电子的能量抖动获得降低，该原理与聚束腔压缩电子束纵向脉宽非常类似；不同之处在于，聚束腔给予电子束的能量啁啾值与聚束腔到样品之间的动量压缩因子匹配，而此处微波腔给予电子束的能量啁啾值与阴极到微波腔之间的动量压缩因子匹配。微波腔的作用是为了抵消图 5－9(b)中的线性相关项(即补偿能量啁啾)，当减去图中线性相关项后，电子的能量和飞行时间的关系如图 5－10(a)所示，电子能散(对应于多发的能量抖动)小于百万分之一。从图中亦可看到，电子能量与飞行时间呈抛物线分布，表明飞行时间与电子能量的平方相关，这是由于对于直线节，其仍然存在二阶动量压缩因子。理论上利用不存在相位抖动的微波腔可将图 5－9(b)中的线性项消掉，进而将电子能量的抖动降低到百万分之一的级别；实际上微波总存在相位抖动，在抵消掉相关线性项的同时会由于相位抖动导致电子中心能量抖动，难以大幅降低电子的能量抖动。

为此，可采用太赫兹加速的方法消除电子枪出口的能量啁啾。比如利用激光在铌酸锂等非线性晶体中产生的太赫兹脉冲与激光有严格同步的关系，相当于这样的太赫兹脉冲不存在相位抖动。利用中心频率在 0.5 THz 的太赫兹脉冲，调节其场强使得太赫兹脉冲加速峰值能量约为 16 kV 时，电子束经过太赫兹加速后的能量分布如图 5－10(b)所示，电子束能散为 1.3×10^{-5}，相比电子枪出口的 0.04％能量抖动，能量抖动值降为原来的 1/30。太赫兹脉冲由于依赖于非线性效应，且激光一般存在约 1％的能量抖动，因此尽管太赫兹脉冲的相位抖动可忽略，但其一般具有一定的幅值抖动；为此，图 5－10(b)中的模拟已考虑太赫兹场的幅值抖动(1％)。由此可见，特

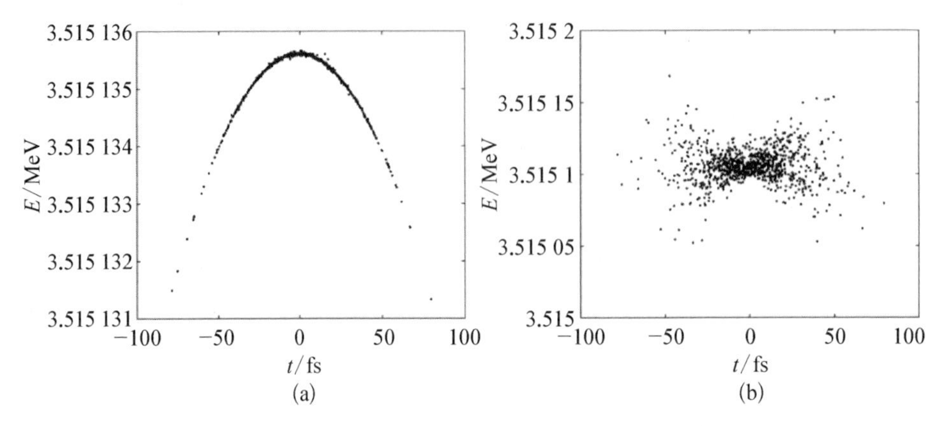

图 5-10　新构型光阴极微波电子枪出口电子束参数(二)

(a) 出口能量与飞行时间的关系;(b) 利用太赫兹场校正后的出口能量分布

殊构型的光阴极微波电子枪结合太赫兹加速可大幅提高电子的能量稳定性，突破硬件性能的限制，有利于兆伏特超快电镜工作在积分模式时获得高空间分辨率。

5.4　兆伏特超快电镜调试

兆伏特超快电镜的调试工作主要分为三个部分：一是产生满足高分辨成像要求的高亮度、低能散电子束，二是调谐磁透镜磁场强度使得成像条件得以满足，三是调节缩束镜系统优化超快电镜的单发成像分辨率。

5.4.1　纵向均匀分布电子束

兆伏特超快电镜对电子束的要求是低发射度以及低能散。电子束产生之初的分布主要由激光决定，在第 3 章中已经讨论了不同分布电子束由于空间电荷力导致的发射度增长情况。考虑到三维椭球激光的产生目前仍然面临诸多挑战，目前广泛采用的激光分布仍然以均匀分布为主。产生时域平顶分布紫外激光脉冲的方法主要包括两种。一种是光谱激光整形法，主要是通过在傅里叶变换的频域面放置空间光调制器(spatial light modulator)实现光谱整形，进而实现时域分布整形。该方法主要用在啁啾脉冲放大系统的展宽器或类似装置中，但一般工作在红外波段，而产生的平顶分布的上升沿无法在后续的放大或频率变换过程中维持。理论上如果要获得紫外波段的平顶分布，需要将紫外的分布反馈到红外光的调制器中，这将进一步增加难度和成本。另一种较为简单的产生紫外均匀分布激光的方法称为脉冲堆叠法(pulse stacking),即将多个超短脉冲依次堆叠在一起形成均匀分布。该方法的优点是上升沿取决于单个脉冲的长度,可以达到百飞秒量级,并且可以直接在紫外波段实现。该技术可以利用波片、偏振分束器等元件组合的迈克尔逊干涉仪结构实现,也可以利用双折射晶体寻常光和非常光的时间走离效应来实现。前一种方法的缺点是调节准直难度较大且稳定性低,因此目前广泛使用的是利用双折射晶体法来实现脉冲堆叠。

双折射晶体属于各向异性材料,偏振正交的两束光通过双折射晶体时会具有不同的折射率和群速度,其中偏振方向垂直于光轴的称为寻常光(o光),偏振平行于光轴的称为非常光(e光)。时域走离效应正是利用双折射特性引起的正交偏振的两束光的折射率差来实现的,具体可以描述为o光和e光经过一定厚度晶体后引起的时间分离。对于超短脉冲来说,该时间分离主要是由o光与e光的群折射率差引起。群折射率 n_g 可定义为 $n_g = n - \frac{\lambda \mathrm{d}n}{\mathrm{d}\lambda}$,其中 n 为折射率,λ 为入射光波长。o光和e光对应的群速度 v_{go} 和 v_{ge} 可以表示为 $v_{go} = c/n_{go}$, $v_{ge} = c/n_{ge}$。所以o光和e光经过双折射晶体的时间走离 Δt 可以描述为

$$\Delta t = L\left(\frac{1}{v_{ge}} - \frac{1}{v_{go}}\right) = L\Delta n_g / c \tag{5-16}$$

式中,L 为晶体的长度,$\frac{1}{v_{ge}} - \frac{1}{v_{go}}$ 为群速度失配(group velocity mismatch, GVM),$\Delta n_g = n_{ge} - n_{go}$ 定义为群折射率差。

用于脉冲堆叠的双折射晶体选择主要考虑激光波长的透射率和折射率差的大小。最常见的冰洲石晶体虽然在紫外波段有着不错的折射率差(0.47 ps/mm),但是对紫外激光却几乎不透明。另外两种常见的晶体是石英晶体和 α - BBO 晶体,其中石英晶体具有优异的紫外波段透射率(约为90%),却仅有0.18 ps/mm的群速度失配;α - BBO 晶体紫外波段的透射率略低于石英晶体(约为80%),但群速度失配可以达到0.957 ps/mm。综合两项参数,α - BBO 晶体是紫外波段激光整形的最佳选择。

实际应用时,脉冲堆叠的晶体布局及入射激光偏振态分布如图5-11所

示[13]，以两个晶体为例，第一块晶体的光轴与入射光偏振方向呈 45°夹角，第二块晶体的光轴与入射光偏振方向平行；同时，第一块晶体的厚度为第二块晶体厚度的两倍。如果需要更多的脉冲进行堆叠，晶体的光轴方向重复以上的过程，即 45°→平行→45°→平行；厚度依次减半，直到最后一块晶体的厚度对应的时间走离等于入射脉冲的宽度(FWHM)。当入射脉冲经过以上设置的晶体序列时，时域上会以 2^n 关系进行复制，同时脉冲的峰值功率也会以 $1/2^n$ 的关系下降。

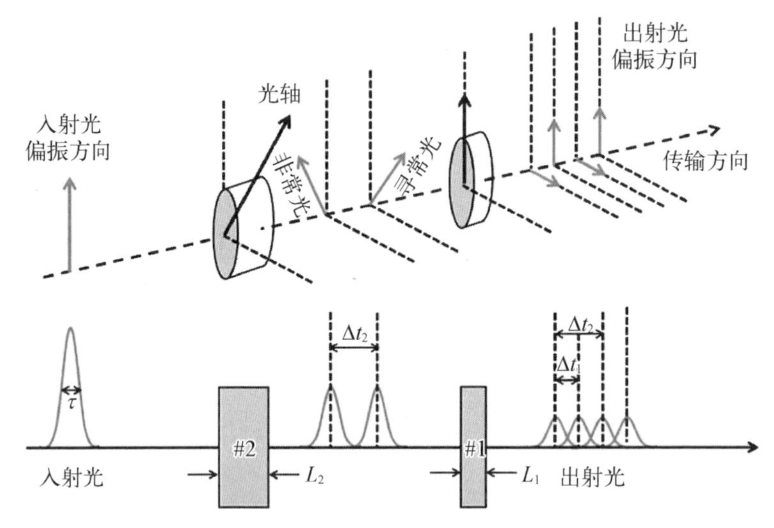

图 5 - 11　利用双折射晶体产生均匀分布紫外激光

如图 5 - 12 所示，以上海交通大学研制的兆伏特超快电镜为例，此处紫外激光经过两个 BBO 晶体后由于群速度的差别转化为 4 个激光脉冲串进而产生 4 个间距约为 3.2 ps 的电子束[见图 5 - 12(a)]；进一步经过第三个晶体后转化为 8 个间距约为 1.6 ps 的电子束[见图 5 - 12(b)]；最后经过第四个晶体后产生 16 个间距约为 0.8 ps 的电子束。由于空间电荷力对电子束的展宽作用，最后 16 个电子束的间距小于电子束脉宽，于是 16 个电子束相互重叠进而形成准均匀的电子束，如图 5 - 12(c)所示。

从图 5 - 12 中也可看到，随着晶体个数的增加，激光的峰值功率降低，每个电子束的电荷量也随之降低；而随着晶体厚度的减小，所产生的电子束脉冲间距也逐步减小。产生的准均匀电子束有效地降低了空间电荷力对电子束发射度的增长，维持了电子束亮度；同时约 10 ps 的电子束也提供了足够多的电子个数用于提高单发成像的空间分辨率。

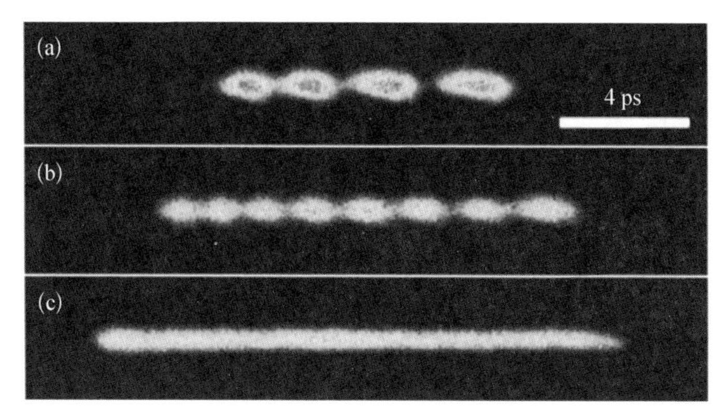

图 5-12 利用双折射晶体所产生的电子束分布

(a) 2 个晶体;(b) 3 个晶体;(c) 4 个晶体

5.4.2 低能散电子束

均匀分布的电子束有效地降低了空间电荷力导致的电子束发射度的增长,在同样电子束尺寸下电子在样品处可获得更小的散角,有利于降低球差和色差效应。除电子束发射度尽量小外,为获得高空间分辨率,还需要电子束能散尽量小以便降低色差效应。

在上一节中我们讨论了由于微波的非线性,皮秒量级的电子束纵向相空间一般并不平坦,纵向位置和能量的相关性导致电子束能散较大。为了降低电子束能散,可以通过谐波腔的方法,利用高频率的微波场与电子枪中的微波场叠加,在局部形成类似于方波的结构,可使得不同纵向位置的电子感受到相同的电场,进而获得相同的能量。

调试中,首先利用对 o 光和 e 光延时分别为 9.6 ps,4.8 ps,2.4 ps,1.2 ps,0.6 ps 的 5 个 BBO 晶体产生 32 个激光脉冲串;由于空间电荷力对电子束造成一定的展宽,这 32 个电子束脉冲串会相互重合,合理调节 5 个 BBO 晶体的角度和激光能量,可获得密度近似平顶分布的电子束(电荷量约为 0.5 pC)。实验中测量得到电子束半高全宽约为 18 ps,电子束能量和能散分别为 3.3 MeV 和 2×10^{-3}(rms)。同时打开微波偏转腔和能谱仪,第一步调节电子枪的相位,在能谱仪屏上观察电子束的纵向相空间,使得电子束中心能量最大且电子束纵向相空间关于中心轴对称,此时测量的电子束纵向相空间如图 5-13(a)所示。第二步,只打开能谱仪,在谐波腔加速电场幅值一定的情况下,调节谐波腔的相位,在能谱仪屏上观测电子束中心能量,使得电子束中心能量降低到最小;此时对应于最大减速相位,也是补偿电子束能量非线性最佳的相位。在确定了合适的相位后,第三步是调节谐波腔加速电场的幅值,在能谱仪上观测,使得电子束中心能量接近 3.3 MeV×3/4,此时可大致确定谐波腔的幅值。第四步,打开微波偏转腔,微调电子枪和谐波腔的相位,直至在能谱仪屏上电子束中间的能散被有效补偿,从类似于正弦分布转化为近似直线分布,如图 5-13(b)所示。受空间电荷力影响,电子束的头部和尾部存在 S 型的非线性能量啁啾,电子束中间部分相对平坦。定性分析可知,纵向空间电荷力近似正比于电子束密度的导数;因此对于电流分布较为均匀的区域(如电子束中间部分),纵向空间电荷力较弱,而在电子束头部和尾部,由于电流分布变化较大,因此纵向空间电荷力较强。

从图 5-13(b)可知,电子束能散由初始的 2×10^{-3}(rms)补偿降低至 2.4×10^{-4}(rms);若除去头部和尾部电子的贡献,电子束中间部分电子的能散

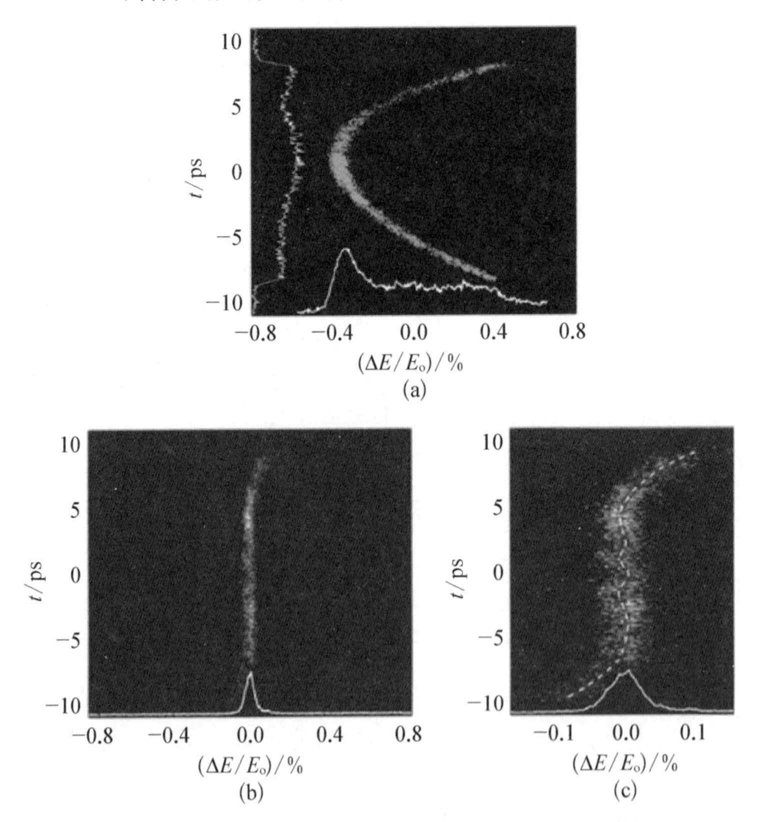

图 5-13 利用谐波腔补偿电子束纵向相空间非线性

(a) 谐波腔关闭;(b) 谐波腔开启;(c) 补偿后相空间局部放大

小于 1.6×10^{-4}(rms)。从图 5-13(c)可以看出，当对电子束中间部分局部放大后，中间电子束仍有高阶的能量调制，这主要是因为初始的电子束脉冲串尽管相互重叠，但是仍然存在一定的密度调制，而该密度调制将通过空间电荷力转化为能量调制。这些能量调制的频率较高，无法利用 5 712 MHz 的谐波腔进行补偿。

需要指出的是，实验中只有当 2 856 MHz 微波电子枪和 5 712 MHz 谐波腔的相位分别精确地锁定在 0°和 180°，即分别对应最佳加速相位和最佳减速相位，且谐波腔的电压为基频电子枪幅值的 1/4 时，二阶非线性能散才可以较好地得到补偿。而实际运行时，由于微波的幅值和相位抖动，补偿效果会偏离理想值。比如当谐波腔相位偏离最优的相位 0.1°时，电子的中心能量变化约为 1.4×10^{-4}，由于微波电子枪或者谐波腔相位偏离了最优的相位，电子束中间部分的纵向相空间会引入线性的能量啁啾，如图 5-14 所示。图 5-14(a)所示为相位偏离最优的相位－0.1°时测量的电子束负能量啁啾，图 5-14(b)所示为相位偏离最优的相位＋0.1°时测量的电子束正能量啁啾；在这两种情况下，电子束能散均由约 2.4×10^{-4} 增加至约 3.0×10^{-4}(rms)。

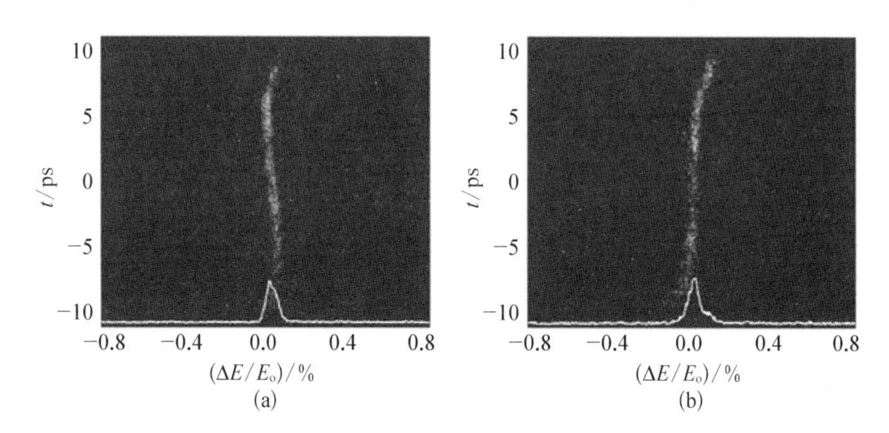

图 5-14　微波电子枪或谐波腔相位偏离最优时电子束纵向相空间

(a) 引入负能量啁啾；(b) 引入正能量啁啾

基于上面的讨论，我们不难发现，利用谐波腔补偿电子束能量非线性需要较小的幅值和能量抖动，这对微波源的稳定性提出了较高的要求。此外，谐波腔也需要额外的微波系统，造价较高。为降低谐波腔的造价，也可采用被动式的谐波腔，即利用电子束自身的尾场补偿微波的非线性。

以金属皱褶结构为例，在圆波导或矩形波导内表面加工一些皱褶结构，可以起到类似于微波加速结构中的慢波结构的作用，电磁波传输的相速度可以与电子速度相等，进而可以持续地交换能量。电子束在金属皱褶结构中传输时，表面感应电流会产生电磁波，由于该电磁波群速度一般小于电子束速度，因此会滞后于电子束，等效于在电子束后面产生的电磁波，故也常称为尾场。合理选择电子束的电荷量以及皱褶结构的周期等参数，可产生幅值和相位适合的尾场，进而可对电子束纵向相空间进行操控。在第 3 章中我们讨论了利用尾场在电子束相空间中产生负的线性的能量啁啾可用于电子束的脉冲压缩；实际上当尾场的波长合适时，尾场也可用于补偿电子束相空间的非线性。

如图 5－15 所示，矩形金属皱褶结构平面间距为 $g=2a$，皱褶的周期为 p，深度为 h，皱褶凹陷部分长度为 t，则其对应的纵向尾场可用一个单一模式来描述，其幅值仅与间距 g 有关，而周期可近似写为 $\lambda=2\pi\sqrt{aht/p}$。对于间距 $g=6$ mm、周期 $p=0.5$ mm、皱褶深度 $h=0.6$ mm、$t=0.3$ mm 的平面皱褶结构，其纵向尾场分布如图 5－15(c)所示，可近似描述为波长为 6.5 mm 的余弦函数[14]。

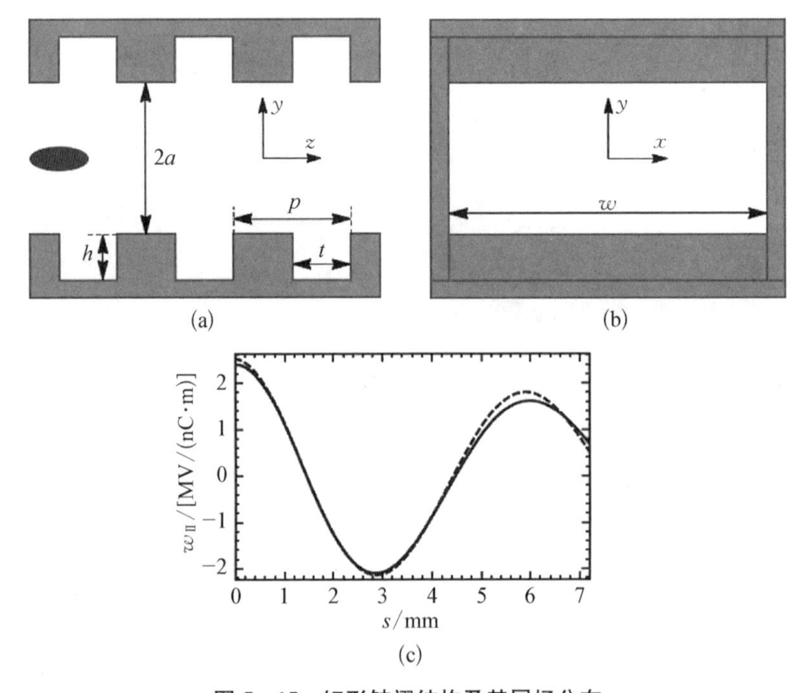

图 5－15　矩形皱褶结构及其尾场分布

(a) 剖面图；(b) 沿电子束运动方向投影图；(c) 纵向尾场

取决于尾场的周期和电子束脉宽的比值，利用尾场操控电子束相空间可以大致分为三种情况。第一种情况是尾场的周期远小于电子束脉宽，此时尾场与电子束持续交换能量的结果是在电子束相空间中产生能量调制[15]，进一步经过色散元件后，该能量调制可以转化为密度调制[16]，用于产生太赫兹脉冲等应用。第二种情况是尾场的周期远大于电子束脉宽，此时尾场与电子束持续交换能量的结果是在电子束相空间中产生较为线性的能量啁啾（一般为正能量啁啾），可用于补偿初始电子束的能量啁啾，特别是经过磁压缩器后电子束的负能量啁啾[14]。正如在第3章中讨论的，如果将第二个电子束团放置在距离第一个电子束团较远的地方，则可以在第二个电子束团中产生负的能量啁啾用于压缩第二个电子束团的脉宽。第三种情况是尾场的周期约为电子束脉宽的两倍，此时尾场在电子束相空间中产生近似为半个波长的余弦调制，类似于谐波腔中对电子束的减速效应，可用于补偿电子束相空间中的非线性能散，特别是二阶效应的能散。

如图5－16(a)所示，利用线切割的方法可方便地在不锈钢金属片上加工皱褶分布，皱褶深度约为0.6 mm。理论分析表明，矩形皱褶结构的四极尾场即使在电子束沿结构中心通过时仍然对电子束存在较强的聚焦或散焦作用（电子沿圆周对称结构中心通过时不会产生四极尾场），且该聚焦或散焦作用的强度随时间变化，会导致电子束发射度的增加。为了减小皱褶结构四极尾场对电子束发射度的影响，可采用两个正交的矩形皱褶结构；由于二者角度相差90°，因此所产生的四极尾场相差90°相位，水平的皱褶结构如果产生聚焦力的话，则同样条件下垂直的皱褶结构会产生散焦力，二者可相互抵消，因此不会对电子束发射度造成较大影响。图5－16(b)所示为两个方向正交的金属皱褶结构安装于真空室中的实验布局图。图5－16(c)所示为金属皱褶结构完全打开（间距较大）时所测量的电子束纵向相空间（电子束已利用BBO晶体堆积的方法获得半高宽约为8 ps的均匀分布）；从图中可见，电子束包含明显的微波非线性。图5－16(d)所示为金属皱褶结构间距合适时利用尾场改变电子束能量分布进而大幅补偿相空间非线性的结果，可以看到除头部（图中靠上区域）外，电子束相空间的非线性均获得了大幅降低；头部的非线性主要来自空间电荷力的影响，其非线性与微波相反，但是与尾场相同，因此非线性反倒会增强。但是考虑到头部的电子个数较少，对超快电镜的成像影响不大，故此方法仍然是在超快电镜中降低电子束能散、提高空间分辨率的有效方法。在此实验中，电子束能散降低

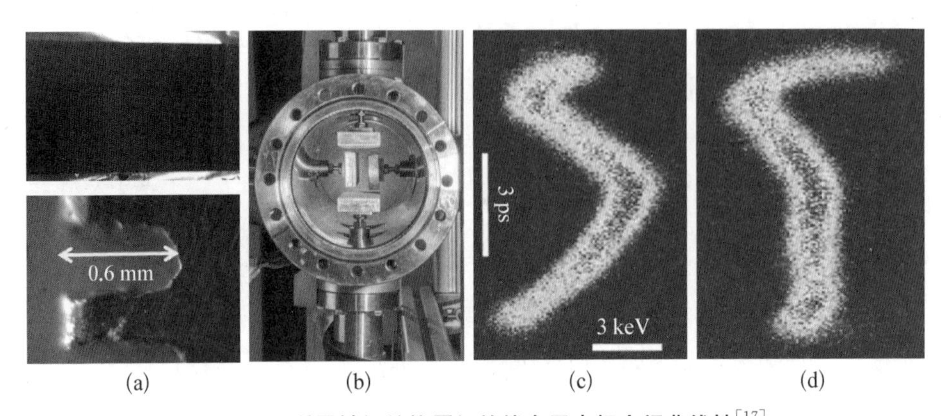

图 5-16 利用皱褶结构尾场补偿电子束相空间非线性[17]

(a) 皱褶结构;(b) 安装于真空室;(c) 初始相空间;(d) 补偿后相空间

至原来的 1/3[17]。

值得指出的是,在图 5-13 中,当利用 5 712 MHz 的微波谐波腔补偿 2 856 MHz 微波引入的非线性时,由于谐波数 $n=2$,因此补偿后电子束能量减少 1/4;而在图 5-16 中由于使用的尾波电磁场波长约为 4.6 mm,对应的谐波数 $n=23$,故补偿非线性后电子束的能量仅降低 0.2%。因此,利用尾场补偿电子束相空间,除尾场本身的相位不存在抖动外,还有一个额外的优点,就是不会对电子束能量产生较大影响。

如前所述,当使用一个金属皱褶结构的尾场补偿相空间时,其产生的时变横向四极尾场会导致电子束发射度的增加。其物理机制其实是由于不同纵向切片的电子感受到不同的聚焦力,而四极磁铁的聚焦作用对应于相空间中相椭圆的旋转。多缝是测量低能电子束发射度和横向相空间的常用方法,将多缝与微波偏转腔结合起来使用,则可以对电子束纵向相空间进行测量。如图 5-17 所示,(a)~(c)分别为不加皱褶结构、只加上水平方向皱褶结构和只加上垂直方向皱褶结构所测量的电子束纵向相空间。电子束头部朝上,由此可见,图 5-17(b)中电子束感受到尾场的聚焦力,且电子束尾部相比电子束头部感受到更大的聚焦力,因而电子束尾部尺寸更小;图 5-17(c)中电子束感受到尾场的散焦力,且电子束尾部相比电子束头部感受到更大的散焦力,因而电子束尾部尺寸更大。利用多缝可以清楚地看到该时变聚焦和散焦力的作用:图 5-17(d)所示为初始电子束经过多缝后的分布,可以看到每个缝的间距近似一致,代表各切片对应的相椭圆具有近似相同的朝向,因此多个相椭圆合在一起仍然与单个切片的相椭圆具有类似的面积,在此条件下电子束投影发射度与切片发射度类似;图5-17(e)和图5-17(f)所示为某一个皱褶结构作用下的电子束分布,可见缝的间距随时间(垂直方向)变化,代表各切片对应的相椭圆具有不同的朝向,因此多个相椭圆合在一起的面积远大于单个切片的相椭圆的面积,在此条件下电子束投影发射度远大于切片发射度,对应于四极尾场导致的电子束发射度增长。

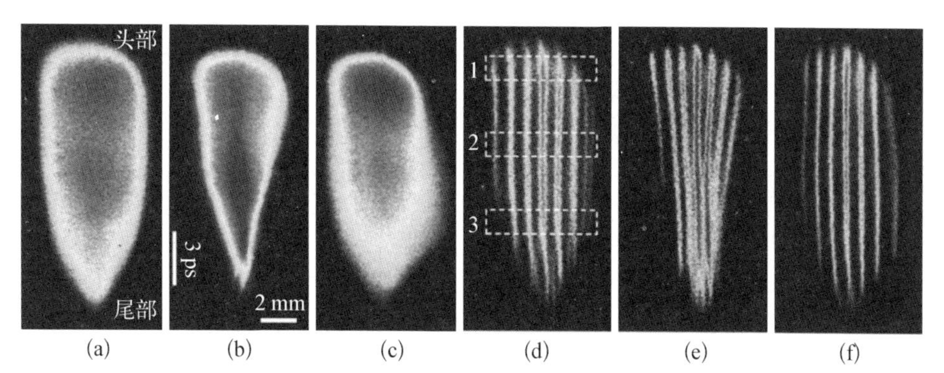

图5-17 利用微波偏转腔测量的金属皱褶结构尾场对电子束聚焦和散焦的作用[(a)～(c)]以及利用多缝测量的电子束分布[(d)～(f)][18]

对应于图5-17(d)中的切片1～3(其中1为电子束头部,2为电子束中部,3为电子束尾部),利用多缝可测量得到各自切片的相椭圆分布,如图5-18所示,其中黑色、深灰色和浅灰色虚线分别对应切片1、切片2和切片3,黑色实线为电子束投影的相椭圆。图5-18(a)所示为初始的电子束横向相空间分布,三个切片朝向近似一致,电子束发射度较小。当只加上水平方向皱褶结构后,如图5-18(b)所示,电子束产生横向聚焦的尾场,且电子束尾部感受到更大的聚焦力,对应于切片1～3的相椭圆沿顺时针方向旋转角度依次增加,最后投影的相椭圆面积增加,电子束发射度增长。当只加上垂直方向皱褶结构后,如图5-18(c)所示,电子束产生横向散焦的尾场,且电子束尾部感受到更大的散焦力,对应于切片1～3的相椭圆沿逆时针方向旋转角度依次增加,最后投影的相椭圆面积也有一定程度增加(具体发射度增长的值还与皱褶处电子束的尺寸和散角相关)。当同时加上水平和垂直方向的皱褶结构后,如图5-18(d)所示,水平方向皱褶结构产生的聚焦力与垂直方向皱褶结构产生的散焦力相互抵消,电子束各切片对应的相椭圆基本不旋转,电子束发射度也维持不变。

在兆伏特超快电镜的具体建设中应根据实际情况选择使用主动式的微波

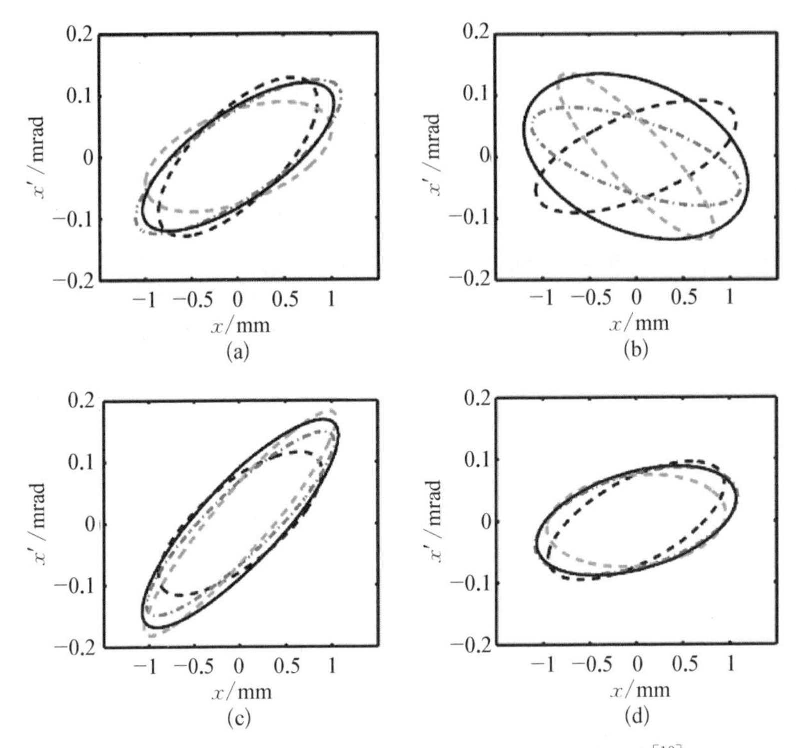

图 5-18　皱褶结构尾场对电子束横向相空间的影响[18]

(a) 无皱褶结构；(b) 水平结构；(c) 垂直结构；(d) 水平和垂直皱褶结构

谐波腔或被动式的尾场谐波结构，前者具有更好的灵活度和更好的补偿效果，但是需要额外的微波系统，造价较高；后者需要电荷量、电子束纵向分布、尾场结构等满足一定的条件方能较好地补偿能量的非线性，但是造价较低。

5.4.3　分辨率优化

兆伏特超快电镜可运行在两个模式，一是积分模式，二是单发成像模式，并且对该模式分辨率的优化具有不同的方法。不管哪个模式，在超快电镜调试时都需要首先将物镜、中间镜及投影镜的电流设置在合适的参数，以便满足点对点的成像条件。一般首先利用尺寸较大的样品(比如典型特征在微米尺度的电镜网格等)作为参考对物镜电流进行粗调，此时为了降低多级放大的复杂性，可以关闭中间镜和投影镜进行一级放大。一般只使用物镜对样品放大可获得约 100 倍的放大率，因此可以清楚看到样品中几十微米的细节。之后可增加另一级放大系统，以中间镜为例，此时物镜所成的像应该位于中间镜前方，而不是探测屏的位置，故对应的像距相比一级放大时有所减小；为了将像成于中间镜前方，物镜的电流需适当升高以减小焦距。在此基础上扫描物镜和中间镜电流，直至探测屏可对样品成清晰的像。两级放大系统一般可获得大于 1 000 倍的放大率，样品中微米尺寸的细节可清晰呈现出来。类似地，也可以对三级放大系统进行调节优化。需要指出的是，通过调节各个磁透镜的强度，可以改变成像系统的放大率。

图 5 - 19 所示为上海交通大学建设的兆伏特超快电镜调试的典型结果，其中，图 5 - 19(a)所示为仅利用物镜进行一级放大的结果，放大率约为 130 倍，所使用的样品是周期为 12.5 微米的 2 000 目标准电镜网格，其中网格透电子区域为边长为 7.5 μm 的正方形，中间不透电子区域宽度为 5 μm。受限于较低的放大率和探测器（磷光屏）的空间分辨率（约为 100 μm），通过图 5 - 19(a)仅能区分开网格，无法观察到网格的细节分布。利用两级放大，放大率可大幅提高，图 5 - 19(b)所示为放大率为 980 倍时所成的像，已可观察到网格

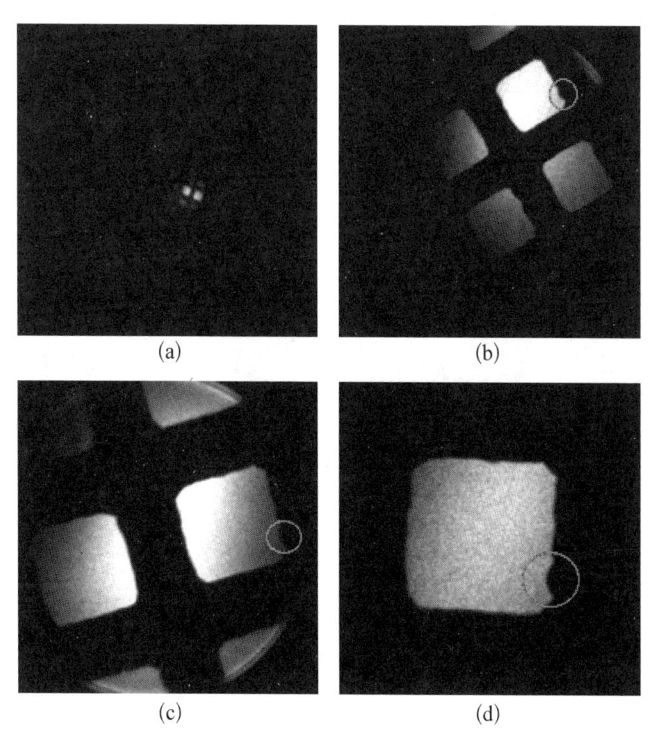

图 5 - 19　2000 目标准电镜网格在不同放大率下的像

(a) 130 倍；(b) 980 倍；(c) 1 700 倍；(d) 2 600 倍

部分细节，如图中圆圈部分，可以看到类似月牙形状的结构。继续增加中间镜电流，同时调节物镜电流，可将放大率提高至 1 700 倍和 2 600 倍，对应的成像结果如图 5－19(c)和图 5－19(d)所示。从图中可以看到，随着放大率的增加，网格的月牙状细节变得更加清楚；此外，随着放大率的增加，成像的视场也逐渐缩小，在 2 600 倍放大率时，仅能看到一个网格周期。值得指出的是，随着放大率的上升，可以看到所成的像也在做顺时针旋转，这是由螺线管磁场对电子束的旋转作用造成的，不过这并不影响成像分辨率。

正如前面讨论的，电镜有亮场和暗场两种成像模式，图 5－20(a)所示为亮场模式下的网格像，此时背焦平面的小孔用于选择低散角电子通过，而打在网格上被散射的电子则绝大部分无法通过小孔，因此网格区域在探测器处看起来更暗一些，而网格透电子的区域看起来则亮一些；图 5－20(b)所示为暗场模式下的网格像，此时背焦平面的小孔用于选择高散角电子通过，而网格透电子的区域由于电子散角不发生变化反而绝大部分无法通过小孔，因此网格区域在探测器处看起来更亮一些，而网格透电子区域看起来则暗一些。需要指出的是，暗场像的空间分辨率比亮场像低，图 5－20(b)中月牙状的细节不如图 5－20(a)中清楚；这主要是由于暗场成像利用的是散角较大的电子，故色差和球差效应均更严重一些，影响了成像的空间分辨率。

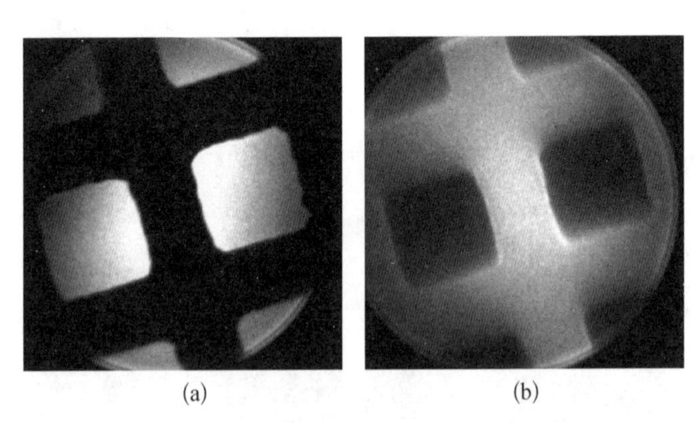

图 5－20　电镜网格的亮场(a)和暗场(b)像

兆伏特超快电镜的独特应用是单发成像，以便研究不可逆过程。在单发成像时，分辨率往往受限于电子束的密度，即单位分辨率像素上的电子个数。图 5－21(a)为在放大率为 980 倍时由单个电子束脉冲所成的像。图 5－19 中电镜网格适合用于对电镜的参数进行粗调，由于缺乏纳米尺度的空间分布细节，因此并不适合用于分辨率的标定。为研究兆伏特超快电镜的空间分辨率，我们在电镜网格上覆盖了一层碳膜，同时在碳膜上放置了一个百纳米尺寸的纳米金颗粒[见图5-21(a)中圆圈区域的黑点]。图5-21(b)所示为积分50发的结果，图像的信噪比获得了大幅提高。

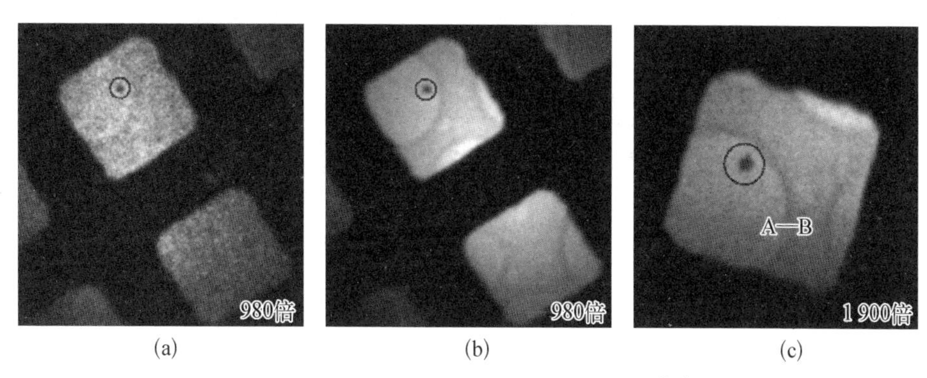

图5-21　碳膜上的纳米金颗粒成像结构[19]

(a) 单发成像，放大率=980；(b) 积分50发，放大率=980；
(c) 更高放大率下的积分结果，放大率=1 900

图5-21(c)所示为更高放大倍数下的50发积分结果，图中A区域的碳膜厚度为3～5 nm，而B区域的碳膜厚度为15～20 nm，其在兆伏特超快电镜中获得了足够高的对比度，可清晰地看到二者的边界，该对比度主要来自相位衬度。这预示着兆伏特超快电镜可用于低原子序数材料成像，有望在生命科学中开辟新的机会(如利用兆伏特电子的高穿透能力可对微米量级的动物细胞或线粒体等整个细胞进行成像，而无须切片，有利于获得更接近真实情况下的细胞功能信息)。而在单发模式时，尽管可以清楚看到纳米金颗粒(高原子序数，易于与碳膜形成高对比度)，不同厚度的碳膜的边界却较为模糊，主要受限于单发成像时的电子个数。对于放大率为1 900倍的情况，单发已无法看清纳米金颗粒。

为提高单发成像的空间分辨率，需要调节缩束镜系统降低电子束在样品处的横向尺寸以提高单位面积的电子个数。当电子束电荷量约为0.16 pC时(对应于10^6个电子)，上海交通大学的超快电镜的两级缩束镜系统可将电子束尺寸在样品处聚焦到约2 μm。在此条件下，利用聚焦离子束技术在50 nm厚度的金膜上制备了间隔为100 nm的双缝，其单发和10发积分像如图5-22所示。图中双缝可清晰分辨，分析表明单发模式的空间分辨率约为30 nm。

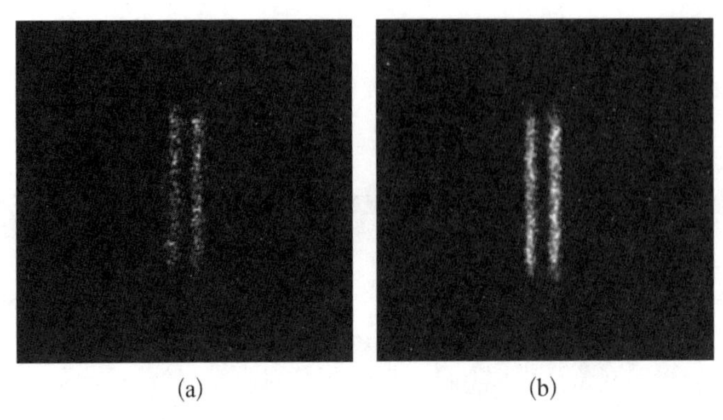

(a) (b)

图 5-22 金膜上间隔 100 nm 的双缝单发(a)和 10 发(b)积分像

当把电子束聚焦到 2 μm 尺寸后,其散角约为 2 mrad,能散约为 2×10^{-4},物镜满足成像条件时的焦距约为 2 cm。分析表明,由色差限制的分辨率约为 10 nm。目前实验中获得了约为 30 nm 的单发成像空间分辨率和约为 10 ps 的时间分辨率,对应的时空分辨能力为 10 ps×30 nm=3×10^{-19} s·m,比 keV 超快电镜最高的单发成像水平(美国劳伦斯利弗莫尔国家实验室的动态电镜的时空分辨能力为 10 ns×10 nm=10^{-16} s·m)高 3 个数量级。进一步提高分辨率需要产生更高亮度的电子,并将电子束聚焦到更小的尺寸。比如目前电子束的归一化发射度约为 30 nm,通过对阴极降温或者采用双碱阴极等降低热发射度,通过设计新构型的电子枪提高电子产生之初的微波场强,通过采用低频率的电子枪增加初始电子束束长和电荷量等,有望进一步将兆伏特超快电镜的单发分辨率提高至 10 nm。

5.5 兆伏特超快电镜应用

兆伏特超快电镜由于其放大成像作用,不仅可以用于测量样品的分布,也可以用于测量电子束中的微结构。对于纳米-微米尺度的微结构,过去由于测量屏的分辨率限制(数十微米),无法对这些电子束中横向的微结构进行测量。比如自由电子激光比同步辐射亮度高数个数量级的原因是由于辐射光与电子在数十米长的磁铁波荡器中相互作用,将初始在辐射光波长尺度上随机分布的电子束转化为间隔为辐射光波长的微束团,进而通过激发相干辐射大幅提高了辐射的峰值功率。

图 5-23 为非相干辐射和相干辐射的电场叠加示意图。分析表明,对于

包含 N 个电子的电子束团，其总的辐射场可表示为单个电子辐射场的矢量叠加，而整个电子束团的辐射功率正比于电场模的平方。如图 5－23(a)所示，对于波长远小于电子束长度的非相干辐射，由于各电子产生的辐射场不存在固定的相位关系，对各电场的求和类似于随机行走，N 步以后距离原点的距离正比于 $N^{1/2}$，对应的辐射功率正比于 N。图 5－23(b)所示为间隔为辐射波长的微束团产生的相干辐射，类似于每步都沿相同方向前进，N 步以后距离原点的距离正比于 N，对应的辐射功率正比于 N^2。由于 N 一般为很大的数（比如 0.16 nC 电子束对应的电子个数 $N=10^9$），因此相干辐射相比非相干辐射在辐射功率上会有量级的提升，这也是自由电子激光比同步辐射亮度高数个数量级的原因。

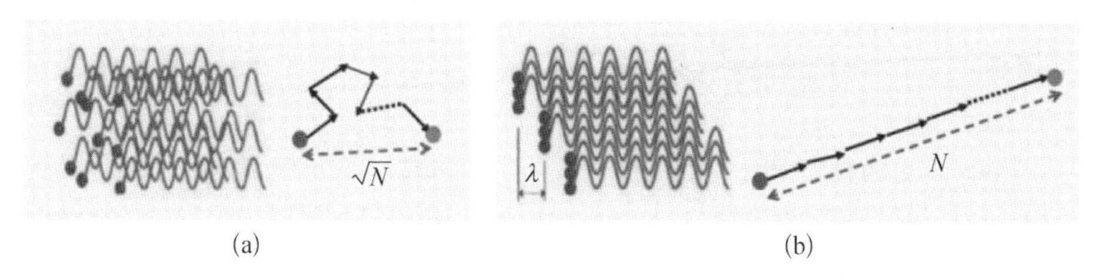

(a)　　(b)

图 5－23　非相干辐射(a)与相干辐射(b)的电场叠加模式

自由电子激光耗资巨大，一种紧凑的超快 X 光源是基于逆康普顿散射机制，即利用相对论电子束与激光对撞产生 X 光，其物理机制可理解为基于激光波荡器的自由电子激光。由于激光波荡器的周期是磁铁波荡器的 1/10 000，因此产生同样波长的 X 光所需的电子能量是产生自由电子激光所需电子能量的 1/100，大幅降低了此类装置的规模和造价。逆康普顿散射 X 光源可放置于约 100 m^2 的房间，具有极大的灵活性，尤其适用于一些不方便到大科学设施上进行的研究，如不方便运输的艺术品鉴定、不方便移动的导弹部件缺陷检查等。此外，逆康普顿散射中用于与电子对撞产生 X 光的激光也可作为泵浦脉冲用于激发动力学过程，这使得逆康普顿散射产生的 X 光与泵浦激光有着严格的时间同步关系，非常适合于高时间分辨率的泵浦-探测实验。

目前逆康普顿散射 X 光源的光子产额偏低，主要原因是电子束没有形成间隔为辐射光波长的微束团。在自由电子激光中，间隔为 X 光波长的微束团是通过电子束与 X 光持续相互作用，在近百米长的磁铁波荡器中逐步形成的。为了能产生并维持这些纳米间隔的微束团，电子束的几何发射度（描述电子束相空间体积）一般需要小于 X 光波长，电子束能散一般需要在千分之一以下，同时电子束的峰值电流需要在一千安培以上，这些苛刻的条件目前只有吉电子伏特的高能电子束才能满足。因此过去人们广泛认为，要利用低 2 个数量级能量的电子束形成微束团并在逆康普顿散射中激发相干辐射面临极大的挑战。

事实上由于逆康普顿散射采用激光波荡器，电子束与激光的有效作用距离仅约 1 cm，相比传统自由电子激光的近百米磁铁波荡器缩短了 4 个数量级，因此在逆康普顿散射中，我们只需要在 1 cm 的区域维持纳米间隔的微束团即可，这在一定程度上弥补了逆康普顿散射所使用的电子束能量低、几何发射度大的缺点。近年来随着加速器技术和激光技术的进步，通过产生微束团激发相干辐射并大幅提高逆康普顿散射光子产额的可能性正在逐步提高，比如利用激光调制预聚束技术有望在电子束中产生包含 X 光分量的密度调制[20]，利用纳米阴极结合相空间交换技术也有望产生间隔为 X 光波长的微束团等。

相空间交换技术利用横向和纵向运动存在耦合的元件、偏转磁铁及微波偏转腔，构造反对角的传输矩阵，电子束经过相空间交换束线后最终的横向(纵向)相空间仅决定于初始的纵向(横向)相空间[21-23]。因此，如果首先在横向产生纳米尺度的密度调制，再经过相空间交换则可将横向纳米尺度的密度调制转化为纵向的纳米间隔的密度调制，也即间隔为纳米的微束团。

一种产生横向纳米尺度密度调制的方法是采用间隔为纳米尺度的场发射阵列[24]，即电子束在产生之初便来自间隔在纳米尺度的特定区域，在低电荷量和低发射度的条件下，这些电子可以在加速到数兆电子伏特后仍然维持初始的间隔而不交叠在一起。然而，由于电子需要从电子伏特的能量逐步加速，此过程中的空间电荷力等效应容易导致电子束交叠在一起，故限制了该方法所能产生的电子个数。

另一种方法是将电子加速到兆电子伏特后再产生纳米尺度的横向密度调制，这样受空间电荷力的影响更小。如图 5 - 24(a)所示，当在物镜样品处放置 2 000 目网格(12.5 μm 周期)后，电子经过网格后会受到调制进而产生间隔为 12.5 μm 的密度调制，利用兆伏特超快电镜可清楚地看到此调制。为提高调制的空间频率，可在缩束镜前面某个位置再放置一个 2 000 目的网格，利用缩束镜对网格进行缩小成像，则可将该密度调制拓展到纳米尺度，并在物镜的样品处产生新的更小周期的密度调制。如图 5 - 24(b)所示，电子束在原来 12.5 μm 密度调制基础上增加了更小尺度的密度调制，对其进行傅里叶变换的结果如图 5-24(c)所示，可以看到原调制周期的 4 次谐波，对应最大空间调制频率大于 1 μm^{-1}，即密度调制达到了纳米量级[19]。进一步将该横向密度调制通过相空间交换技术转化为纵向间距在纳米尺度上的微束团，有望通过与激光对撞产生相干逆康普顿散射 X 光而大幅提高光子产额。

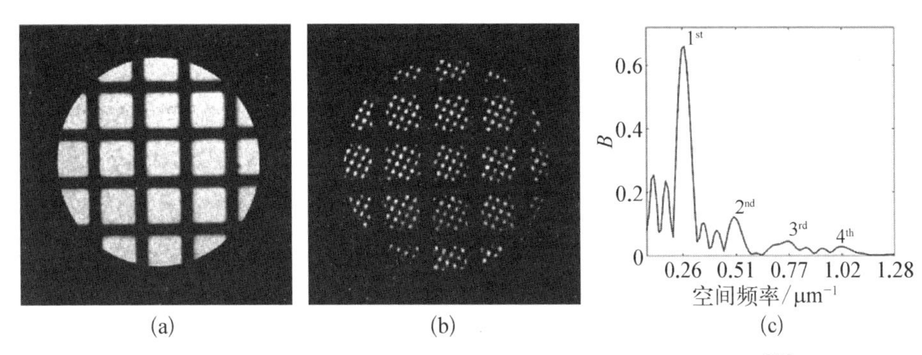

图 5-24　利用兆伏特超快电镜观察纳米尺度电子束密度调制[19]

(a) 电镜网格引起电子束密度调制；(b) 缩束镜前放置额外网格后所产生的电子束密度分布；(c) 密度分布的傅里叶变换

除观察电子束纳米尺度的微结构外，单发成像兆伏特超快电镜也为研究纳秒及皮秒尺度不可逆过程提供了新的机会。兆伏特超快电镜由于具有皮秒量级的单发成像能力，相比千伏特能量级的动态电镜提高了 2～3 个数量级，故用于不可逆过程时也可以运行在分幅模式，分幅间隔可以类似地提高 2～3 个数量级。千伏特动态电镜目前的单发成像脉宽约为 10 ns，分幅间隔约为 100 ns；为发挥兆伏特超快电镜的单发成像能力，其分幅间隔可提高至 1 ns 量级。分析表明，利用基于 GaAs 开关(激光将价电子激发到导带实现该半导体的导通，导通时间在 100 fs 量级)的脉冲形成电路可产生间隔为 1 ns 的双极性脉冲，用于将电子束偏转至探测屏的不同位置。理论分析表明，由于成像放大过程中电子束散角会等比例缩小，因此当该偏转模块位于物镜出口时，仅需约 3 kV 的偏转电压即可将电子在磷光屏偏转 1 cm。具体实现时可对紫外激光进行分束和延时，用于产生多个间隔为 1.05 ns(S 波段微波周期为 350 ps，1.05 ns 间隔为 3 个微波周期)的电子脉冲串，并利用 GaAs 开关对间隔约为 1 ns 的电子进行偏转，实现对不可逆过程进行单次泵浦-多次探测。

比如金纳米圆柱在较强的飞秒激光照射下，其温度会上升到熔点以上，随后从表面开始变为液态进而获得流动性；等到温度降到熔点以下后该样品会重新凝固。通过测量照射激光前和照射激光后的分布，研究人员发现重新变为固体后金纳米圆柱(长约为 90 nm,宽约为 30 nm)变成了球状的金颗粒,如图 5-25(a)所示。对于该过程,过去研究人员只能通过光谱的方法利用不同形状的颗粒表面等离子体对应的波长不一样,进而利用激光光谱的方法进行时间分辨测量,如图 5-25(b)所示。然而,此类方法只能间接地推测材料的平均形貌,无法实时地在实空间观察该结构变化过程。

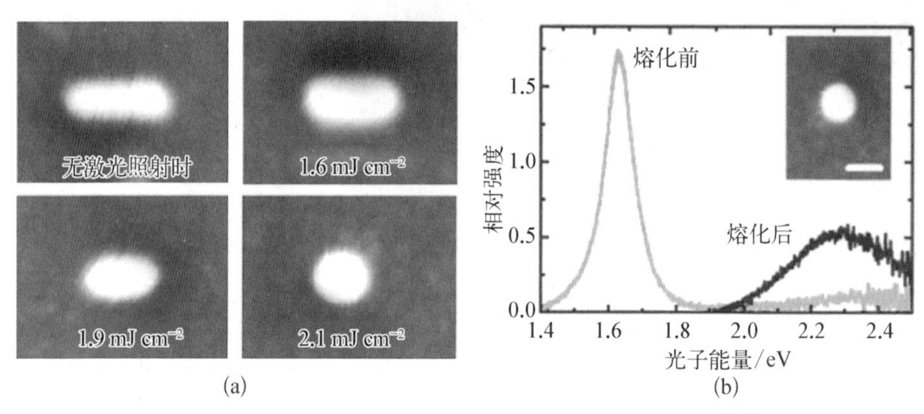

图 5-25　金纳米圆柱熔化和重新凝固后的分布及光谱[25]

(a) 实空间分布;(b) 表面等离子体光谱分布

超快电镜分幅模式有望首次对此类过程在实空间进行实时观测,预期将为非平衡态研究提供新的机会。而基于激光技术的三维打印和增材制造等,其第一步过程均为利用激光对粉末进行烧蚀;利用兆伏特超快电镜对激光与物质的相互作用进行研究,预期也将对三维打印和增材制造所制备的样品的力学性能有较大改进作用。

参考文献

[1] Manz S, Casandruc A, Zhang D, et al. Mapping atomic motions with ultrabright electrons: towards fundamental limits in space-time resolution [J]. Faraday Discussions, 2015, 177: 467-491.

[2] 刘安生,邵贝羚. 高压电子显微镜的发展[J]. 电子显微学报,2004,23(6): 674.

[3] Takaoka A, Ura K, Mori H, et al. Development of a new 3 MV ultra-high voltage electron microscope at Osaka University[J]. Journal of Electron Microscopy, 1997, 46(6): 447-456.

[4] Wang F, Zhang H, Cao M, et al. Multiple scattering effects of MeV electrons in very thick amorphous specimens[J]. Ultramicroscopy, 2010, 110(3): 259-268.

[5] Phillipp F. Atomic Resolution with a Megavolt Electron Microscope[M]. Berlin:

Springer, 1996.

[6] Matsuda T, Kamimura O, Kasai H, et al. Oscillating rows of vortices in superconductors[J]. Science, 2001, 294(5549): 2136.

[7] Xiang D, Fu F, Zhang J, et al. Accelerator-based single-shot ultrafast transmission electron microscope with picosecond temporal resolution and nanometer spatial resolution[J]. Nuclear Instruments and Methods in Physics Research Section A, 2014, 759: 74 - 82.

[8] Williams D, Carter C. Transmission Electron Microscope [M]. New York: Springer, 2009.

[9] Li R, Musumeci P. Single-shot MeV transmission electron microscopy with picosecond temporal resolution[J]. Physical Review Applied, 2014, 2(2): 024003.

[10] Cesar D, Maxson J, Musumeci P, et al. Demonstration of single-shot picosecond time-resolved MeV electron imaging using a compact permanent magnet quadrupole based lens[J]. Physical Review Letters, 2016, 117(2): 024801.

[11] Wan W, Chen R, Zhu Y. Design of compact ultrafast microscopes for single- and multi-shot imaging with MeV electrons[J]. Ultramicroscopy, 2018, 194: 143 - 153.

[12] Gehrke T. Design of permanent magnetic solenoids for REGAE[D]. Hamburg: University of Hamburg, 2013.

[13] Musumeci P, Moody J, Scoby C, et al. Capturing ultrafast structural evolutions with a single pulse of MeV electrons: Radio frequency streak camera based electron diffraction[J]. Journal of Applied Physics, 2010, 108(11): 114513.

[14] Emma P, Venturini M, Bane K, et al. Experimental demonstration of energy-chirp control in relativistic electron bunches using a corrugated pipe[J]. Physical Review Letters, 2014, 112: 034801.

[15] Antipov S, Jing C, Fedurin M, et al. Experimental observation of energy modulation in electron beams passing through terahertz dielectric wakefield structures[J]. Physical Review Letters, 2012, 108(14): 144801.

[16] Antipov S, Babzien M, Jing C, et al. Subpicosecond bunch train production for a tunable mJ level THz source[J]. Physical Review Letters, 2013, 111(13): 134801.

[17] Fu F, Wang R, Zhu P, et al. Demonstration of nonlinear-energy-spread compensation in relativistic electron bunches with corrugated structures[J]. Physical Review Letters, 2015, 114(11): 114801.

[18] Lu C, Fu F, Jiang T, et al. Time-resolved measurement of quadrupole wakefields in corrugated structures[J]. Physical Review Special Topics-Accelerators and Beams, 2016, 19(2): 020706.

[19] Lu C, Jiang T, Liu S, et al. Imaging nanoscale spatial modulation of a relativistic electron beam with a MeV ultrafast electron microscope [J]. Applied Physical Letters, 2018, 112(11): 113102.

[20] Hemsing E, Stupakov G, Xiang D, et al. Beam by design: Laser manipulation of electrons in modern accelerators[J]. Review of Modern Physics, 2014, 86: 897.

[21] Cornacchia M, Emma P. Transverse to longitudinal emittance exchange[J]. Physical Review Special Topics-Accelerators and Beams, 2002, 5(9): 084001.
[22] Emma P, Huang Z, Kim K-J. Transverse-to-longitudinal emittance exchange to improve performance of high-gain free-electron lasers[J]. Physical Review Special Topics-Accelerators and Beams, 2006, 9(10): 100702.
[23] Xiang D, Chao A. Emittance and phase space exchange for advanced beam manipulation and diagnostics[J]. Physical Review Special Topics-Accelerators and Beams, 2011, 14(11): 114001.
[24] Graves W, Kartner F, Moncton D, et al. Intense superradiant X rays from a compact source using a nanocathode array and emittance exchange[J]. Physical Review Letters, 2012, 108: 263904.
[25] Zijlstra P, Chon J, Gu M, et al. White light scattering spectroscopy and electron microscopy of laser induced melting in single gold nanorods[J]. Physical Chemistry Chemical Physics, 2009, 11(28): 5915-5921.

第6章
超快电子探针其他应用及未来展望

超快电子探针由于具备与超快X光探针类似的高时间和高空间分辨能力，加之相比超快X光更容易获得，因此小实验室和小团队均可以建设类似的装置，其在过去20年获得了快速发展。此外，电子由于带电，因此相比X光，其对电磁场更加敏感，可作为探针探测电磁场的演化。电子与X光相比的另一个不同之处是电子可以利用磁透镜进行聚焦成像，而X光的聚焦成像元件一般具有严重的色差和球差等问题。这些特征使得超快电子探针近年来在利用电子探针开展超快电子照相、超快电子诊断电磁场演化等方面发展出新的应用。

随着超快科学的发展，人们对更短的电子束和更高的时间分辨率的需求也愈发迫切，伴随着这些需求也发展出了先进的电子束脉宽压缩模式，有的方法可以在压缩电子束脉宽的同时也把电子束的时间抖动同比例压缩了，而有的方法则有望将电子束压缩到1 fs以下，并开启阿秒超快电子衍射新的科学机会。此外，在重复频率上，高重复频率电子枪技术的发展也有望将超快电子探针从10～100 Hz提升数个数量级至MHz。某些实验需要缩小电子束入射在样品处的尺寸，以探测样品中某些微米或纳米区域的局域动力学过程，因此近期也发展了通过聚焦或者电镜中的选区衍射的方法获得样品局部动力学过程的技术。

本章将讨论这些应用和未来的几个发展趋势。

6.1 超快电子照相

当电子能量大于10 MeV时，由于德布罗意波长极短，导致衍射角极小，因此需要较长的漂移距离才能获得衍射斑;同时,相比数兆电子伏特的电子衍射并不具备明显的优势,因此一般不用于超快电子衍射的应用。对于超快电镜来说,由于螺线管的聚焦效果正比于电子能量的平方,因此对于大于 10 MeV 的电子聚焦效果较差,难以获得短的焦距和小的色差球差因子。

但是能量大于 10 MeV 的高能电子由于具有更好的穿透力和更低的空间电荷力,也在某些特殊应用方面具有独有的优势(比如微米厚度样品的成像);同时,对于高能电子束,四极磁铁用于聚焦成像也是较为普遍的方法,因此高能电子超快照相也是近年来迅速发展的方向[1]。

如图 6-1 所示,利用高能电子束对物体进行照相的原理与质子照相(proton radiography)类似[2]。电子束首先须穿过待成像的物体,否则无法被后面的探测器接收并成像,因此待成像物体的厚度一般不能大于电子在样品中的辐射长度;对于较厚的样品,一般需要提高电子束能量,或者使用穿透力更好的质子进行成像。为获得有较好对比度和分辨率的像,对于成像系统有两个基本要求:一是成像系统需在成像过程中形成焦平面;二是成像系统需对物平面的分布实现点对点成像至像平面。

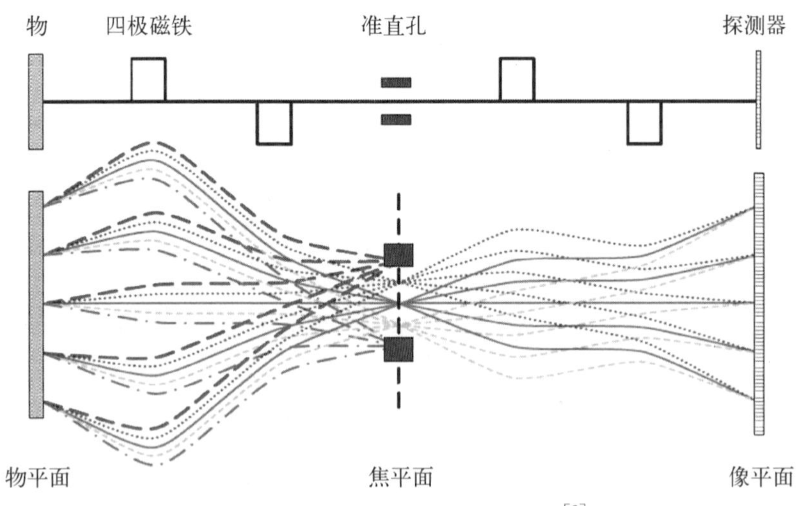

图 6-1　高能电子照相原理示意图[2]

合理设置四极磁铁的强度和距离,可使得从物平面到焦平面的束流传输矩阵满足 $R_{11}=R_{33}=0$,即焦平面的电子横向分布只取决于其经过物体后的角度。图 6-1 中不同样式的曲线代表经过物体后不同散角的电子,可见角度相同的电子在焦平面汇聚到同一点(不管这些电子最初的横向位置在哪里),且角度越小的电子在焦平面的横向位置越靠近中心(近似有 $x=fx'$，其中 x 为电子在背焦平面的位置，f 为焦距，x' 为电子在物平面的角度)。通过在焦平面放置准直孔(作用类似于电镜焦平面的光阑)，可阻挡大散角的电子(见图6－1中黑色粗虚线和点划线)到达探测器，提高成像的对比度；该成像模式称为亮场成像，即阻挡被样品散射的大散角电子，利用未发生散射的电子成像，对应的像较亮部分为样品较薄的区域，像较暗的部分为样品较厚的区域。相反，也可以利用准直孔阻挡小散角的电子，利用被样品散射后的大散角的电子成像；该成像模式称为暗场成像，对应的像较亮部分为样品较厚的区域，像较暗的部分为样品较薄的区域。合理设置四个四级磁铁的值使得从物平面到像平面的传输矩阵满足 $R_{12}=R_{34}=0$，即像平面的电子横向分布只取决于其在物平面的分布，不依赖于初始散角，满足点对点成像条件。在满足成像条件，即一阶传输矩阵 $R_{12}=R_{34}=0$ 的条件下，成像系统的分辨率主要由高阶效应决定，其中色差项 T_{126} 对分辨率的影响最大。T_{126} 代表初始散角和能散的耦合效应对电子在像平面的横向分布的影响；在电子经过样品后的能散增加和散角改变一定的条件下，成像系统的色差可通过提高电子能量以降低相对能散，以及在焦平面使用较小孔径的准直孔限制成像时的最大散角而降低。实际应用时需根据样品的厚度、所需的空间分辨率、电荷量等因素合理设计照相系统。

相对于超快电镜适用于微米-纳米尺寸的样品研究，高能电子照相由于放大率较低，更适合于研究厘米-毫米尺寸样品的分布及动力学。类似于超快电子衍射和超快电子透镜，电子照相的时间分辨率主要取决于电子束的脉宽。利用光阴极微波电子枪产生皮秒电子，并结合束团压缩技术可获得飞秒的时间分辨率。然而考虑到一般电子照相的样品尺寸较大，因此并不需要飞秒的时间分辨率，一般亚纳秒到皮秒的分辨率足够研究百微米尺度的动力学过程，如炸药爆炸、冲击波等，这是因为即便材料以 10 km/s 的冲击波速度运动，对于百微米尺寸的样品，要移动 1%的距离即 1 μm，也需要约 0.1 ns 的时间。此外，对于厘米-毫米尺寸的样品，由于空间尺度更大，因此其要求的时间分辨率也更低，可以采用热阴极微波电子枪产生的微秒脉宽宏脉冲开展相关研究。

目前电子照相尚未应用到动力学过程研究中，利用 25 MeV 的电子，美国洛斯阿拉莫斯国家实验室对灯泡的灯丝等开展了静态成像研究[1]，如图 6－2(a)所示，灯丝的直径约为 25 μm。中国工程物理研究院利用 11 MeV 的质子对蝉翼进行了成像[2]，如图 6－2(b)所示，其空间分辨率优于 0.1 mm。清华大学与中科院近代物理研究所合作，利用 45 MeV 的电子也开展了静态电子照相研究。在高能(能量高于 1 GeV)电子照相方面,中国工程物理研究院计划利用北京正负电子对撞机的吉电子伏特能量的电子开展高能电子照相研究,目前已完成成像系统的设计和四极磁铁的加工。美国洛斯阿拉莫斯国家实验室计划建造 12 GeV 的加速器用于驱动自由电子激光装置,同时利用 12 GeV 电子开展高能电子照相研究。

(a)

(b)

图 6-2 利用电子照相和质子照相对灯丝和蝉翼成像[1-2]

(a) 电子照相对灯丝成像;(b) 质子照相对蝉翼成像

高能闪光 X 光照相是诊断致密物质结构和动力学应用最广泛的技术,特别是在爆轰压缩过程中的材料密度分布、整体压缩过程、冲击波的形成和传播以及相关的流体动力学研究方面有着广泛的应用。高能质子照相在穿透能力和空间分辨率(主要因为质子有聚焦元件,而兆电子伏特的高能 X 射线缺乏有效的聚焦元件)方面有优于闪光 X 光照相的潜力,因此得到了较为迅速的发展;高能质子照相已用于动态研究,如厘米级别样品的熔化和凝固过程[3]。

随着激光加速等新型电子加速技术的发展,高能电子脉冲越来越容易以较低的成本和较小的规模获得,加上激光等离子体加速产生的电子的初始束斑在几微米量级,因此其也可采用投影成像的模式[4],如图 6-3 所示。激光首先电离气体产生等离子体,同时将俘获的电子迅速加速到高能量;之后往前传播的激光被滤波器阻挡,而高能电子则可以穿过该滤波器(一般为微米量级的金属膜);最后电子穿过样品并将样品的像投影到探测器。类似于小孔成像,该成像系统的分辨率主要由电子束在产生之初的横向尺寸决定;由于激光一般聚焦到数微米以获得高的功率密度,因此基于激光加速的电子初始尺寸也在数微米,用于投影成像模式时分辨率可较为容易地做到 10 μm。投影成像模式的放大率取决于电子源到探测器的距离与电子到样品的距离之比，通过合理选择样品的距离，该放大率可在 1～100 范围内方便地调节。此外，在样品处增加另一路激光则可以结合泵浦-探测技术测量样品被激光激发后的动力学过程。

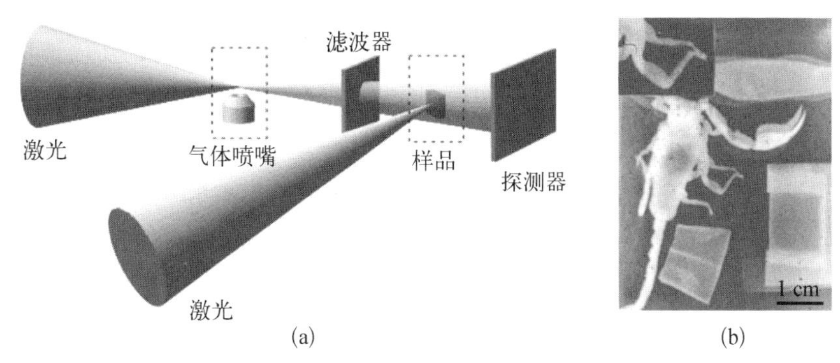

图 6－3　基于激光加速的电子投影成像模式[4-5]

(a) 成像示意图；(b) 成像结果

图 6－3(b)所示为利用激光加速的电子对厘米尺寸样品投影成像的结果[5]。需要指出的是，由于该成像模式没有焦平面用于选择不同散角的电子，因此成像的对比度弱于磁透镜成像模式。

6.2　超快电子诊断电磁场演化

电子由于带电，因此会受到洛伦兹力的影响，相比光子探针，其对电磁场更加敏感，因此电子用于电磁场探测时相比光子探针具有天生的优势；结合泵浦-探测技术，利用超短电子束作为探针可以实时诊断电磁场的演化。此外，相对于光学探针受等离子体截止频率限制以及无法穿透金属薄膜的不足，电子的穿透能力要高很多，并且适用范围更广。

6.2.1　超快电子衍射时间零点确定

超快电子衍射技术中的核心技术之一是确定泵浦激光与探测电子的时间零点，即二者同时到达样品的时间。这对于不可逆过程和气态电子衍射尤为重要，因为不可逆过程里每一发样品都会破坏，一般无法通过衍射斑的变化来确定时间零点，因为这样会消耗大量的样品；而气态电子衍射由于信号弱，一般需要长时间的积分才能获得高信噪比衍射斑，难以通过泵浦-探测对应的衍射斑变化确定时间零点。因此发展不依赖于具体泵浦-探测实验样品的可独立确定时间零点的技术极有必要。

注意到电子对电磁场敏感，超快电子衍射装置里利用激光在金属丝或金属板上产生等离子体，并利用等离子体场对电子束的扰动确定时间零点。如图 6-4(a)所示，将 60 keV 电子聚焦到样品前，工作在类似投影成像的模式；电子经过金属针尖后在测量屏处获得投影像。当电子比激光提前到达针尖时，可清楚看到中间被针尖挡住的部分，如图 6-4(a)中−10.1 ps 时的分布所示。通过改变激光和电子的延时，在激光与电子同时到达时或激光早于电子束团数皮秒到达金属针尖时，由于激光的电离作用产生大量电子并在金属针尖表面形成等离子体场，超快电子束受到电磁场作用，横向束斑发生改变。通过记录电子横向束斑的分布变化，拟合可得到电子束与激光同时到达样品的时间，如图 6-4(b)所示，通过该方法确定的时间精度优于 1 ps。

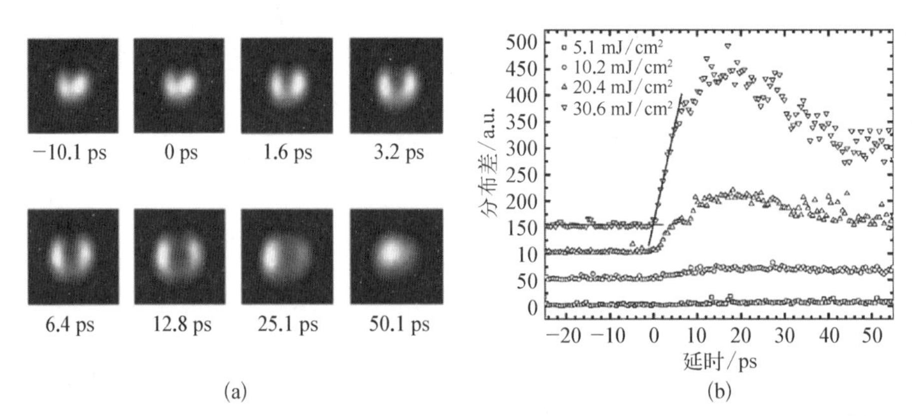

图 6-4　利用激光产生的等离子体场对电子束的扰动确定超快电子衍射时间零点[6]

(a) 投影像；(b) 横向束斑分布差曲线

该方法也适用于兆伏特超快电子衍射，如图 6-5 所示[7]。相对于金属针尖，金属板更不容易被激光破坏。图 6-5(a)中，左上角深灰色部分为金属板，激光聚焦到金属板右下角，兆伏特电子聚焦到金属板前方，仍然以投影成像模式对金属板成像。当电子比激光早到达金属板时，等离子体在电子穿过金属板后才产生，故对电子无扰动。当电子紧跟着激光到达金属板时，激光产生的等离子体对电子产生扰动，可以看到等离子体场按照类似球面波的形式传输，在金属板右下角区域对电子进行排斥，并产生密度较低的空泡区域，且该区域在初始 20 ps 内随时间逐步增大，在约 20 ps 后处于近似恒定值[见图 6-

5(b)]。通过拟合空泡区域的大小，可将电子束到达时间确定到亚皮秒的精度。需要指出的是，实际开展兆伏特超快电子衍射实验时，激光在样品中的泵浦功率密度一般在 10 mJ/cm^2 以下，不足以产生等离子体。因此，为产生等离子体并确定时间零点，一般需要在泵浦激光的光路中增加一个聚焦透镜用于减小激光在样品处的横向尺寸以提高激光的功率密度，待时间零点确定后，再移开该聚焦透镜，并开展泵浦-探测的动态实验。

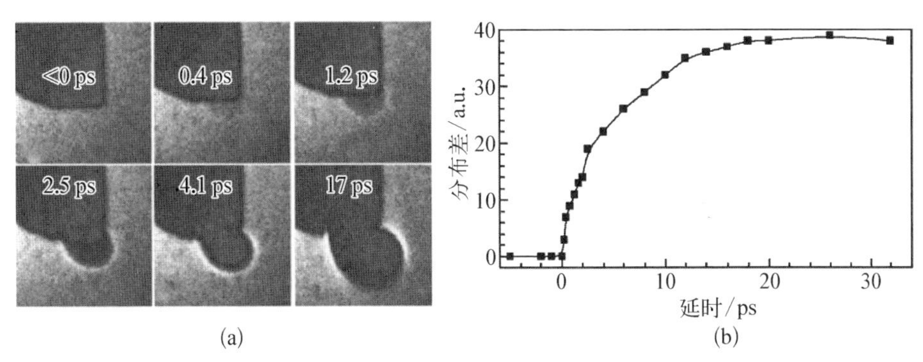

图 6-5　利用等离子体场对兆伏特电子束的扰动确定时间零点[7]

(a) 投影像；(b) 横向束斑分布差曲线

6.2.2　等离子体电磁场演化

除利用电子对电磁场的敏感性确定电子相对激光的时间外，更重要的应用是直接利用电子作为探针测量电磁场的时空演化，这些研究对于理解等离子体等各种复杂过程中的动力学具有重要的意义。比如，聚变是可能彻底解决能源问题的主要途径之一，基于如此重大的战略意义，作为主要的聚变能开发方案之一，美国、法国、日本、俄罗斯、中国相继投巨资，开展激光核聚变能研究。在过去的 40～50 年里，与之相关的高功率激光驱动器技术和对激光核聚变物理过程的研究都取得了长足发展，激光驱动器的脉冲能量已经达到了理论预言惯性约束聚变所需要的兆焦耳量级，对激光核聚变过程的数值模拟程序也已经非常复杂。但是，高增益的激光核聚变却并没有如期实现。当前实验还无法达到理论设计预期的困境表明，人们对激光与等离子体相互作用过程中的某些重要物理过程的认识还不够深入，尤其是对于激光等离子体临界密度面附近的电磁场时空演化动力学过程还存在认识盲区。这其中的重要原因是在实验上对于激光等离子体中临界密度面附近的电磁场演化过程缺乏进行高时空分辨的诊断手段，使得人们对激光与等离子体相互作用过程中各种不稳定性和其他靶物理过程理解不够，对驱动核聚变要求的激光能量等参数估计不准确。其中，对激光与等离子体相互作用初期的动力学过程、等离子体临界密度面附近的能流输运过程的研究亟待加强。现有的等离子体探测方法有主动探测和被动探测两类，前者主要以光子为探针，诊断等离子体的温度、密度、电离度等参数。但是由于光子探针无法到达等离子体临界密度面，而且光子探针对等离子体中的电磁场变化不敏感，所以无法给出对激光等离子体时空演化过程起关键作用的自生电磁场信息。最近几年美国和欧洲一些实验室已经开展了利用质子束对等离子体动力学过程成像的研究。这些质子束有些是来自内爆聚变产生的单能质子，有些是来自超短超强激光与固体靶作用产生的宽能谱质子。但由于前者的发散角很大，而且对驱动激光的要求很高；后者的能散又很大，成像分辨率低，因此都不是理想的对临界面等离子体进行高时空分辨研究的诊断工具。电子束既可以控制脉宽和能散，同时又对电磁场敏感，因此是诊断等离子体电磁场演化的理想工具。

利用电子束在等离子体场中的偏转发现了氮气在激光电离下产生的带正电的核与电子云扩张远超过德拜长度的现象，如图 6－6 所示，且获得了 2.7 ps 的时间分辨率和 30 μm 的空间分辨率。利用 20 keV 的电子可测量 1 MV/m 的低电场，通过提高电子束能量及改变样品与测量屏的距离，可测量更高场强的电磁场。

从图 6－6 可见，在等离子体产生的初期，在激光焦点附近首先产生了类似空泡的区域(即电子被等离子体场推开)，该空泡在前 80 ps 一直处于扩展中；之后在空泡中心逐渐形成一个亮斑，且该亮斑的密度超过了初始电子束的密度，代表着聚焦作用将用于探测的超快电子束聚焦到激光焦点处。此外，随着空泡的产生，激光传输方向上产生了两个长条状亮斑，且这两个长条状亮斑沿相反方向远离激光焦点，在大约 100 ps 后长条状亮斑运动到电子束的边界，并一直维持在边界。图 6－6 里的模拟结果与实验结果较好地符合，该现象可用激光产生的带正电的核与电子云的分离和扩张较好地解释；而过去利用光子探针则难以获得此方面的信息。

对固体靶的研究获得了类似的结果[9]。如图 6－7 所示，将合适能量的泵浦激光聚焦到固体靶上，图中采用的是一个平顶银制针尖，脉冲强激光首先通过多种离化机制将大量的电子电离出来；之后电子通过各种能量吸收机制吸收激光能量，形成超热电子；最后这些超热电子与几乎不受激光影响的正离子就形成了激光预等离子体。由于具有比较大的动能，部分超热电子可以克服

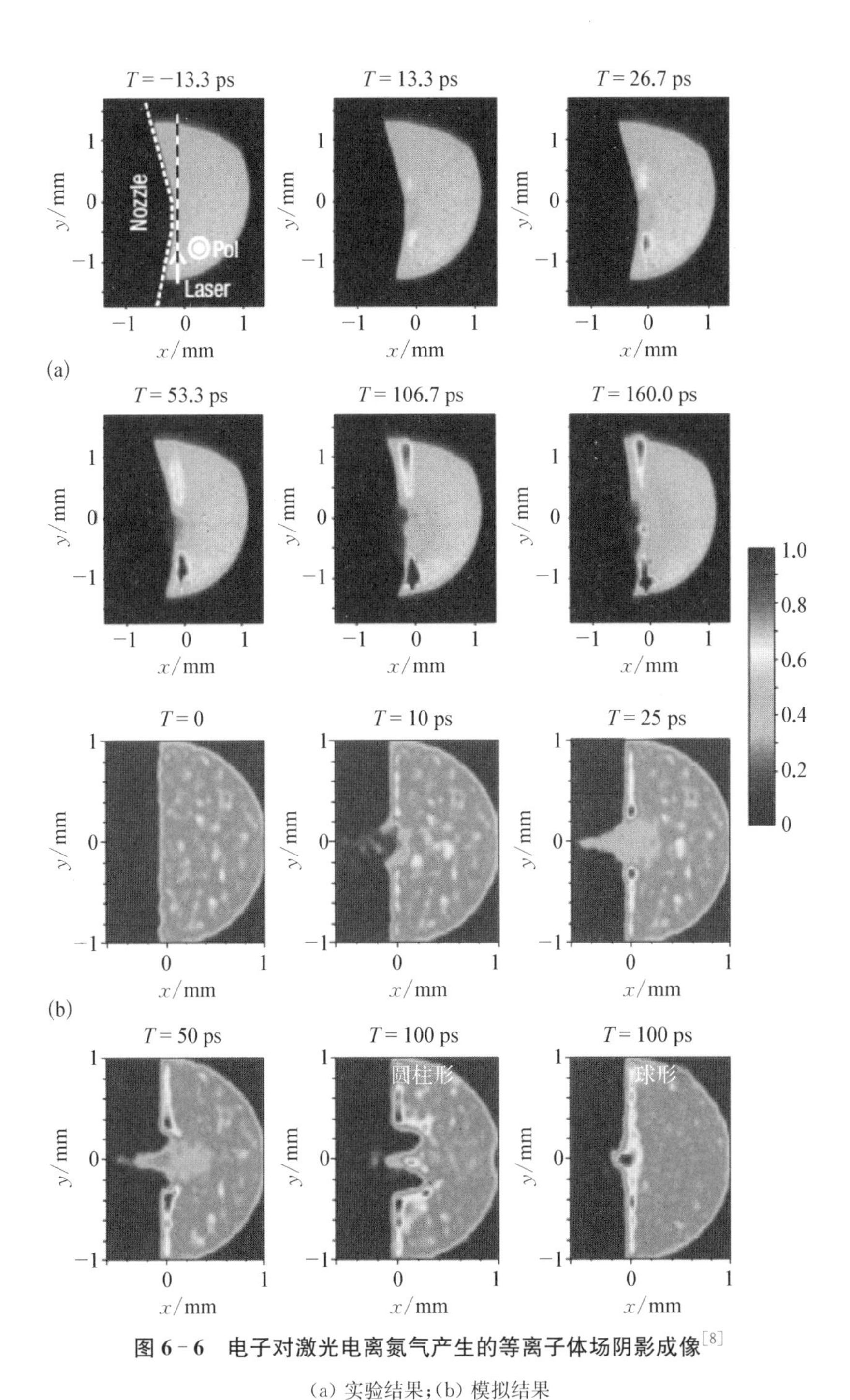

图 6-6　电子对激光电离氮气产生的等离子体场阴影成像[8]

(a) 实验结果；(b) 模拟结果

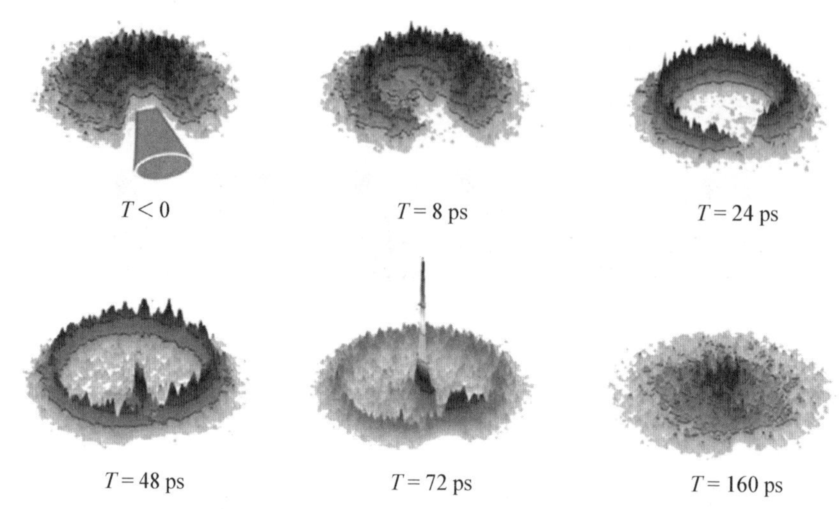

图 6-7　电子脉冲在不同时刻通过激光等离子体后的密度分布图[9]

正离子的束缚，以喷发的方式进入真空，导致正负电荷分离；同时，留在金属靶表面上的正电荷会被从靶其他地方流过来的电子部分中和，这样局部电荷的快速分离和电流运动会在激光聚焦点附近产生一个瞬变的电磁场。在这个变化过程中，让一束电子脉冲扫过这个区域，由于电磁场对电子的作用力，导致电子的运动轨迹发生变化，将改变其最终投影在探测器上的密度分布。当没有激光作用或是电子脉冲先于激光脉冲到达作用靶时，最终得到的电子阴影图是部分探针电子被针尖靶遮挡后针尖的电子阴影图；如果在形成了激光等离子体的电磁场后电子脉冲再经过靶体，最终投影得到的电子阴影图由于电磁场对探针电子施加作用力会发生相应的改变，近针尖位置的电子被排斥从而形成一个火山口分布。

具体来说，图 6-7 中电子阴影图像主要有两个特征。一是出现环形峰结构，在开始阶段，针尖靶附近的电子被排斥到四周，在其阴影图中以针尖阴影为中心出现一个圆形电子空洞；中间电子密度降低，其边缘强度增加，电子密度分布形成一个类火山口形状的环形峰。环形峰半径随时间逐渐增大，直至约 40 ps 时达到最大值，此后这个环形半径变化很小，直至环形峰慢慢消失。同时，环形峰内部电子密度随着半径的增大逐渐减小，在 10～40 ps，其电子密度接近于零。二是聚焦电子出现了单峰，在 40 ps 之后，环形峰内部的电子密度会慢慢增大，同时在针尖阴影中间的地方出现一个尖峰，此尖峰的强度随时间越来越大，位置也慢慢往环形峰的中心移动。直至约 72 ps 时，此聚焦电子峰强度达到最大，其位置也刚好在环形峰的中心，可视为局部电子被聚焦到电子阴影的中心位置。在这个过程中，之前形成的环形峰逐渐消失，可以推断在边缘消失的电子一部分贡献给了聚焦电子峰。此后聚焦电子峰高度逐渐减小，同时其底部变大。直至约 160 ps，此聚焦效应几乎消失，环形峰结构也不再存在，但是整个电子斑图像比时间零点前要稍大，最大强度也相对减小。通过与理论模拟对比，可以推测该过程中的等离子体场的演化。

利用电子束的整体偏转和聚焦情况仅能定性地得到电场信息，若要定量地获取电场信息，需要知道每个电子的具体偏转，可通过在靶前方放置网格对电子分布提前进行标记实现。如图 6－8 所示，在对电子的位置进行标记后（图中灰色水平线表示薄膜铝样品位置），进一步记录电子在不同延时对应的探测器上的分布，利用阿贝变换可得到靶点处不同时刻的电场分布[10]。

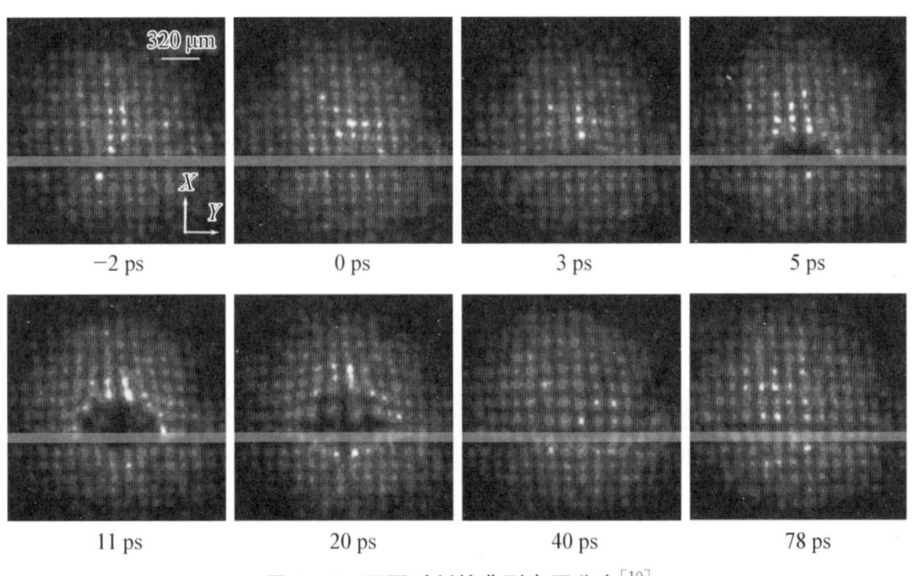

图 6－8　不同时刻的典型电子分布[10]

此外，高能电子也已用来测量更高场强的等离子体场，如激光尾场加速中强度为吉伏特每米量级的电场[11]。在激光尾场加速中，激光电离气体产生等离子体，电子被激光场推开，等离子体中带正电的原子核运动慢，分离的电荷会产生强度极高的等离子体场，梯度可比传统微波加速器高 3 个数量级，有望大幅降低未来加速器大科学装置的规模和造价。精确测量等离子体尾场的分布对于理解激光尾场加速机制并优化所产生的电子束品质至关重要。如图 6－9 所示，首先利用激光尾场加速产生 60～80 MeV 的高能电子，这些高能电子再经过另一个激光产生的等离子体区域，电子分布经过等离子体场调制后被探测屏测量。根据电子束分布，结合理论和模拟，可获得激光尾场加速中最重要的非线性尾波场信息，而这些信息是已有光学诊断方法无法获得的。

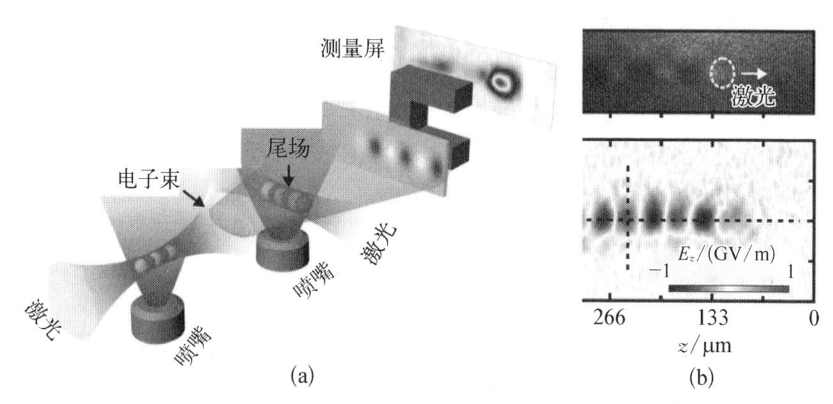

图 6-9 利用激光加速产生的电子测量激光尾场分布[11]

(a) 示意图；(b) 测量结果

6.2.3 太赫兹超材料电磁场演化

飞秒电子束的脉宽远小于太赫兹波长，因此可用于测量太赫兹波段的电磁场，如太赫兹超材料内的电磁场分布及演化。超材料指的是人工设计的并呈现自然材料所不具备的超常物理特性的复合材料，其在科研、工业、生活、军事等方面均有很广泛的应用（如有选择性地透射或反射特定波长的光，用于场增强，用于制作隐身衣等）。太赫兹超材料指的是与太赫兹波段光波相互作用的超材料。正如在第 3 章中讨论的，这种超材料（比如金属狭缝）能对太赫兹波的电场进行加强并且改变磁场的相位及分布，既加强了电子与太赫兹电场的相互作用，又减弱了磁场力对电场力的抵消作用，是一种非常有效的电子探测工具，同时也使得电子束成为研究超材料电磁场演化的理想探针。近年来，太赫兹超材料广泛应用于电子束压缩、加速、时间诊断等领域，并取得了非常显著的效果。因此，太赫兹超材料中的电磁场的时空演化成为科学家们非常关心的课题。

相比于传统的利用电光采样技术的近场扫描探测，超快电子束探针由于其时间分辨率高、空间分辨率高、测量窗口大的特性，被视为太赫兹超材料电磁场探测的有效手段。以图 6－10 所示的装置为例，能量为 70 keV 的电子束被展宽到足够覆盖太赫兹超材料全部的横向区域并入射到太赫兹超材料上，用于测量太赫兹脉冲在太赫兹超材料中激发的电磁场。首先电子穿过超材料并被超材料中的电磁场偏转；随后利用一个成像磁透镜改变电子从超材料到探测器的传输矩阵，并测量电子在不同磁透镜强度下在荧光屏上的分布；最后改变电子束和太赫兹脉冲的延时，重复测量在每个延时处电子在不同磁透镜强度下荧光屏上的分布，结合理论模拟可重建超材料中的电磁场时空演化。

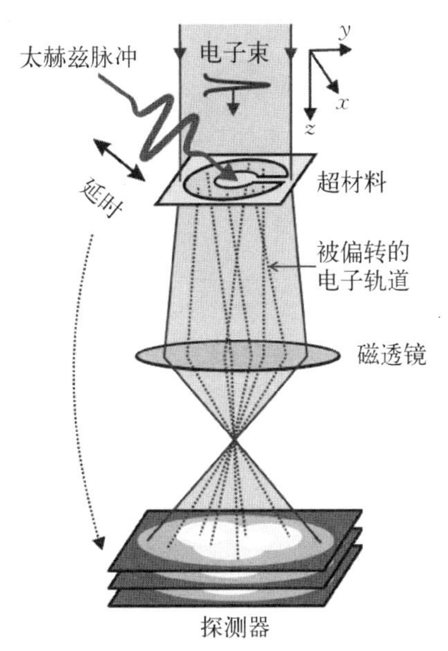

图 6－10　超快电子探测超材料电磁场时空分布[12]

为了使实验的计算过程更简洁，可做如下几个近似：电子的时间长度脉宽远小于太赫兹超材料中电磁场的振荡周期；电子穿过超材料的时间远小于超材料中电磁场的振荡周期；二维的电磁场分布足够描述电磁场分布，忽略 z 方向的电磁场；忽略磁场对电子的偏转作用。

如图 6－11 所示，实验中在某一个特定的螺线管磁场强度下，记录了不同时刻电子束穿过超材料后在探测器上的分布。尽管定性地可以看到超材料电磁场随时间的变化导致的电子分布改变，结合模拟可以大致确定超材料中电磁场的宏观分布，但是由于无法将每个电子在超材料中的分布和探测器的分布一一对应起来，即无法知道探测器上的某个电子来自超材料中的哪个区域，故难以定量地重建电磁场。

进一步分析表明，为了确定每个电子在超材料和探测器的位置，可以在延时不变的条件下改变磁透镜的强度并测量电子束在超材料上的分布。改变磁透镜的强度会改变电子束的轨迹，类似于在超材料后面不同位置放置探测器，这样通过多组数据的连续变化，可将电子在超材料中的位置和探测器的位置一一对应，获得高的空间分辨率。比如在某个延时下改变磁透镜强度并重复这样的测量，最终结合理论模拟可重建超材料中的电场分布，如图 6－12(a)所示，该结果与模拟获得的电场分布[见图 6－12(b)]较好地吻合。

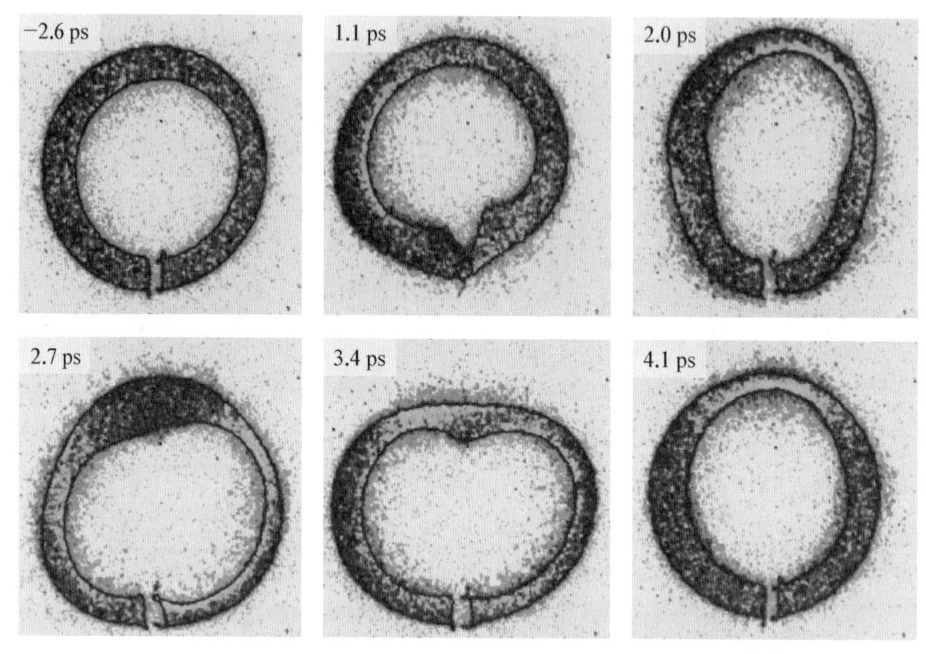

图 6-11 不同时刻电子束穿过超材料后在探测器上的分布[12]

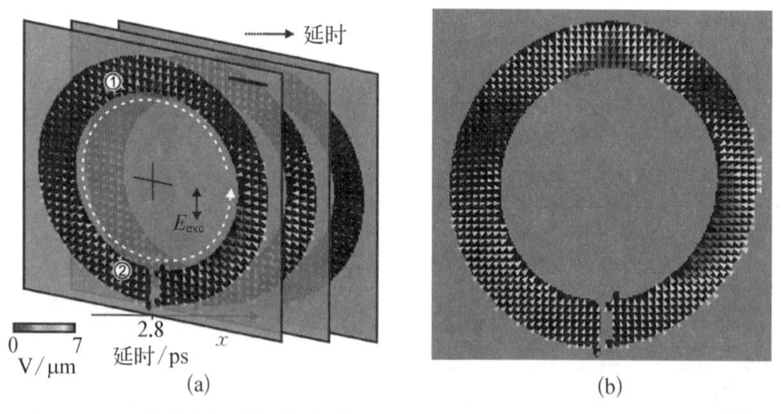

图 6-12 利用电子束探针重建的超材料电场分布(a)及模拟结果(b)[12]

另一个例子为更简单的狭缝型超材料，该材料由于对太赫兹电场的增强倍数高且加工简单(如可在锡箔纸上通过激光加工获得)，已广泛用于电子束的脉宽和时间抖动测量[13-14]。图 6-13 所示为利用 3 MeV 电子通过 300 μm×20 μm 和 1 000 μm×20 μm 时在不同时刻测量的电子束分布(上面一行)及模拟结果(下面一行)，二者较好地吻合。其中，x 指电子束的水平方向的尺寸，y 指电子束的竖直方向的尺寸。从图 6-13(b)中可以看到，在长度为 1 000 μm 的狭缝中，电场的时空演化更为复杂；这是由于更长的狭缝超材料可以作为一个更长的波导，截止频率低，太赫兹源频谱中有更多的部分可以在超材料中耦合出振荡模式。

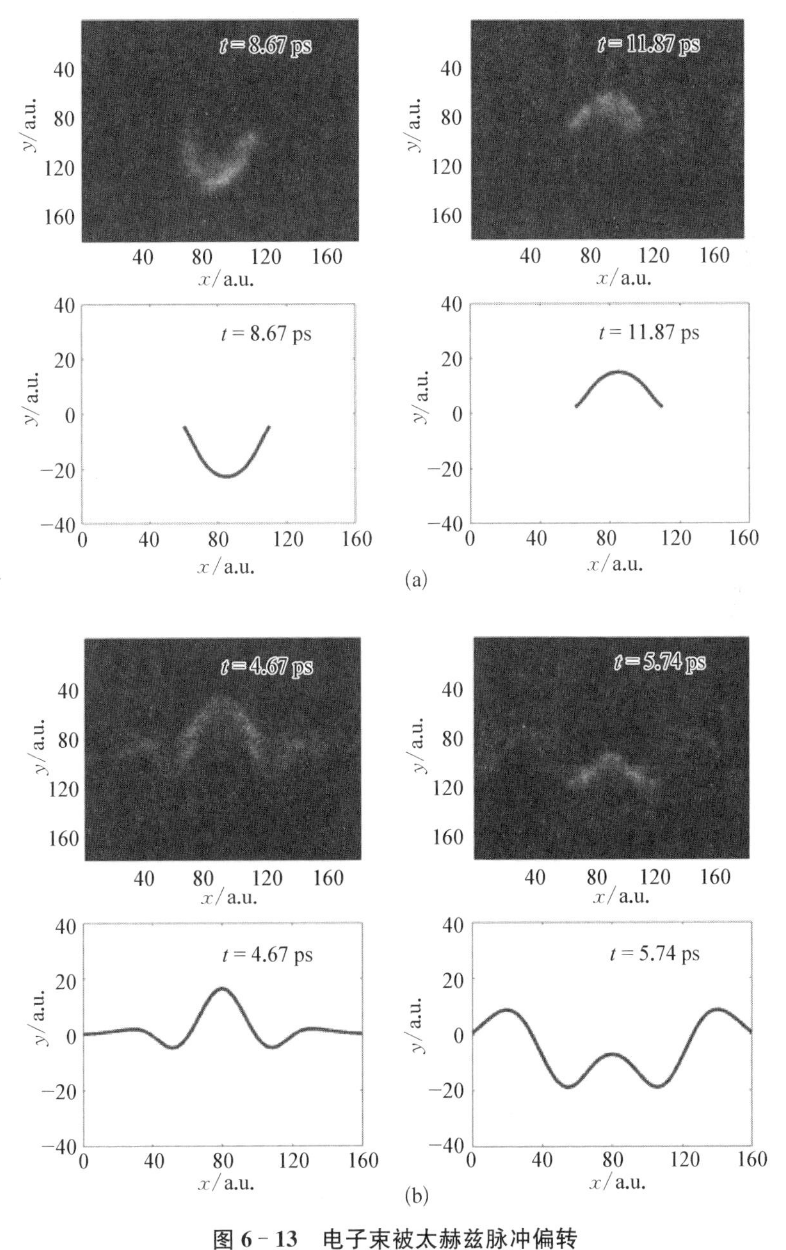

图 6-13　电子束被太赫兹脉冲偏转

(a) 300 μm×20 μm 狭缝；(b) 1 000 μm×20 μm 狭缝

6.3 电子束脉宽压缩新方法

除利用微波聚束腔通过在电子束相空间中产生负能量啁啾压缩电子束脉宽外，近年来也发展出利用激光产生的太赫兹脉冲操控电子束相空间压缩脉宽，以及利用空间电荷力结合双偏转消色差系统压缩电子束脉宽的新方法。

6.3.1 太赫兹驱动电子压缩

利用微波压缩已可产生 10 fs 以下的电子束，然而微波相位抖动引入的时间抖动在 100 fs 量级，因此需要利用其他技术进行校正，方能降低时间抖动对时间分辨率的影响。尽管对于熔化之类的过程，通过记录每一发电子的到达时间，并对数据按照实际的延时重新排列，可消除实际泵浦-探测实验中时间抖动的影响，但是此类技术要求单发便可获得足够信噪比的衍射斑，同时要求记录每一发电子的到达时间以便对每一发的数据都进行校正，因此受限于探测器的重复频率(一般为 100 Hz 以下)。有大量的实验(尤其是气态反应动力学的实验)需要进行长时间积分，且要求更高重复频率的电子。因此，发展能在压缩电子束脉宽的同时不引入时间抖动的束团压缩方法的迫切性越来越高，而这些技术的发展也将大幅拓展超快电子探针的性能和应用范围。

注意到微波聚束腔压缩电子时引入的时间抖动主要来自微波与激光的相位抖动，因此采用与激光时间严格同步的脉冲来操控电子束相空间产生压缩所需的能量啁啾，则可以解决压缩过程中的时间抖动问题。激光由于波长远小于电子束脉宽，因此当电子与激光有效作用交换能量时，约有一半的电子会获得负的能量啁啾，另一半则获得正的能量啁啾；进一步经过色散元件后，约有一半的电子会被压缩，另一半被拉长，进而产生间隔为激光波长的脉冲串。该技术可产生高次谐波用于提高自由电子激光的时间相干性，是外种子型自由电子激光的标准技术[15]，但是用于超快电子衍射则并不合适，因为超快电子衍射希望产生单个短脉冲电子束，而不是电子束脉冲串(用于泵浦-探测时，时间分辨率取决于所有脉冲串的总脉宽，而不是单个微脉冲的脉宽)。

由于太赫兹脉冲的波长大于百飞秒的电子，因此可对整个束团进行压缩；此外，太赫兹脉冲可通过激光在晶体中产生，且通过光整流等非线性技术产生的太赫兹脉冲与激光本身至少在飞秒尺度严格同步，可有效回避微波聚束腔中微波相位抖动引起的时间抖动问题，因此太赫兹脉冲也是用于电子束压缩的理想工具(即在压缩电子束脉宽的同时不会造成时间抖动)。由于自由空间中的太赫兹脉冲为横波,太赫兹电场方向与传播方向垂直,因此当电子束与太赫兹脉冲相向传播(类似于微波和电子)时,横向电场无法与电子交换能量,也就无法产生脉宽压缩所需的能量啁啾。由此可见,实现利用太赫兹脉冲压缩电子束的关键问题是实现太赫兹脉冲与电子束之间的有效能量交换。

太赫兹脉冲要与电子交换能量,则要求电子的速度与太赫兹电场的点乘的积分结果需远大于或远小于零,这取决于初始的相位,主要有三种实现方法。最简单的方法如图 6-14 所示,太赫兹脉冲与电子垂直传播,这样太赫兹脉冲的横向场刚好位于电子束传播方向,在电子束看来恰巧是纵向场,可以有效地与电子束交换能量。正如第 3 章中讨论的,太赫兹脉冲在金属矩形狭缝中存在近场增强效应,因此图 6-14(a)所示的这种作用模式可以利用超材料的近场增强效应增强太赫兹脉冲的电场,降低所需的太赫兹脉冲的能量。在图 6-14(a)中,尽管太赫兹脉冲传播方向与狭缝不垂直,但是与电子传输方向相同的太赫兹电场分量仍然会得到有效的增强。不过使用狭缝的缺点是其孔径会限制所能通过的电子个数;该限制对兆伏特超快电子衍射来说会大幅降低用于动力学研究的电荷量,不过对千电子伏特超快电镜来说则没有此限制,因为千电子伏特的超快电镜本身工作在极低的电荷量模式,电子束尺寸一般在微米以下,故可以完全通过狭缝。

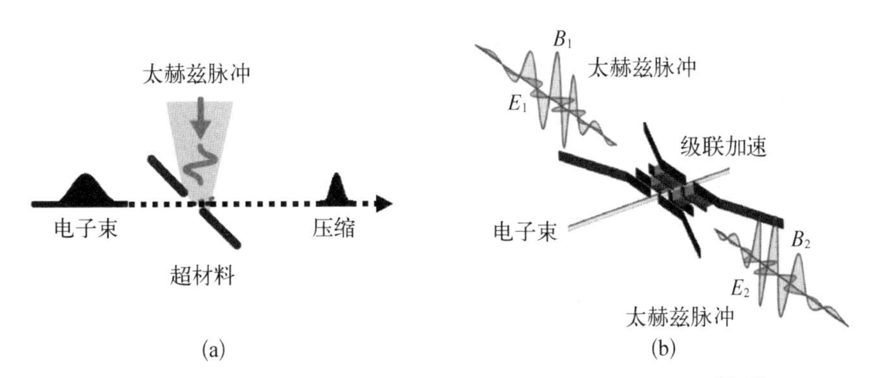

图 6-14　太赫兹脉冲与电子垂直传播用于电子束脉宽压缩[16-17]

(a) 超材料近场增强;(b) 级联加速

需要指出的是,当太赫兹电场与电子运动方向相同时,磁场必然垂直于电子束运动方向,磁场力会对电子束进行偏转,影响经过结构后的电子指向稳定性。为此,图 6-14(b)利用两路相向传播的太赫兹脉冲,通过调整太赫兹脉冲的相对延时,两路太赫兹脉冲对电子束的偏转可相互抵消,同时电场则叠加增强。通过将作用区作为分立的部分并引入合适的相移,可实现对电子进行多级加速和能量交换。利用该方法,55 keV 电子被压缩到了 100 fs 以下,如图 6-15 所示。

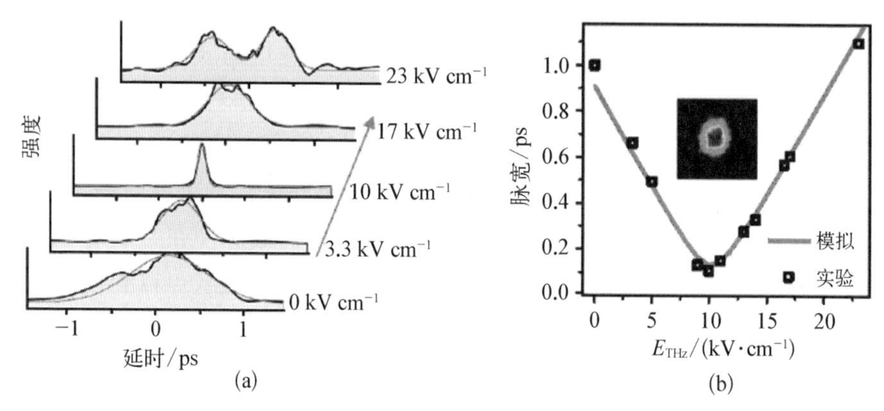

图 6-15　改变太赫兹场强获得的压缩后的电子束分布[17]

(a) 时间分布;(b) 电子束长度

太赫兹脉冲与电子束垂直传播的缺点是作用距离非常有限,仅限于二者对撞的区域。因此尽管用于千电子伏特能量的电子压缩非常有效,但是用于兆电子伏特电子的压缩则一般需要较强的太赫兹源。更有效的作用方案自然是让电子束与太赫兹脉冲相向传播,这样可以大幅提高作用距离,有效降低所需的太赫兹脉冲能量。图 6-16 所示的机制类似于逆自由电子激光的原理,即首先利用磁铁波荡器让电子束产生横向的运动,从而产生横向的速度;此时横向的速度与相向传播的太赫兹脉冲的横向场点乘可以获得较大的积分值。值得指出的是,电子在波荡器中的横向速度与光速的比值约等于 K/γ,其中 K 代表波荡器的归一化强度,γ 为电子的洛伦兹因子。对逆自由电子激光中的吉电子伏特高能电子来说,由于 γ 值一般为几千到几万,因此该横向速度远小于光速,电子与激光的能量交换效率较低,这也是逆自由电子激光加速难以用于将电子加速到数百吉电子伏特的原因:一方面随着电子束能量的升高,K/γ 逐渐减小,激光和电子的能量交换效率降低;另一方面,随着电子能量的升高,电子扭摆过程中产生的波荡器辐射的能量逐渐增加,电子则由于辐射会损失更多的能量。而对于兆电子伏特的电子,由于 γ 在 10 左右,故电子在波荡器中的横向速度与光速的比值在 0.1 量级,太赫兹脉冲与电子的相互作用较强，可有效地交换能量。同时，可利用波导改变太赫兹脉冲传播的群速度，使得太赫兹脉冲的群速度与电子的纵向平均速度相同，这样可大幅提高作用距离，从垂直作用方案里的百微米量级增加到数十厘米。通过这个方法可利用低能量的太赫兹脉冲在电子束中产生可观的能量啁啾，也可实现对电子束的脉宽压缩[18]。

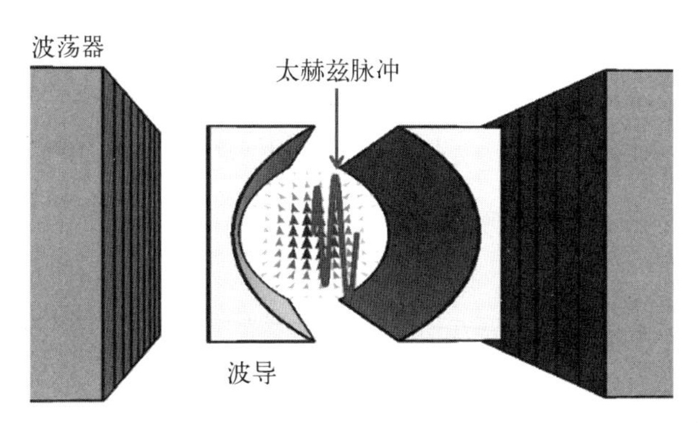

图 6-16　基于波导和波荡器的共轴太赫兹脉冲-电子相互作用方案

更理想的太赫兹脉冲与电子相互作用方案是类似于传统加速器中的共轴传播且直接在结构中激励起纵向的太赫兹电场，而最佳的方案自然是利用 TM_{01} 模式的太赫兹场对电子纵向相空间进行调制。然而基于铌酸锂等光整流法产生的太赫兹脉冲一般是线偏振态，线偏振的太赫兹脉冲直接注入太赫兹波段的结构中难以激励 TM_{01} 模式的加速场，因此在注入前需要对太赫兹脉冲的偏振态进行转换，将其转化为径向偏振（radial polarization）的模式，随后注入太赫兹结构中才能激发 TM_{01} 模式的加速场。

目前线偏振的太赫兹脉冲转化为径向偏振的太赫兹脉冲的方法主要有两种。第一种方法是利用分离的半波片组成一元件实现[19]，如图 6-17(a)所示。元件由八块不同方向的半波片组成，太赫兹脉冲经过该元件后，不同空间位置的偏振方向会旋转不同的角度，从而可以将线偏振的太赫兹脉冲转化为径向偏振，比如假设初始太赫兹脉冲偏振态为垂直方向，当太赫兹脉冲经过最上面的半波片时偏振态方向不变，当经过最下面的半波片时偏振态旋转 180°，经过最左边和最右边波片则分别旋转－90°和 90°，这样经过 8 片不同角度的半波片，便获得了类似于径向偏振的太赫兹脉冲分布。这种方法转化效率较高，操作简单，但加工相对较为困难且只能在针对某一波长的窄带宽内才有比较好的转化效果。

第二种方法是利用两套干涉仪将线偏振转化为径向偏振[20]，如图 6-17(b)

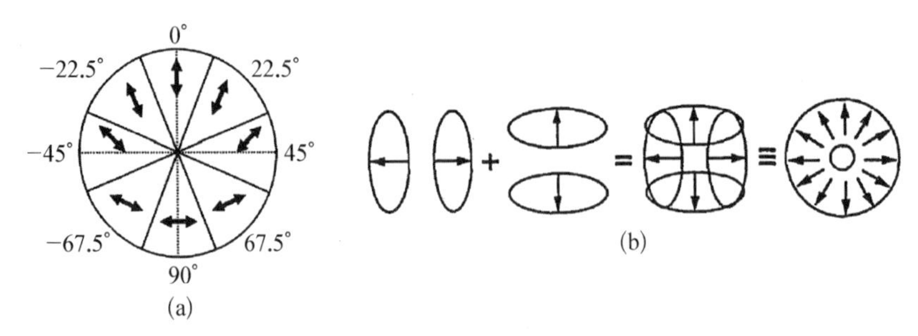

图 6－17　将线偏振太赫兹脉冲转化为径向偏振状态

(a) 分离的半波片；(b) 双干涉仪

所示。先用第一套干涉仪将线偏振太赫兹脉冲转化为强度满足正弦平方和余弦平方分布的脉冲，再用第二套干涉仪将其中一路太赫兹脉冲的偏转态旋转 90°，最终利用偏振态敏感的分束器获得径向偏振的太赫兹脉冲。这种方法的优点是可以在一定程度上增大转换的带宽，但光路相对复杂，实际操作比较困难。

也可以利用波导耦合的方案通过制备太赫兹波段的耦合器来直接利用线偏振模式的太赫兹脉冲激励 TM_{01} 模式。例如，线偏振的太赫兹脉冲注入圆波导中产生的是 TE_{11} 模式；在波导中，模式的场分布越像，那么模式的转化效率就会越高。如图 6－18 所示，我们可以利用垂直的圆波导将 TE_{11} 模式转化

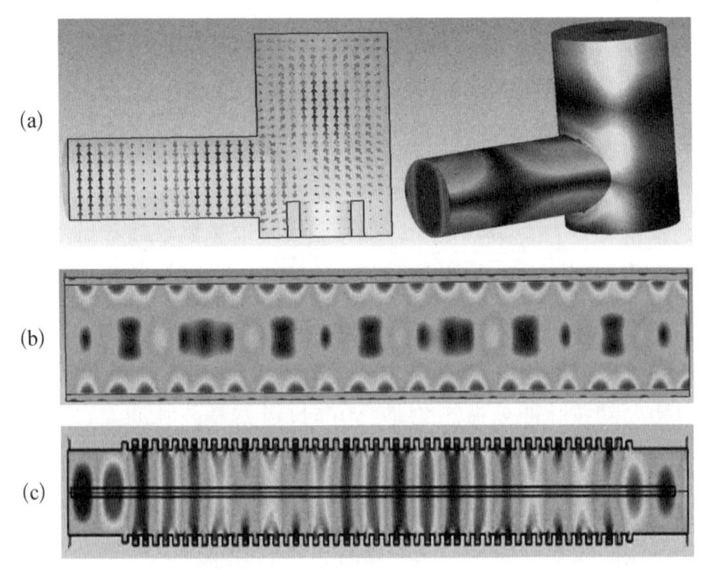

图 6－18　用于将线偏振太赫兹脉冲耦合为 TM_{01} 模式的耦合器(a)、介质管中的 TM_{01} 模式(b)及金属皱褶结构中的 TM_{01} 模式(c)

为 TM_{01} 模式。利用这种方法可以在带宽大于 20%的频率范围内达到 99%的模式转化效率，但缺点是目前太赫兹波段的加工技术还不是很成熟，这种亚波长尺度的模式转化结构还比较难加工。

耦合器后可接慢波结构，如介质管或金属皱褶结构，用于将太赫兹脉冲激励的 TM_{01} 模式的相速度降低到与电子速度一致，确保有效的能量交换；进一步选择合适的相位，可在电子束相空间中产生负的能量啁啾，经过一段直线节后可实现电子束的脉宽压缩。

需要指出的是，第 3 章中讨论的用于对电子束角度产生偏转进而测量电子束相对于激光到达时间的太赫兹示波器技术中使用的介质管和 HEM_{11} 模式，在一定条件下也可用于压缩电子束脉宽。这是因为根据 Panosfky - Wenzel 定理[21]，既然太赫兹示波器中的结构能够给予电子随时间变化的横向力，其一定也可以给予电子随横向位置变化的能量改变。要改变电子束的能量，太赫兹脉冲就一定要在介质管中激励起纵向分量的电场，对于介质管中线偏振太赫兹脉冲激发的 HEM_{11} 模式，其在介质管中心不包含纵向电场分量，但是在偏离中心的区域存在纵向电场分量；因此当电子偏轴通过介质管时可感受到纵向电场分量，而在合适的相位注入则可能获得负的能量啁啾，进而在经过漂移节后获得脉宽压缩[22]。

图 6 - 19(a)所示为实验中电子沿不同纵向位置通过太赫兹介质管时在能谱仪上测量的电子束横向分布，在该实验中电子束的脉宽与太赫兹波长相当，因此当有纵向场存在时，一部分电子会被加速，而另一部分则被减速。从图中可见，当电子沿介质管中心通过时，电子不会感受到纵向电场，因此电子束能散较小，对应于能谱仪上测量的束斑尺寸较小(图中 $y_0=0$ 的情况)。当电子偏轴通过时，由于受纵向电场作用，且不同区域电子感受到不同的电场强度和相位，故电子束能散增加，对应于能谱仪上测量的束团尺寸增加。当电子束通过介质管的位置连续改变时，可获得类似于图 6 - 19(a)中的双锥分布。

介质管中的 HEM_{11} 模式还有两个鲜明的特点：一是纵向电场的强度与相对于介质管中心的位移成正比；二是电子的加速效应与偏转效应的相位相差 90°。对于前者可通过改变电子束经过介质管的中心位移，并测量电子束的角度改变和能量改变进行确认。如图 6 - 19(b)所示，正如理论预测的那样，电子束的能量改变(正比于纵向电场强度)与电子束通过介质管的中心位移成正比，而电子束的角度改变(正比于横向电场强度)则与中心位移无关。

对于第二个特点，则需要改变电子束与太赫兹脉冲的延迟时间，分别测量

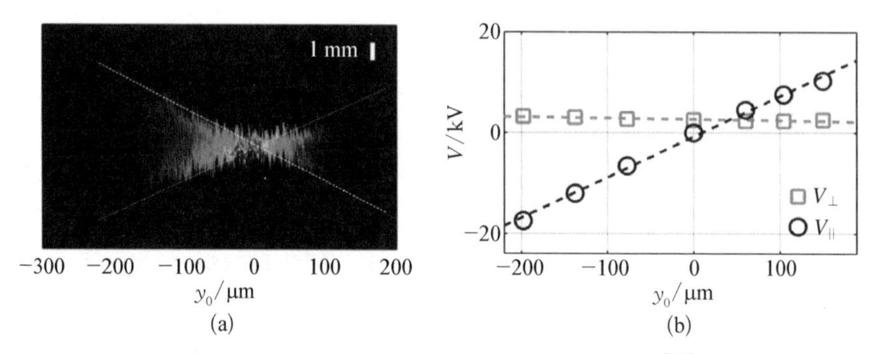

图 6-19　电子束沿不同位置通过太赫兹介质管[22]

(a) 能量分布;(b) 纵向和横向电场积分

电子的能量改变和角度改变,其结果如图 6-20 所示,二者确实相差 90°。此特点使得利用 HEM_{11} 模式的太赫兹脉冲压缩电子束具备了实用性,否则在压缩的时候会导致电子束的散角和横向尺寸的大幅增加,难以用于超快电子衍射中。比如如果太赫兹脉冲的纵向场与横向场同相位,则当电子束沿零相位通过太赫兹脉冲以便获得线性的能量啁啾时,电子束也会获得线性的角度偏转,此时电子的散角大幅增加,类似于电子束发射度大幅增加,一般难以用于超快电子衍射的应用。幸运的是,HEM_{11} 模式的太赫兹纵向电场与横向电场相差 90°,这样在获得线性能量啁啾的同时,电子束散角获得相同的偏转,而该偏转只影响电子束的中心轨道,不影响电子束的尺寸,可通过导向磁铁进行较为方便地校正,也即不会影响超快电子衍射的实验应用。

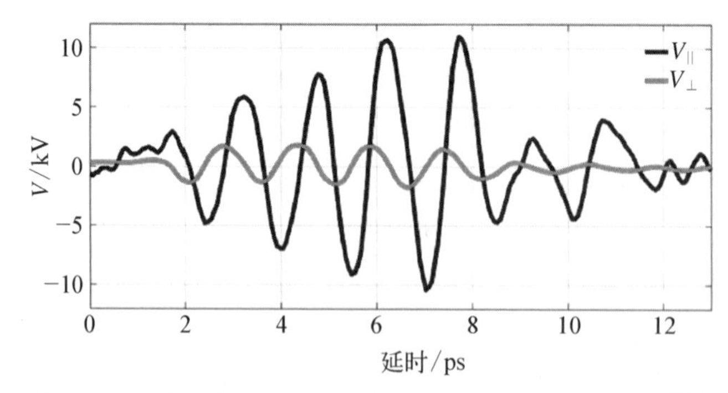

图 6-20　电子束在不同延时获得的能量改变和角度改变[22]

需要指出的是,太赫兹电场存在两个零相位,电子束沿某一个零相位通过时会获得负的能量啁啾,进而获得脉宽压缩;而沿另一个零相位通过时则会获得正的能量啁啾,进而脉宽会被拉伸(约 2 倍)。这在参考文献[22]中也获得了实验验证。当电子束沿正确的零相位通过时，电子束的压缩效果如图 6-21 所示；图 6-21(a)所示为压缩前的电子束分布，电子束脉宽约为 130 fs，时间抖动约为 100 fs；图 6-21(b)所示为太赫兹脉冲压缩后的电子束分布，电子束脉宽约为 30 fs，时间抖动约为 35 fs，电子束脉宽和时间抖动均获得了大幅降低。正如理论预测的，由于太赫兹脉冲与激光有严格的同步关系，太赫兹电场不存在相位抖动问题，因此在压缩过程中不会像微波聚束腔那样由于相位噪声导致较大的时间抖动。需要指出的是，太赫兹脉冲压缩后电子束仍然存在 35 fs 的时间抖动，这主要是由于光阴极微波电子枪中微波幅值抖动导致了电子束能量抖动，该抖动结合漂移节的动量压缩因子会限制太赫兹脉冲压缩后的时间抖动，因此要利用太赫兹脉冲获得小于 10 fs(rms)的时间抖动仍然极具挑战性。

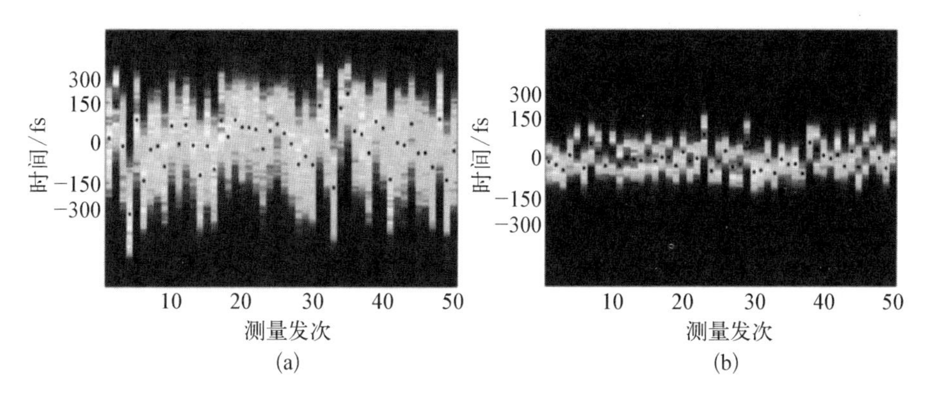

图 6-21　利用太赫兹脉冲压缩前(a)和压缩后(b)电子束的时域分布

6.3.2　双偏转消色差压缩器

如前所述，受限于电子的能量稳定性，即便利用太赫兹脉冲也难以将电子束脉宽压缩的同时保持时间抖动小于 10 fs，近年来新发展的双偏转消色差压缩器(double bend achromat, DBA)技术是目前唯一能够在压缩电子束的同时将飞行时间抖动保持在 10 fs 以下的方法。双偏转消色差压缩器利用空间电荷力在电子束相空间中产生正能量啁啾，进一步通过静磁场操控不同能量电子飞行路程(能量高的电子飞行路程更长，而能量低的电子飞行路程更短)，实现对正能量啁啾的电子进行脉宽压缩；通过合理选择参数，可以使得从电子源到样品的传输线的总动量压缩因子为 0，即实现等时的传输(isochronous)，故可以在压缩电子束脉宽的同时有效地回避飞行时间抖动的问题。

DBA 装置结构如图 6-22(a)所示，包括两个偏转磁铁(D1 和 D2)，三个四极磁铁(Q1、Q2、Q3)。偏转磁铁的动量压缩因子为正，而漂移节的动量压缩因子为负，则DBA的动量压缩因子可以近似认为等于两个偏转磁铁与中间漂移节长度的动量压缩因子的和，故通过控制偏转磁铁的间距，可以使其总的动量压缩因子为正。通过调节偏转磁铁中间的三个四极磁铁的聚焦力，可以使得在DBA出口色散为零，即实现消色差的传输，不影响经过DBA后的电子束横向尺寸。

电子束进入DBA前，电子束的运动主要受空间电荷力的影响，电子束运动过程中由于自身的库仑排斥作用导致脉冲展宽，束团头部电子加速而尾部电子减速，电子束产生正的能量啁啾，电子束头部能量高、尾部能量低，其纵向相空间如图6-22(b)所示。进入DBA后，电子束中不同能量的电子通过第一个偏转磁铁时具有不同的偏转半径，高能电子偏转半径大，位于偏转路径外边缘，低能电子偏转半径小，位于偏转路径内边缘；中间三个四极磁铁对电子束产生过聚焦效果，将高能电子和低能电子位置调换；在经过第二个偏转磁铁时，低能电子仍位于偏转路径内边缘，高能电子仍位于偏转路径外边缘，因而在整个装置中，高能电子经过的路径大于低能电子；最终在DBA出口，高能电子位于电子束尾部，低能电子位于电子束头部，由于高能和低能电子在纵向互换了位置，此时正的能量啁啾变为负的能量啁啾，对应的纵向相空间如图6-22(c)所示。进一步经过一段距离的自由漂移后，在样品处尾部高能电子追上头部低能电子，实现电子束压缩，此时的纵向相空间如图6-22(d)所示。DBA出口到样品之间预留的漂移节主要是为了实验时放置引入泵浦激光的镜子，以及为样品室留出一定的空间，故实际的样品位置一般距离DBA出口数十厘米。

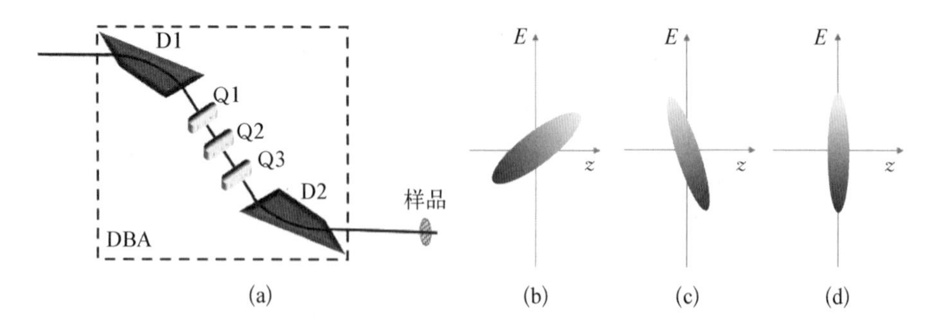

图6-22　双偏转消色差系统压缩电子束脉宽示意图

假设电子枪的动量压缩因子为R_{56}^{g}，电子枪出口到DBA入口的动量压缩因子为R_{56}^{b}，DBA自身的动量压缩因子为R_{56}^{d}，从DBA入口到样品的动量压

缩因子为 R_{56}^{a}，则合理选择磁铁和漂移节的参数可使得 $R_{56}^{g}+R_{56}^{b}+R_{56}^{d}+R_{56}^{a}=0$，即此时为等时的传输，电子的能量抖动不会导致电子到达样品的时间发生抖动。比如当电子能量偏高时，其从阴极飞行到 DBA 入口的时间较短，而在 DBA 之后的时间则较长；当电子能量偏低时，其从阴极飞行到 DBA 入口的时间较长，而在 DBA 之后的时间则较短；总之，二者抵消的结果使得电子在样品处的到达时间与初始能量无关。实际上电子束的能量改变既可能来自微波的幅值抖动，也可能来自微波的相位抖动，因此正如第 3 章中讨论的，传统的 1.6 cell 电子枪并不存在确定的动量压缩因子，只有对于优化设计的电子枪，使得电子束能量最高的相位与飞行时间最短的相位一致，电子枪才具有确定的动量压缩因子，之后才能设计合理的漂移节长度和磁铁参数，实现总的动量压缩因子为零。

以新构型 2.3 cell 电子枪结合优化设计的 DBA 为例，理论分析表明 2.3 cell 电子枪在 44.9 MV/m 的微波梯度下可使得电子束能量最高的相位与飞行时间最短的相位一致，该相位约为 63°。对于该能量(动能约为 3.0 MeV)，计算表明电子枪的等效动量压缩因子 $R_{56}^{g}\approx-2.1$ cm。结合该动量压缩因子及电子束动能，我们可以设计满足等时传输条件的 DBA 并确定样品的位置。在此基础上，我们首先计算电子束在样品处的到达时间与微波幅值和相位的依赖关系，进一步可计算飞行时间对于微波幅值和相位抖动的敏感度，即通过将飞行时间分别对微波幅值和相位求导获得。图 6-23(a)所示为飞行时间对微波幅值的导数，图 6-23(b)所示为飞行时间对微波相位的导数。

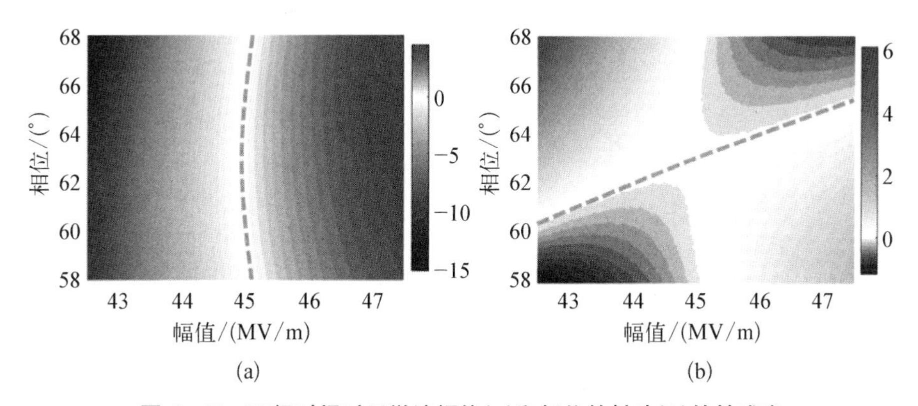

图 6-23　飞行时间对于微波幅值(a)和相位的抖动(b)的敏感度

从图 6-23(a)可见，对于某些特定的区域(虚线所示)，飞行时间对微波幅值的导数为 0，即在这些区域微波幅值的微小变化不引入时间抖动，这些区域恰好与电子束动能为 3 MeV 的区域重合。这意味着，当不考虑相位抖动时，只要电子束能量为 3 MeV，则从阴极到样品的传输均满足等时条件，微波的幅值抖动不引入时间抖动。从图 6-23(b)中可见，虚线所示区域电子的飞行时间对微波相位的抖动的敏感度为 0。因此在图 6-23(a)和图 6-23(b)中虚线的交点处(对应幅值约为 44.9 MV/m，相位约为 63°)，电子的飞行时间对微波幅值和相位抖动均不敏感，这便是基于 DBA 的脉宽压缩方法的基本思想。

根据图 6-23 所示的结果，我们将电子的初始相位设置在 63°，将微波梯度设置在 44.9 MV/m，假设微波的幅值抖动为万分之五(rms)，假设微波的相位抖动为 0.2 ps(rms)，模拟得到的电子束的飞行时间和最终的电子能量的关系如图 6-24 所示；这里假设的微波幅值和相位抖动均为目前的标准技术可以实现的值，因此单粒子模拟的结果可代表实验中实际可能获得的值。从图中可见，电子的到达时间在一阶模式下并不依赖于电子束能量，不过由于 DBA 的高阶效应(T566)，故最终电子束的到达时间与能量呈抛物线分布。通过增加六极磁铁可校正该高阶效应，经过校正后的电子在存在微波幅值和相位抖动的条件下的时间抖动小于 1 fs(rms)，相比电子束长和激光脉宽均可忽略，因此可以大幅提高兆伏特超快电子衍射的时间分辨率，是目前最好的超快电子衍射布局。

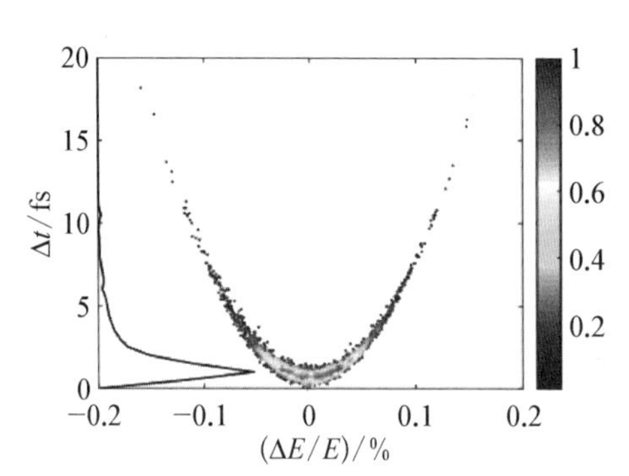

图 6-24　电子束到达时间和最终能量的关系

DBA 要实现较好的压缩效果，需要保证由空间电荷力引起的能量啁啾线性度较好。然而，空间电荷力对电子束的具体分布有着复杂的依赖关系，一般说来不同横向和纵向位置处电子感受到不同强度的空间电荷力，故会获得不同强度的能量啁啾。对于一般高斯分布激光产生的电子束，通常可以在电子枪出口利用小孔选取半径较小部分的电子以提高纵向相空间的线性度，因为对这部分电子，其感受到的空间电荷力强度近似相同。在电子枪出口 0.3 m 处，对于初始高斯分布的激光(阴极处激光斑点约为 120 μm)产生的约为 0.2 pC 的电子束，此处电子束的尺寸约为 0.6 mm(rms)，脉宽约为 90 fs(rms)，电子束的纵向相空间如图 6-25(a)所示，可见纵向相空间的线性度并不好。当使用半径为 0.3 mm 的小孔只选择束团中间部分时，纵向相空间的线性度获得了大幅提升，这部分电子的纵向相空间如图6－25(b)所示，此部分的电子约占总束团的20%。作为对比，横向位置大于0.8 mm的那部分电子的纵向相空间如图6－25(c)所示，可见这部分电子(约占总束团的40%)具有较大的非线性，不利于脉宽压缩。因此利用小孔选择线性度高的电子对于DBA压缩获得短束团至关重要。进一步从图6－25(a)可见，电子束头部和尾部仍然具有一定的非线性，这部分电子由于能量偏差较大，因此可以通过DBA中的狭缝过滤掉，这样只选择横向和纵向均靠近束团中心的电子进行压缩，可获得近似线性的能量啁啾，确保压缩效果。

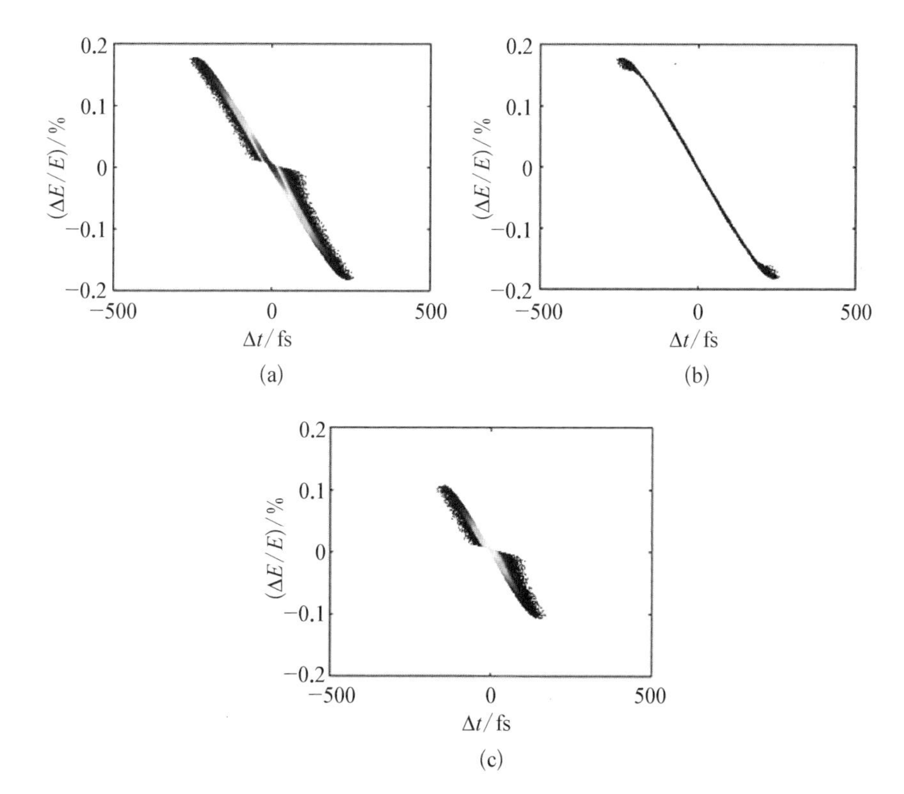

图6－25　电子枪出口0.3 m处电子束不同区域的纵向相空间分布

(a) 总分布；(b) 小于0.3 mm区域；(c) 大于0.8 mm区域

在产生线性能量啁啾的电子束后，为获得最佳的压缩效果，还需要电子束的啁啾与DBA的动量压缩因子匹配。在忽略压缩过程中的空间电荷效应时，可利用解析公式估计出电子束为获得理想压缩在DBA入口需要的能量啁啾值；而在考虑空间电荷力后，模拟结果显示初始所需的能量啁啾应小于该估计值。图 6－26(a)所示为在忽略空间电荷力条件下满足所需的能量啁啾的电子束相空间分布，对应的能量啁啾约为 0.50%/ps。在不考虑空间电荷力的影响时，电子束在样品处刚好被完全压缩，其纵向相空间如图 6－26(b)所示，电子束峰值束流强度提高了约 70 倍，电子束脉宽约为 3.2 fs(rms)。而在考虑空间电荷力后，电子束在样品处仍然处于欠压缩的状态，对应的纵向相空间如图 6－26(c)所示，电子束的峰值束流强度仅增加了 10 倍。

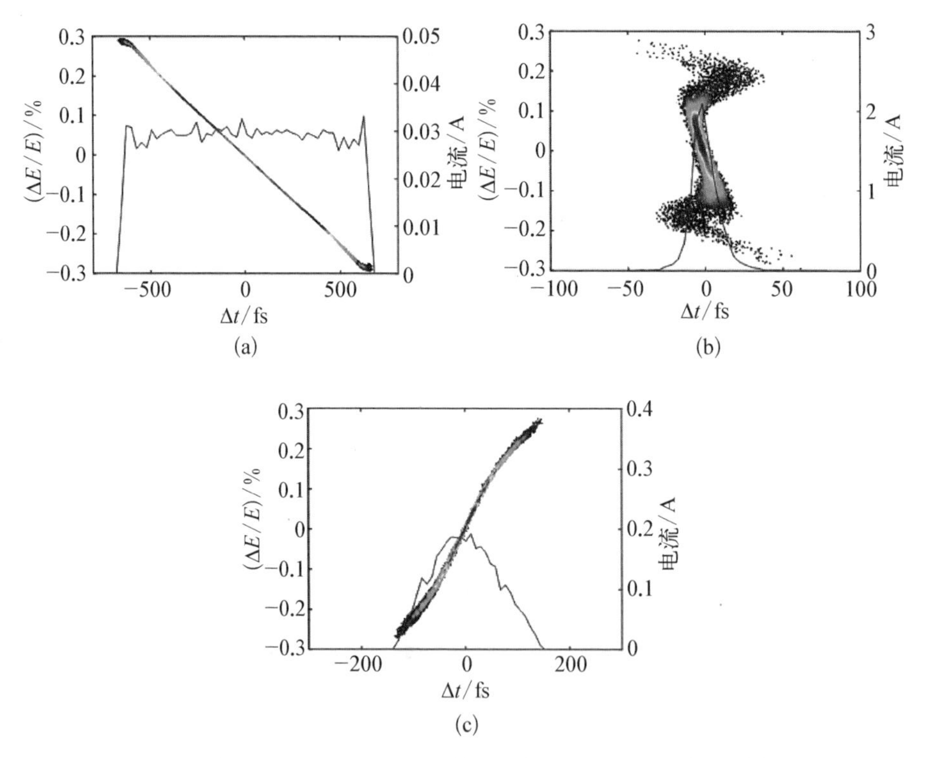

图 6－26　不考虑空间电荷力时电子束在 DBA 中的相空间演化

(a) DBA 入口；(b) DBA 出口；(c) 样品处

为此，需要将电子束初始的能量啁啾略微降低，模拟表明，当初始的能量啁啾降低到 0.45%/ps 时，可在样品处获得完全压缩，考虑空间电荷力时电子束脉宽约为 7 fs(rms)，对应的电荷量约为 32 fC。

在实际应用中，应根据具体的需求确定电子束的电荷量，一组典型的模拟结果如图 6－27 所示；总体来说，电荷量越大，则最终压缩后的束团越长。当电荷量降低至 16 fC 时，压缩后的电子束脉宽约为 3 fs(rms)；当电荷量增加至 80 fC 时，压缩后的电子束脉宽约为 6 fs(rms)；进一步增加电荷量至 320 fC

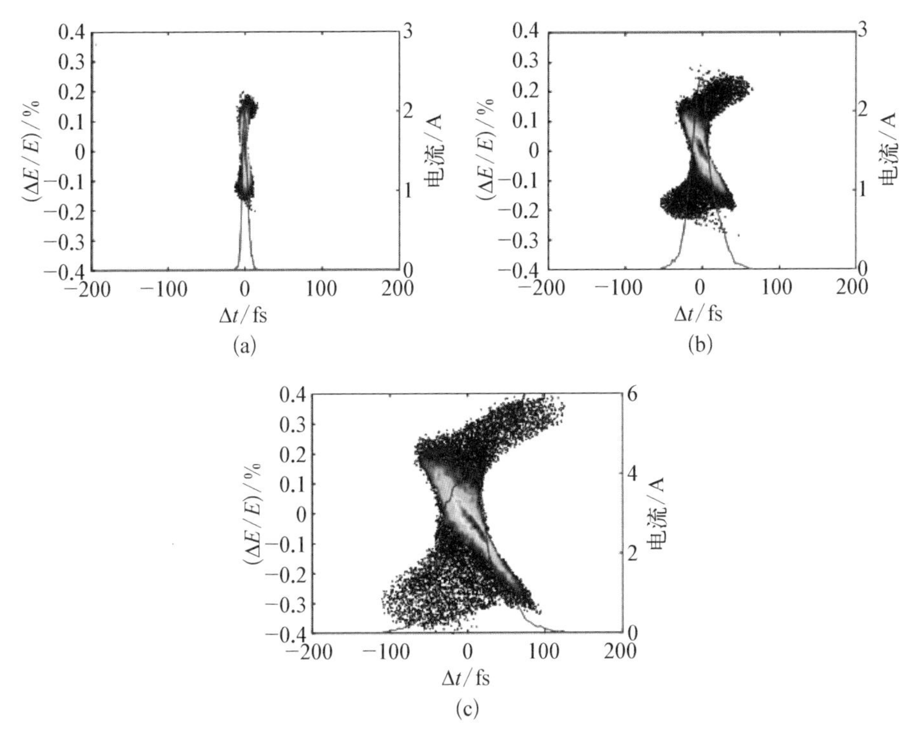

图 6 - 27　电子束在不同电荷量下完全压缩时的纵向相空间

(a) 16 fC；(b) 80 fC；(c) 320 fC

时，电子束脉宽约为 26 fs rms。

近期，基于 DBA 的电子束脉宽压缩新机制在上海交通大学获得了实验验证[23]。图 6 - 28(a)所示为利用太赫兹脉冲偏转腔测量的连续 100 发电子分布，其中前 10 发为太赫兹脉冲偏转腔关闭，后 90 发为太赫兹脉冲偏转腔打开，可见太赫兹脉冲偏转腔具有足够高的分辨率用于测量电子束的脉宽和时间抖动。实验结果显示，电子束压缩后的时间抖动约为 9.9 fs(rms)，这主要是由于实验使用的电子枪为 2.4 cell，尽管比 1.6 cell 电子枪更优，但并不是最优的新构型电子枪，不过这仍然是目前最新的世界纪录。图 6 - 28(b)所示为一小时的数据，每一发均为积分 2 s 的数据，故该数据包含了电子束脉宽和时间抖动的信息，从一小时的数据可以看到，电子束的长时间漂移可忽略，最终一小时的数据投影到时间轴后约为 40 fs FWHM，结合 25 fs FWHM 的泵浦激光，则首次将超快电子衍射的时间分辨率推进到 50 fs FWHM(或 20 fs)新的参数空间，预期将开辟出诸多超快科学新的研究机会。

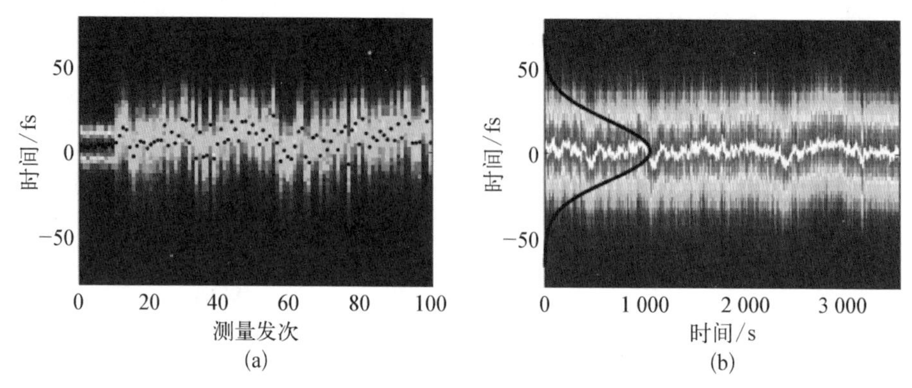

图 6-28　实验中测量的连续 100 发压缩后的电子束时间分布(a)及一小时的电子束时间分布(b)[23]

DBA 本身仅包含多个静磁场装置，利用了电子束自身空间电荷力产生的能量啁啾，无须主动控制，实现了自稳定自压缩的效果，既获得了飞秒量级的超短电子束，又避免了微波电子枪微波幅值及相位抖动引入的时间抖动，可应用于需要高时间分辨率的电子束装置。DBA 的核心物理是利用空间电荷力产生能量啁啾用于脉宽压缩，而空间电荷力是保守力，故在产生能量啁啾的同时，电子束的中心能量不会发生改变，这是该机制与其他如微波压缩和太赫兹脉冲压缩的最大区别。

6.4　高重频超快电子探针

除进一步提高时间分辨率外，超快电子探针发展的另一个趋势是提高重复频率，这对于气态反应动力学以及变化微弱的动力学探测尤为重要。传统的 S 波段(2 856 MHz)或 C 波段(5 712 MHz)微波电子枪受热效应限制，一般运行在 100～1 000 Hz。为了将重复频率提高至兆赫兹量级，电子枪需运行在连续波模式；受连续波自由电子激光装置的推动，目前主要有三种技术路线实现连续波的注入器，而此类注入器也可以用于高重频的超快电子衍射与成像。

第一种方案是降低电子枪的微波频率，比如从数吉赫兹降低 1 个数量级至约 200 MHz 的甚高频(VHF)段，这样采取特殊的加速腔结构设计和复杂的冷却系统，可将功率在 100 kW 的热成功转移出腔体。图 6-29(a)所示为 186 MHz 的连续波电子枪典型结构，通过馈入约为 100 kW 的功率，可在腔体中建立约为 20 MV/m 的梯度，电子束在电子枪出口的能量约为 750 keV；电子枪表面最大热功率密度为 25 W/cm^2，可通过合理设计的多路冷却水实现制冷；该方案也是目前连续波自由电子激光注入器的首选方案。

第二种方案是采用直流高压枪，如图 6－29(b)所示。通过合理设计绝缘系统，可实现 500 kV 的高压及接近 10 MV/m 的梯度。

第三种方案采用射频超导微波枪，主要结构类似于吉赫兹的微波电子枪，区别在于腔体采用铌材料，需利用液氦制冷至 4 K 以下的温度。超导微波枪面临的挑战之一是如何在超导环境中引入阴极材料。对自由电子激光的应用来说，由于单脉冲需要约 100 pC 的电荷量，因此一般需要采用量子效率较高的半导体阴极或镁阴极，而这些材料并不能超导，因此与电子枪的耦合存在一定挑战。图 6－29(c)所示装置是由北京大学研制的直流超导枪，通过将阴极与超导腔分离，利用直流枪产生电子，之后迅速在超导腔中加速到兆电子伏特能量，既解决了阴极与超导腔之间的兼容问题，又最大限度地避免了空间电荷力导致的电子束发射度的增加。目前该电子枪产生的电子束已用于兆赫兹超快电子衍射的初步测试[24]，并获得高品质衍射斑，因此其具有较大的潜力成为高重频兆伏特超快电子衍射的标准方案之一。

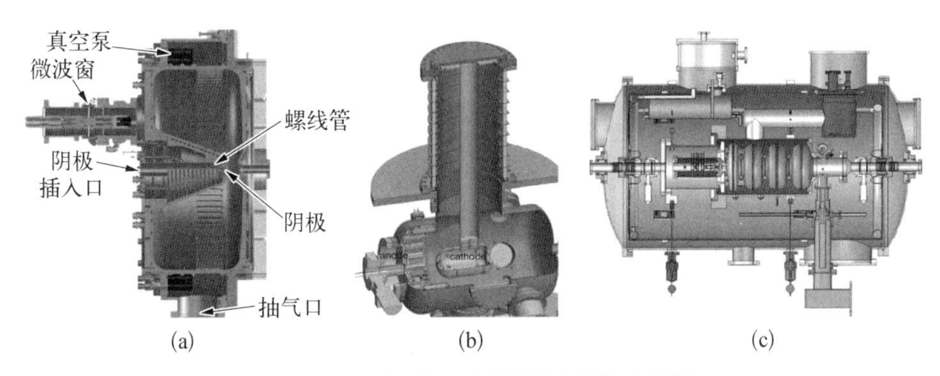

图 6－29　可工作在连续波模式下的电子源

(a) 甚高频微波电子枪；(b) 直流高压枪；(c) 超导微波枪

值得指出的是，对于超快电子衍射与超快电镜的应用，由于每个脉冲仅需要 fC 至 pC 的电荷量，因此并不需要阴极具有高的量子效率，可直接采用铌材料阴极。因此，也可直接利用铌加工超导光阴极微波电子枪，这种构造大幅简化了超导射频电子枪的设计和研制难度，是未来值得重点关注的技术路线。

6.5 微束超快电子衍射

在超快电子衍射的应用中，存在着很多需要使用微束电子衍射的情况。比如有些样品尺寸难以做到数十微米或百微米，只能做到几微米；对这种情况，如果电子在样品处尺寸太大，则只有很小一部分电子与样品能产生有效作用。此外，对某些情况，我们希望能研究样品某个局域的性质，这样如果电子斑点较大，则其余地方的衍射信号会影响数据分析。另外基于超材料的近场增强技术一般也只能在较小的区域将场增强，而为了获得较为均匀的增强效果，也需要样品和电子束斑小于场增强的区域。为此，近年来也发展了微束超快电子衍射技术。

为了降低电子束在样品处的尺寸，可通过在样品前增加螺线管磁铁的方法利用聚焦降低电子束的尺寸。受发射度限制，这种方法一般只能获得约 10 μm 的束斑，且降低电子束尺寸的代价是增加电子束散角，因此衍射的空间解析能力会降低。近期 SLAC 学者利用小孔降低电荷量(1.5 fC)以降低电子束发射度(3 nm・rad)，同时利用螺线管磁铁聚焦，在样品处获得了约 5 μm 尺寸的电子束[25]。对于如此小的束斑，一般很难用 YAG 或磷光屏进行测量，因此在该工作中采用了刀边扫描法，即移动刀边测量通过的电子束电荷量，拟合获得电子束尺寸。如图 6-30(a)所示，实验中的样品尺寸约为 10 μm，间隔数十微米；当电子束尺寸较大(约为 30 μm)时[见图 6-30(b)]，电子束会覆盖多个晶体，由于每个晶体朝向不同，故获得多晶衍射斑；而当电子束尺寸降低到 5 μm 时，电子只被一个晶体散射，故可获得单晶衍射斑[见图 6-30(c)]。

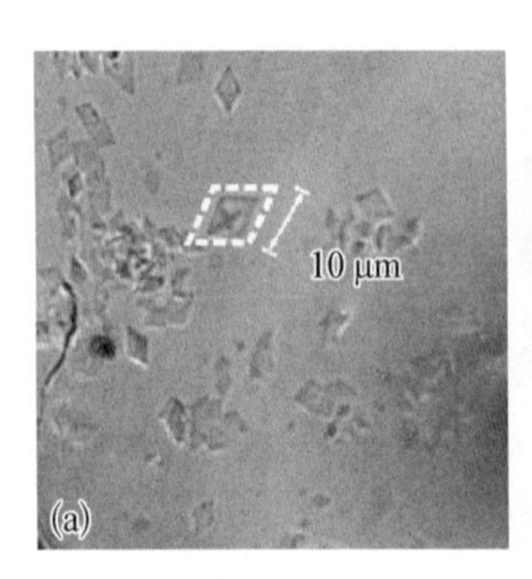

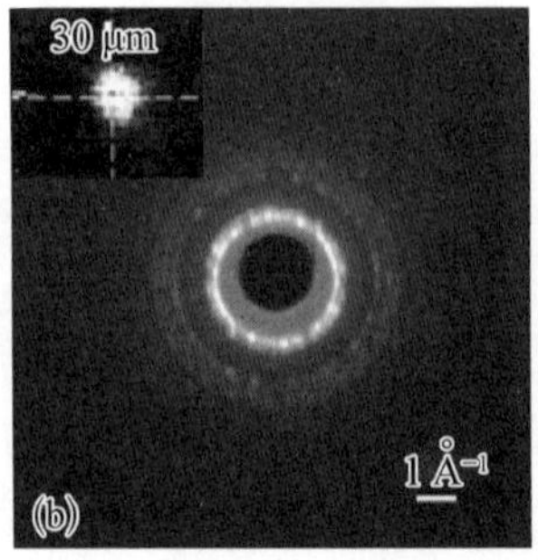

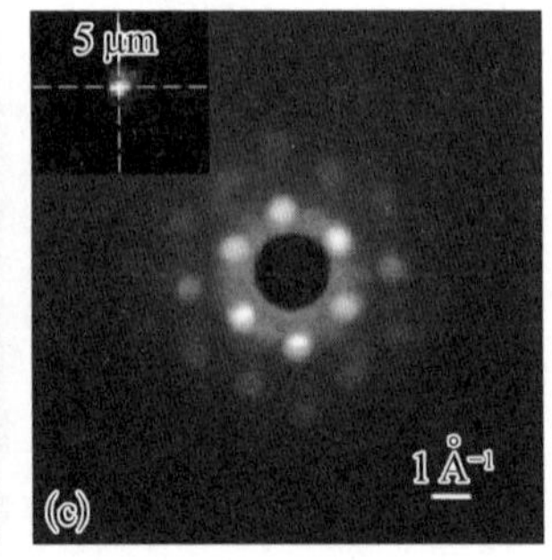

图 6-30 微束超快电子衍射[26]

(a) C44H90 样品；(b) 多晶衍射斑；(c) 单晶衍射斑

尽管使用更小的准直孔进一步降低电荷量可继续降低电子束尺寸，但是随着电荷量的降低，获得足够信噪比的衍射信号需要的积分时间会急剧增加。为了将积分时间控制在可接受的范围内，需按比例增加电子束的重复频率。近期 LBNL 的学者利用其兆赫兹的光阴极微波电子枪通过聚焦和降低电荷量获得了约 100 nm 尺寸的电子束，并成功获得了样品局部的衍射斑信息[26]。

另一种开展微束超快电子衍射的方法是基于电镜中的选区衍射技术。如图 6－31(a)所示，电子束在样品处并不需要比待研究的样品小，其可以覆盖多个样品(图中的三角形、五角星和菱形分别代表不同样品)。利用物镜对样品成像，并在像平面利用选区光阑仅让来自菱形处的电子通过，这样在测量屏处获得的衍射斑仅来自菱形处的散射电子。由于物镜将样品的像成在了选区光阑所在的平面，且物镜对样品进行了放大，因此利用微米尺寸的光阑可实现纳米尺度的微束电子衍射。假设放大率为 50，则利用 10 μm 直径的选区光阑可实现对 200 nm 区域进行微束衍射；此种模式下并不需要将电子束聚焦到 200 nm，因此相比直接将电子束聚焦到较小尺寸的模式，具有更高的通用性。结合泵浦激光，利用图 6－31(a)所示的布局，加州理工学院的学者成功实现了对单个纳米颗粒的超快动力学过程的研究[27]。

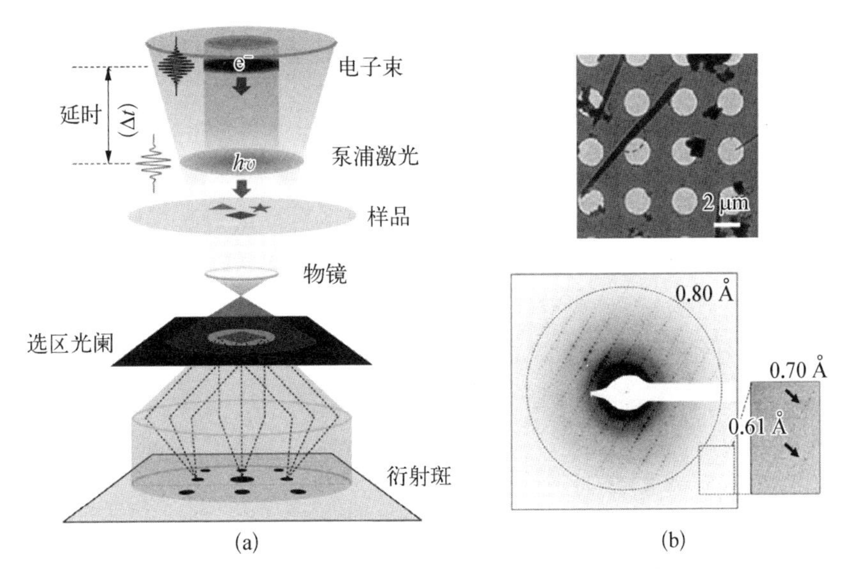

图 6－31　基于电镜的超快微束电子衍射[27-28]

(a) 示意图；(b) 生物样品衍射斑

此外，微束电子衍射在生物领域也有广泛的应用。结构生物学在揭示蛋白质原子结构和生物学功能中起到了核心作用，在过去的 30 年里经历了高速的发展。随着各大结构基因组计划的实施，生物大分子原子结构的解析数目由 1994 年的不到 3 000 增长到目前的接近 14 万。大量重要蛋白质、核酸等生物大分子结构的解析极大地推动了整个生命科学领域的发展，使人类对于生命基本现象及人类重大疾病等重要生命问题的科学探索与研究深入到原子水平。目前解析生物大分子结构最常用的方法为 X 光晶体学、核磁共振、冷冻电镜及微晶电子衍射(micro-electron diffraction, Micro - ED)。

X 光蛋白质晶体学技术作为目前最主要的结构生物学手段，贡献了近 90%的生物大分子的原子结构；适用于 X 射线衍射技术的蛋白晶体尺寸通常在几十到几百微米/维度。但是，许多重要蛋白，如神经退行性疾病中的致病淀粉样蛋白、GPCR 膜蛋白等，由于自身柔性、非均一性等诸多因素的影响只能形成几十纳米到几微米的超微晶。由于电子与物质的相互作用大小比 X 光高 5～6 个数量级，因此对于几十纳米到几微米的超微晶，利用电子衍射有可能获得足够高信噪比的衍射斑，并进而获得其结构信息。2013 年微晶电子衍射(Micro - ED)首先被美国霍华德・休斯医学研究所(The Howard Hughes Medical Institute, HHMI)的 Tamir Gonen 课题组用于解析纳米级蛋白质晶体的结构，并获得 2.9 Å 的分辨率[29]；随后各国竞相启动相关研究。

上海交通大学的研究团队近年来自主研发了基于冷冻电镜的蛋白晶体 Micro - ED 衍射技术，装置布局与图 6 - 31(a)类似，并运用该技术解析了目前世界上电镜解析的最高分辨率(0.6 Å)的蛋白和多肽三维结构[见图 6 - 31(b)][28]。从图 6 - 31(b)可以看到，此类蛋白样品形状成针状，横向尺寸在数百纳米；利用微束衍射方法可选择局部结晶好的样品衍射获得高品质单晶衍射斑，并最终重建出蛋白结构。由于电子比 X 光具有更短的波长，因此可方便地获得更大的动量转移，获得亚埃的分辨率。结合泵浦-探测技术，微束超快电子衍射在不久的将来预期将在生命科学研究中发挥重要作用，将传统的关注结构的研究拓展到生物大分子相关的动力学研究。

6.6　光镊技术与超快电镜的结合

当光与物体相互作用时，光的能量和动量发生变化，从而对物体产生反冲力。例如用总功率为 P 的光束垂直作用于全反射镜时，反射光的传播方向与入射光相反，单位时间内由于光子动量变化导致的对反射镜的辐射压力为 $F=2P/c$，其中 c 为光速；对于典型的 1 W 平均功率的光束，相应的辐射压力约为 7 nN。因此普通光束对物体的作用强度很低，以至于很长一段时间内被人们所忽视；直到激光出现后，人们才逐渐意识到光的反冲力可以起到宏观可观测的作用。与普通光源不同，激光具有良好的准直性，横向尺寸可以被聚焦到微米量级。以玻璃为例，边长为 1 μm 的玻璃正方体的质量约为 2.5×10^{-15} kg，对应的重力为 10^{-14} N，因此 1 W 功率的光如果全部聚焦到 1 μm 的玻璃上，则对于玻璃的作用力比玻璃受到的重力高 5 个数量级，因此在对微米尺寸物体的作用上可占据主导地位。

激光在空间中不均匀分布，利用强聚焦激光束和物体作用可以产生指向激光强度中心的梯度力[30]。如图 6 - 32 所示，一束激光被高数值孔径透镜会聚，此时物体的平衡位置在激光焦点处。当物体偏离中心时，一对镜像对称的光(见图 6 - 32 中 a 和 b)在物体内部折射，对物体的散射力的合力指向激光焦点，由此可推知聚焦激光会对物体产生迫使物体回到平衡位置的梯度力。

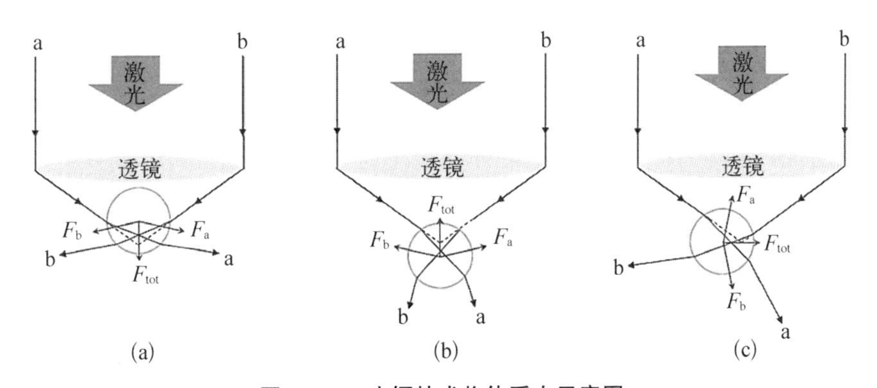

图 6 - 32　光镊技术物体受力示意图

(a) 向上偏离；(b) 向下偏离；(c) 向左偏离

这种利用聚焦光束构建三维势阱束缚物体的方法称为光镊，最早由 Arthur Ashkin 提出并验证，Ashkin 也因此获得 2018 年诺贝尔物理学奖。与传统方法相比，光镊是一种非接触式的精确控制粒子的方法，该方法可以将微粒束缚在相对独立的环境中(如真空)，同时对微粒的损伤较小，因此广泛应用于生命科学、材料科学等领域。

而除了对物体质心运动状态的控制以外，利用光的偏振性还可以实现对物体转动状态的控制[31]。比如当采用线偏振激光作用于纳米杆时，纳米杆会在激光场中产生极化，而由于纳米杆在各个方向极化强度的各向异性，只有当极化强度最大的方向（对称轴方向）与激光偏振方向相同时纳米杆才处在势能最低点，即如果纳米杆的对称轴偏离偏振方向，极化电荷会与激光场作用产生扭矩迫使纳米杆回到平衡状态，类似于电偶极子在匀强电场中的情形。而当采用圆偏振或椭圆偏振激光与物体相互作用时，激光会将自己的角动量传递给悬浮微粒，赋予微粒恒定的扭矩，驱动其旋转起来。

结合梯度力构建的三维势阱和圆偏振激光，可以实现对物体质心运动和绕质心转动的精确操控。对于处在圆偏振光激光光镊中的微粒而言，其转动状态受到驱动力和黏滞阻尼的影响，一般而言，驱动力的大小正比于激光功率，黏滞阻尼的大小正比于环境气体压强，当两者平衡时微粒处在稳定状态。因此在高真空环境下，利用圆偏振激光作用于物体可以驱使其高速旋转，目前利用 225 mW 圆偏振激光在 7.2×10^{-6} mbar 压强下实现了超过吉赫兹的旋转频率[32-33]。对于宏观物体，比如目前最先进的航空发动机，其转速约在 1 000 圈每秒的量级，继续提高转速则材料的应力无法提供旋转所需的向心力，材料会断裂；但是对于百纳米尺寸的物体，其旋转频率可以高数个数量级。对这样高速旋转的物体，其机械性能和动力学过程都处于理论极限，利用光镊可研究其在极端条件下的性能和动力学过程。如图 6 - 33(a)所示，对于纳米尺寸的哑铃结构，其按照吉赫兹的频率旋转时中间的压力可达 10 GPa 量级，其表面的离心加速度约为 3.9×10^{12} m/s^2（可以与中子星表面的重力加速度相比），此时材料内部的应力已经达到了承受极限，可以探究极限条件下应力对材料的影响。

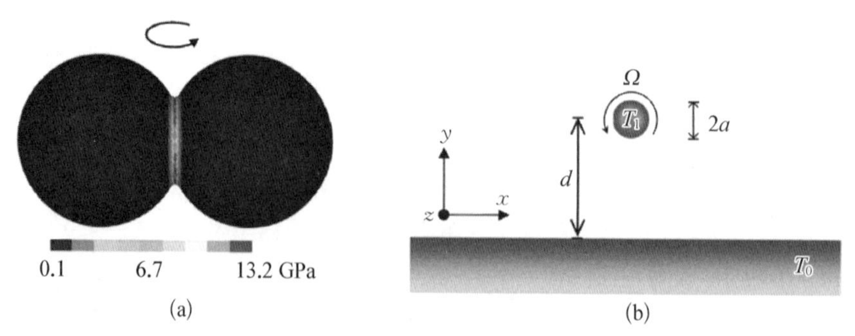

图 6 - 33　高速旋转物体的应力分布(a)及量子真空摩擦研究装置示意图(b)[33-34]

此外，光镊操控物体高速旋转也可用于研究量子真空摩擦。比如考虑两块在真空中相对平行运动的非导体平面，两平面相互平行且相隔有限距离，在经典力学体系内这样的两块平面的相对运动不存在阻尼。然而在量子力学中，由于量子涨落，在两块平面上会出现瞬时电荷，出现的瞬时电荷会在相对平面上诱导出感应电荷，由于平面相对运动，感应电荷滞后于瞬时电荷，会趋向于将瞬时电荷拉回。这种由于量子涨落引起的电磁相互作用会在两块光滑平行非导电平面上产生非接触量子真空摩擦[34]。对于该效应的研究可以利用高速旋转小球来实现，实验装置如图 6－33(b)所示。一个非导体小球在真空中以转速 Ω 高速旋转，在离小球距离 d 处放置一块非导体平面，由于量子真空摩擦，小球的转速会随着时间衰减。强聚焦圆偏振激光光镊可以实现精确操控悬浮的高速旋转的小球，并将小球放置到指定位置，从而实现对距离和转速的控制。量子真空摩擦是一种宏观量子效应，关于该效应的研究对物理学有着十分重要的意义。

尽管激光悬浮微粒技术引起了人们极大的兴趣，然而目前对其旋转频率等的测量主要依靠功率谱分析，即高速旋转的悬浮微粒会周期性地散射激光，引起散射激光信号出现周期性变化；通过在时域上探测旋转微粒散射的激光的强度作为信号，将测得的信号投影到频域上，进而获得物体转动频率的信息。然而这样获得的物体运动信息仅仅是其动力学信息在时间上的平均，物体具体处于什么样的瞬时状态无从得知，也就无法对其动力学过程进行解析。如果可以对悬浮微粒进行时间分辨的实空间观测，如实时观测颗粒的运动，则会在动力学研究过程中开辟新的机会。比如以吉赫兹频率旋转的半径约为 100 nm 的小球，该状态下的材料处于解离的边缘，此时较小的外部刺激就可能引起材料的分解；比如原本材料需要到熔点才会熔化变为液体进而获得流动性，但是在高速旋转下，用一束低能量飞秒激光略微施加扰动就可使其发生熔化，此时在表面张力、离心力的作用下可能发生奇特的动力学过程。

对于在激光场中高速旋转的物体，其空间尺度在纳米到微米量级，运动周期在亚纳秒左右，对其动力学进行解析需要同时具备亚纳秒时间分辨率和纳米空间分辨率的探测方法；传统光学显微镜可以提供所需的时间分辨率，但是空间分辨率不足，而传统电镜则可提供所需的空间分辨率，但是运行在单发模式下的时间分辨率却不足。分幅模式单发成像兆伏特超快电镜则可以提供该研究所需的时间和空间分辨率；将超快电镜应用到激光悬浮微粒技术中，人们可以得到各个时刻物体的运动状态信息，以此完成对其动力学过程的解析。未来随着超快电镜与光镊技术的耦合，诸多学科的研究有望获得新的突破。

参考文献

[1] Merrill F, Harmon F, Hunt A, et al. Electron radiography[J]. Nuclear Instruments and Methods in Physics Research Section B, 2007, 261: 382-386.

[2] Wei T, Yang G, Li Y, et al. First experimental research in low energy proton radiography[J]. Chinese Physics C, 2014, 38(8): 087003.

[3] Clarke A, Imoff S, Gibbs P, et al. Proton radiography peers into metal solidification [J]. Scientific Reports, 2013, 3: 2020.

[4] Bussolino G, Faenov A, Giulietti A, et al. Electron radiography using a table-top laser-cluster plasma accelerator[J]. Journal of Physics D Applied Physics, 2013, 46: 245501.

[5] Mangles S, Walton B, Najmudin Z, et al. Table-top laser-plasma acceleration as an electron radiography source[J]. Laser and Particle Beams, 2006, 24: 185-190.

[6] Park H, Hao Z, Wang X, et al. Synchronization of femtosecond laser and electron pulses with subpicosecond precision[J]. Review of Scientific Instruments, 2005, 76 (8): 083905.

[7] Zhu P, Fu F, Liu S, et al. Time-resolved visualization of laser-induced heating of gold with MeV ultrafast electron diffraction[J]. Chinese Physics Letters, 2014, 31 (11): 116101.

[8] Centurion M, Reckenthaeler P, Trushin S, et al. Picosecond electron deflectometry of optical-field ionized plasmas[J]. Nature Photonics, 2008, 2: 315-318.

[9] Zhu P, Zhang Z, Chen L, et al. Ultrashort electron pulses as a four-dimensional diagnosis of plasma dynamics[J]. Review of Scientific Instruments, 2010, 81: 103505.

[10] Chen L, Li R, Chen J, et al. Mapping transient electric fields with picosecond electron bunches[J]. Proceedings of the National Academy of Sciences of the United States of America, 2015, 112(47): 14479-14483.

[11] Zhang C, Hua J, Wan Y, et al. Femtosecond probing of plasma wakefields and observation of the plasma wake reversal using a relativistic electron bunch[J]. Physical Review Letters, 2017, 119(6): 064801.

[12] Ryabov A and Baum P. Electron microscopy of electromagnetic waveforms[J]. Science, 2016, 353(6297): 374-377.

[13] Zhao L, Wang Z, Lu C, et al. Terahertz streaking of few-femtosecond relativistic electron beams[J]. Physical Review X, 2018, 8(2): 021061.

[14] Zhao L, Wang Z, Tang H, et al. Terahertz oscilloscope for recording time information of ultrashort electron beams[J]. Physical Review Letters, 2019, 122 (14): 144801.

[15] Hemsing E, Stupakov G, Xiang D, et al. Beam by design: Laser manipulation of

electrons in modern accelerators[J]. Review of Modern Physics, 2014, 86(3): 897 - 941.

[16] Kealhofer C, Schneider W and Ehberger D, et al. All-optical control and metrology of electron pulses[J]. Science, 2016, 352(6284): 429 - 433.

[17] Zhang D, Fallahi A, Hemmer M, et al. Segmented terahertz electron accelerator and manipulator (STEAM)[J]. Nature Photonics, 2018, 12(6): 336 - 342.

[18] Curry E, Fabbri S, Maxson J, et al. Meter-scale terahertz-driven acceleration of a relativistic beam[J]. Physical Review Letters, 2018, 120(9): 094801.

[19] Machavariani G, Lumer Y, Moshe I, et al. Efficient extracavity generation of radially and azimuthally polarized beams[J]. Optics Letters, 2007, 32(11): 1468 - 1470.

[20] Tidwell S, Kim G, Kimura W. Efficient radially polarized laser beam generation with a double interferometer[J]. Applied Optics, 1993, 32(27): 5222 - 5229.

[21] Panofsky W, Wenzel W. Some considerations concerning the transverse deflection of charged particles in radio frequency fields[J]. Review of Scientific Instruments, 1956, 27(11): 967.

[22] Zhao L, Tang H, Lu C, et al. Femtosecond relativistic electron beam with reduced timing jitter from THz driven beam compression[J]. Physical Review Letters, 2020, 124: 054802.

[23] Qi F, Ma Z, Zhao L, et al. Breaking 50 femtosecond resolution barrier in MeV ultrafast electron diffraction with a double bend achromat compressor[J]. Physical Review Letters, 2020, 124(13): 134803.

[24] Feng L, Lin L, Huang S, et al. Ultrafast electron diffraction with megahertz MeV electron pulses from a superconducting radio-frequency photoinjector[J]. Applied Physics Letters, 2015, 107(22): 224101.

[25] Shen X, Li R, Lundstrom U, et al. Femtosecond mega-electron-volt electron microdiffraction[J]. Ultramicroscopy, 2018, 184: 172 - 176.

[26] Ji F, Durham D, Minor A, et al. Ultrafast relativistic electron nanoprobes[J]. Communications Physics, 2019, 2: 54.

[27] Van der Veen R, Kwon O, Tissot A, et al. Single-nanoparticle phase transitions visualized by four-dimensional electron microscopy[J]. Nature Chemistry, 2013, 5(5): 395 - 402.

[28] Luo F, Gui X, Zhou H, et al. Atomic structures of FUS LC domain segments reveal bases for reversible amyloid fibril formation[J]. Nature Structural & Molecular Biology, 2018, 25: 341 - 346.

[29] Shi D, Nannenga B, Ladanza M, et al. Three-dimensional electron crystallography of protein microcrystals[J]. Elife, 2013, 2: 1 - 17.

[30] Ashkin A, Dziedzic J M. Optical trapping and manipulation of viruses and bacteria [J]. Science, 1987, 235: 1517 - 1520.

[31] Kuhn S, Kosloff A, Stickler B, et al. Full rotational control of levitated silicon

nanorods[J]. Optica，2017，4(3)：356 - 360.
[32] Reimann R，Doderer M，Hebestreit E，et al. GHz Rotation of an Optically Trapped Nanoparticle in Vacuum[J]. Physical Review Letters，2018，121(3)：033602.
[33] Ahn J，Xu Z，Bang J，et al. Optically levitated nanodumbbell torsion balance and GHz nanomechanical rotor[J]. Physical Review Letters，2018，121(3)：033603.
[34] Zhao R，Manjavacas A，Abajo F，et al. Rotational quantum friction[J]. Physical Review Letters，2012，109：123604.

索　引

A

B

C

D

L

M

N

P

Q

R

S

核能与核技术出版工程

书　目

第一期　“十二五”国家重点图书出版规划项目

最新核燃料循环
电离辐射防护基础与应用
辐射技术与先进材料
电离辐射环境安全
核医学与分子影像
中国核农学通论
核反应堆严重事故机理研究
核电大型锻件 SA508Gr. 3 钢的金相图谱
船用核动力
空间核动力
核技术的军事应用——核武器
混合能谱超临界水堆的设计与关键技术(英文版)

第二期　“十三五”国家重点图书出版规划项目

中国能源研究概览
核反应堆材料(上下册)
原子核物理新进展
大型先进非能动压水堆 CAP1400(上下册)
核工程中的流致振动理论与应用
X 射线诊断的医疗照射防护技术
核安全级控制机柜电子装联工艺技术
动力与过程装备部件的流致振动
核火箭发动机
船用核动力技术(英文版)
辐射技术与先进材料(英文版)
肿瘤核医学——分子影像与靶向治疗(英文版)